园林工程材料与应用

郭春华　刘小冬　吕建根　编著

中国建筑工业出版社

图书在版编目（CIP）数据

园林工程材料与应用 / 郭春华，刘小冬，吕建根编著. — 北京：中国建筑工业出版社，2018.1（2022. 2重印）
ISBN 978-7-112-21649-9

Ⅰ. ①园… Ⅱ. ①郭… ②刘… ③吕… Ⅲ. ①园林建筑 — 建筑材料 Ⅳ. ① TU986.4

中国版本图书馆CIP数据核字（2017）第313404号

本书讲述园林材料基本知识及各种材料产品的分类与工程应用，内容共分七章。第一章为园林工程基本材料，介绍了各种园林基本材料的概念、分类、特性及应用范围。第二章至第七章为常用园林材料产品及应用，分别是饰面工程材料、砌筑工程材料、山石景观工程材料、景观生态工程材料、给水排水工程材料和供电工程材料的种类、规格、外观、施工工艺及工程应用特点。本书结构合理、内容适中、浅显易懂，适于园林、风景园林、景观设计等专业大中专院校学生以及园林、景观设计与施工人员作为教材或参考书籍。

责任编辑：李　杰　兰丽婷
责任设计：谷有稷
责任校对：张　颖

园林工程材料与应用
郭春华　刘小冬　吕建根　编著
*
中国建筑工业出版社出版、发行（北京海淀三里河路9号）
各地新华书店、建筑书店经销
北京京点图文设计有限公司制版
北京建筑工业印刷厂印刷
*
开本：787×1092毫米　1/16　印张：13½　插页：10　字数：385千字
2018年3月第一版　2022年2月第二次印刷
定价：62.00元
ISBN 978-7-112-21649-9
（31296）

前　言

园林工程材料作为表达设计的基本单元和主要的物质基础，与园林景观设计之间有着相辅相成的关系，合理的材料应用是建造优秀工程的基础。随着科技的进步和时代的发展，园林材料也在不断的更新和发展中，极大地丰富了园林景观的形式和内容，使现代园林呈现出崭新的面貌。通过园林景观材料合理的选择和应用，可以优化园林景观，体现园林特色，创造出优美的园林空间。

本书紧跟时代发展，立足园林景观设计和建设中对材料的合理应用，强调材料的分类知识、基本特点及产品的实际应用，帮助园林设计者客观而全面地认识园林工程材料，了解材料的本质特征，探求材料使用的基本规律。本书是一本园林工程材料基础性读物，编写结构分为材料基础知识的介绍和材料品种及应用两大部分，知识体系前后层次清晰、关联度高，内容浅显易懂。在材料的基础知识部分，注重材料基本知识的了解，易于理解掌握；在材料工程运用部分，侧重具体园林材料产品的种类、规格、加工工艺等知识点，强调各种材料产品在园林工程中的应用知识。本书结合中国主要城市和美国、日本、新加坡等园林景观中材料运用的经典案例和最新的工程实例，采用图文并茂的形式，结合当前风景园林学科的发展现状与趋势，对目前应用广泛的园林工程材料产品及应用进行了介绍，并在传统材料的基础上增加了景观生态工程材料等新内容。在编写时力求深入浅出、通俗易懂，加强其实用性，在阐述基础知识的基础上，以应用为重点，做到理论联系实际，书稿内容具有直观、全面、新颖的特色，重点在于帮助读者认识材料，并能恰当地应用各种材料。通过本书，读者可以快速了解掌握园林工程材料的基本知识，快速查找并学习各种常见园林材料产品及应用的相关知识。

书中第一章由吕建根编写，第二章至第五章由郭春华编写，第六章和第七章由刘小冬编写，全书由郭春华统稿。仲恺农业工程学院研究生陈泽洲、区盛光绘制了书中部分插图。本书在编著过程中，参考了相关图书和其他文献资料，在此表示衷心感谢。由于作者水平有限，书中难免存在错漏之处，敬请广大读者批评指正。

目 录

第一章　园林工程基本材料

第一节　水泥

一、水泥的概念

水泥为粉状水硬性无机胶凝材料，加水搅拌成浆体后能在空气或水中硬化，用以将砂、石等散粒材料胶结成砂浆或混凝土。长期以来，它作为一种重要的胶凝材料，广泛应用于园林工程、土木建筑、水利、国防等工程。正确合理地选用水泥将对提高园林工程质量和降低工程造价非常重要。

二、水泥的分类

（一）水泥分类

水泥按用途和性能可分为通用水泥、专用水泥、特性水泥三大类：

（1）通用水泥：一般土木建筑工程通常采用的水泥。通用水泥主要是指《通用硅酸盐水泥》GB 175—2007 规定的六大类水泥，即硅酸盐水泥、普通硅酸盐水泥、矿渣硅酸盐水泥、火山灰质硅酸盐水泥、粉煤灰硅酸盐水泥和复合硅酸盐水泥。

（2）专用水泥：专门用途的水泥。如 G 级油井水泥、道路硅酸盐水泥。

（3）特性水泥：某种性能比较突出的水泥。如快硬硅酸盐水泥、低热矿渣硅酸盐水泥、膨胀水泥、白色水泥和彩色水泥等。

（二）通用水泥

目前，我国园林建筑工程中常用的是通用水泥，也称通用硅酸盐水泥，它是以通用硅酸盐水泥熟料和适量的石膏及规定的混合材料制成的水硬性胶凝材料。根据《通用硅酸盐水泥》GB 175—2007/XG 1—2009 规定，通用硅酸盐水泥按其掺用混合料的品种和掺量不同，分为六大类，其分类、代号及强度等级见表 1-1-1，强度等级中 R 表示早强型。

通用硅酸盐水泥的分类、代号及强度等级　　表 1-1-1

<table>
<tr><th>水泥分类名称</th><th>简称</th><th>代号</th><th>强度等级</th></tr>
<tr><td>硅酸盐水泥</td><td>硅酸盐水泥</td><td>P·Ⅰ、P·Ⅱ</td><td>42.5、42.5R、52.5、52.5R、62.5、62.5R</td></tr>
<tr><td>普通硅酸盐水泥</td><td>普通水泥</td><td>P·O</td><td>42.5、42.5R、52.5、52.5R</td></tr>
<tr><td>矿渣硅酸盐水泥</td><td>矿渣水泥</td><td>P·S·A、P·S·B</td><td rowspan="4">32.5、32.5R、42.5、42.5R、52.5、52.5R</td></tr>
<tr><td>火山灰质硅酸盐水泥</td><td>火山灰水泥</td><td>P·P</td></tr>
<tr><td>粉煤灰质硅酸盐水泥</td><td>粉煤灰水泥</td><td>P·F</td></tr>
<tr><td>复合硅酸盐水泥</td><td>复合水泥</td><td>P·C</td></tr>
</table>

1. 硅酸盐水泥

由硅酸盐水泥熟料、石灰石或粒化高炉矿渣（含量≤5%）、适量石膏磨细制成的水硬性凝胶材料，称为硅酸盐水泥。硅酸盐水泥又分为两类，未掺入混合材料的称Ⅰ型硅酸盐水泥，代号为P·Ⅰ；掺入不超过水泥质量5%的混合材（粒化高炉矿渣或石灰石）的称为Ⅱ型硅酸盐水泥，代号为P·Ⅱ。

2. 普通硅酸盐水泥

普通硅酸盐水泥代号为P·O。与硅酸盐水泥特点差不多，只是其中加入了大于5%且不超过20%的活性混合材，其中允许用不超过水泥质量8%的非活性混合材或不超过水泥质量5%的窑灰代替部分活性混合材。所以成本比硅酸盐水泥低，强度和水化热有所减小。

3. 矿渣硅酸盐水泥

简称矿渣水泥，由硅酸盐水泥熟料、粒化高炉矿渣（大于20%且不超过70%）、适量石膏磨细制成。矿渣硅酸盐水泥分为两个类型，加入大于20%且不超过50%的粒化高炉矿渣的为A型，代号为P·S·A；加入大于50%且不超过70%的粒化高炉矿渣的为B型，代号为P·S·B。其中允许用不超过水泥质量8%的活性混合材、非活性混合材或窑灰中的任一种材料代替部分矿渣。

4. 火山灰质硅酸盐水泥

简称火山灰水泥，由硅酸盐水泥熟料和火山灰质混合材料、适量石膏磨细制成。水泥中火山灰质混合材料掺加量按质量百分比应大于20%且不超过40%。火山灰质硅酸盐水泥代号为P·P。

5. 粉煤灰硅酸盐水泥

简称粉煤灰水泥，由硅酸盐水泥熟料和粉煤灰、适量石膏磨细制成。水泥中粉煤灰掺加量按质量百分比应大于20%且不超过40%。粉煤灰硅酸盐水泥代号为P·F。

6. 复合硅酸盐水泥

简称复合水泥，由硅酸盐水泥熟料和粉煤灰混合材料、适量石膏磨细制成。水泥中混合材料总掺加量按质量百分比应大于20%且不超过50%。其中允许用不超过水泥质量8%的窑灰代替部分混合材料；掺矿渣时混合材料掺量不得与矿渣硅酸盐水泥重复。复合硅酸盐水泥代号为P·C。

（三）白色和彩色水泥

园林建筑工程中除了经常用到上述的通用硅酸盐水泥外，为了满足某些园林工程的特殊性能要求，还经常用到具有特殊性能的水泥，最常用的是白色硅酸盐水泥和彩色硅酸盐水泥，其分类、代号及强度等级如表1-1-2所示。

特殊水泥的分类、代号及强度等级　　表1-1-2

水泥分类名称	简称	代号	强度等级
白色硅酸盐水泥	白水泥	P·W	32.5、42.5、52.5
彩色硅酸盐水泥	彩色水泥		27.5、32.5、42.5

三、水泥的特性

（一）通用水泥性能

因掺用混合料的种类、掺量不同，不同品种的通用硅酸盐水泥性能有较大差别，六大通用硅酸盐水泥的主要特性见表 1-1-3。

通用硅酸盐水泥的主要特性　　表 1-1-3

名　称	主　要　特　性
硅酸盐水泥	凝结硬化快、早期强度高；水化热大；抗冻性好；耐热性差；耐腐蚀性差；干缩性较小
普通水泥	凝结硬化较快、早期强度较高；水化热较大；抗冻性较好；耐热性较差；耐腐蚀性较差；干缩性较小
矿渣水泥	凝结硬化慢、早期强度低、后期强度增长较快；水化热较小；抗冻性差；耐热性好；耐腐蚀性较好；干缩性较大；泌水性大、抗渗性差
火山灰水泥	凝结硬化慢、早期强度低、后期强度增长较快；水化热较小；抗冻性差；耐热性较差；耐腐蚀性较好；干缩性较大；抗渗性较好
粉煤灰水泥	凝结硬化慢、早期强度低、后期强度增长较快；水化热较小；抗冻性差；耐热性较差；耐腐蚀性较好；干缩性较小；抗裂性较高
复合水泥	凝结硬化慢、早期强度低、后期强度增长较快；水化热较小；抗冻性差；耐腐蚀性较好；其他性能与所掺入的两种或两种以上混合料的种类、掺量有关

（二）白色和彩色水泥性能

白色硅酸盐水泥是以铁含量少的硅酸盐水泥熟料、适量石膏及混合材料磨细所得的水硬性胶凝材料。磨制水泥时，允许加入不超过水泥质量 5% 的石灰石或窑灰做外加物，并且还允许加入起助磨作用而不损害水泥性能的助磨剂，根据 2007 年颁布的国家标准《通用硅酸盐水泥》GB 175—2007 的规定“水泥中允许掺加不超过水泥质量 0.5% 的助磨剂”。白水泥的性能与普通硅酸盐水泥的性能基本相同。

彩色硅酸盐水泥生产方法有间接法和直接法。间接法是用白色硅酸盐水泥熟料、石膏和颜料共同磨细而成。颜料有有机和无机两类。有机颜料有孔雀蓝、天津绿等，无机颜料有氧化铁、二氧化锰、氧化铬、钴蓝、群青蓝、炭黑等。一般有机颜料着色性强、色彩鲜艳，无机颜料则耐久性好。对颜料的性能要求为着色性强，不溶于水，耐碱和耐大气稳定性好，不破坏水泥的组成和性能。直接法是在白水泥生料中加入少量金属氧化物作为着色剂，直接烧成彩色熟料后再磨成水泥。其性能与普通硅酸盐水泥的性能基本相同。

四、水泥的应用

常见硅酸盐水泥的特点及使用见表 1-1-4。

常用硅酸盐水泥的应用　　表 1-1-4

混凝土工程的特点或所处的环境条件			优先选用	可以使用	不宜使用
普通混凝土	1	在普通气候环境中的混凝土	普通水泥	矿渣水泥、火山灰水泥、粉煤灰水泥、复合水泥	
	2	在干燥环境中的混凝土	普通水泥	矿渣水泥	火山灰水泥、粉煤灰水泥
	3	在高湿度环境中或长期处于水中的混凝土	矿渣水泥、火山灰水泥、粉煤灰水泥、复合水泥	普通水泥	
	4	厚大体积的混凝土	矿渣水泥、火山灰水泥、粉煤灰水泥、复合水泥		硅酸盐水泥

续表

混凝土工程的特点或所处的环境条件			优先选用	可以使用	不宜使用
有特殊要求的混凝土	1	要求快硬早强的混凝土	硅酸盐水泥	普通水泥	矿渣水泥、火山灰水泥、粉煤灰水泥、复合水泥
	2	高强（大于C50级）的混凝土	硅酸盐水泥	普通水泥、矿渣水泥	火山灰水泥、粉煤灰水泥
	3	严寒地区的露天混凝土，寒冷地区的处在水位升降范围内的混凝土	普通水泥	矿渣水泥	火山灰水泥、粉煤灰水泥
	4	严寒地区处在水位升降范围内的混凝土	普通水泥（不低于42.5级）		矿渣水泥、火山灰水泥、粉煤灰水泥、复合水泥
	5	有抗渗要求的混凝土	普通水泥、火山灰水泥		矿渣水泥
	6	有耐磨性要求的混凝土	硅酸盐水泥、普通水泥	矿渣水泥	火山灰水泥、粉煤灰水泥
	7	受侵蚀介质作用的混凝土	矿渣水泥、火山灰水泥、粉煤灰水泥、复合水泥		硅酸盐水泥

白色和彩色硅酸盐水泥主要应用于园林建筑装饰工程中，常用于配制各类彩色水泥浆、水泥砂浆，用于饰面刷浆或陶瓷铺贴的勾缝，配制装饰混凝土、彩色水刷石、人造大理石及水磨石等制品，并以其特有的色彩装饰性，用于雕塑艺术和各种装饰部件。

彩色硅酸盐水泥可直接配制各种颜色的装饰工程材料，而白色水泥则需加入各种矿物颜料来配制各类彩色装饰工程材料。

第二节 石灰

一、石灰的概念

石灰是人类在建筑中最早使用的胶凝材料之一，生产石灰的主要原料是以碳酸钙为主要成分的天然岩石，常用的有石灰石、白云石、白垩等。另外，也可以利用化学工业副产品，例如用电石（碳化钙）制取乙炔时的电石渣，其主要成分是氢氧化钙。

二、石灰的分类

（一）按加工方法分类

石灰按加工方法，可分为以下4种，其特性见表1-2-1。

（1）建筑生石灰：将以含碳酸钙为主的天然岩石，在高温下煅烧而得的块状石灰，其主要成分为氧化钙（CaO）。它是生产其他石灰产品的原料。

（2）建筑生石灰粉：以建筑生石灰为原料，经研磨所得的生石灰粉。一般细度达到0.08mm方孔筛，筛余量小于15%。由于其颗粒细小，遇水后可直接消化，多用于石灰制品的生产。

（3）建筑消石灰粉：以建筑生石灰为原料，经消化所制得的消石灰粉。

（4）石灰浆：将生石灰加大量水（为石灰体积的3 ~ 4倍）消化而得的可塑性浆体，也称为石灰膏，如果水分加的更多，则呈白色悬浮液，称为石灰乳。

不同石灰产品的状态、成分与用途　　表 1-2-1

产品名称	物理状态	有效成分	主要用途
建筑生石灰	灰白色块状	CaO、MgO	生产其他石灰产品
建筑生石灰粉	白色或灰白色粉末	CaO、MgO	生产石灰膏或硅酸盐制品
建筑消石灰粉	白色粉末	$Ca(OH)_2$、$Mg(OH)_2$	制作石灰土、三合土、硅酸盐制品
石灰浆	白色浆体	$Ca(OH)_2$、$Mg(OH)_2$	抹面、刷浆与砌筑胶结材料

（二）按化学成分分类

石灰按照化学成分，可分为钙质石灰和镁质石灰两类，根据化学成分的含量每类又分成各个等级（表 1-2-2）。

（1）钙质石灰：指 MgO 含量不超过 5%的生石灰；或 MgO 含量不超过 4%的消石灰粉。

（2）镁质石灰：指 MgO 含量大于 5%的生石灰；或 MgO 含量在 4% ~ 24%的消石灰粉。

建筑生石灰的分类　　表 1-2-2

类别	名称	代号
钙质石灰	钙质石灰 90	CL90
	钙质石灰 85	CL85
	钙质石灰 75	CL75
镁质石灰	镁质石灰 85	ML85
	镁质石灰 80	ML80

三、石灰的特性

1. 可塑性和保水性好

生石灰熟化成石灰浆时，能自动形成颗粒极细的呈胶体分散状态的氢氧化钙，表面吸附一层水膜。因此，用石灰调成的石灰砂浆，其突出优点是具有良好的可塑性。若在水泥砂浆中掺入石灰膏，可使砂浆的可塑性和保水性显著提高。

2. 硬化慢、强度较低

从石灰浆体的硬化过程可以看出，由于空气中二氧化碳稀薄，碳化甚为缓慢，而且表面碳化后，形成的紧密外壳不利于碳化作用进一步深入和内部水分的蒸发，因此，石灰是一种硬化缓慢的胶凝材料。受潮后石灰中的氧化钙及氢氧化钙会溶解，强度更低，在水中还会溃散。所以，石灰不宜在潮湿的环境中使用，也不宜单独用于建筑物的基础。

石灰熟化时的大量多余水分在硬化后蒸发，在石灰体内留下大量的孔隙，所以硬化后的石灰体密实度小，硬化后的强度不高，1 ： 3 的石灰砂浆 28d 抗压强度通常只有 0.2 ~ 0.5MPa。

3. 硬化时体积收缩大

石灰浆硬化过程中，大量水分蒸发，使内部网状毛细管失水收缩，从而引起显著的体积收缩，导致表面开裂。因此，除调成石灰乳做薄层涂刷外，石灰不宜单独使用。工程上常在其中掺入骨料和各种纤维材料，以减少石灰硬化时的体积收缩。

4. 耐水性差

由于石灰浆体硬化慢、强度低，尚未硬化的石灰浆体处于潮湿环境中，石灰中的水分蒸发不出去，因此不会产生硬化；已经硬化的石灰，大部分是尚未碳化的氢氧化钙，由于氢氧化钙可溶于水，这会使得石灰硬化体遇水产生溃散，因而石灰的耐水性差。

5. 吸湿性强

块状生石灰在放置过程中，会缓慢吸收空气中的水分而自动熟化成消石灰粉，再与空气中的二氧化碳作用生成碳酸钙，失去胶结能力。因此，在储存生石灰时，不但要防止受潮，而且不宜储存过久。通常的做法是将生石灰运到工地（或熟化工厂）后立即熟化成石灰浆，使储存期变为陈伏期。由于生石灰受潮熟化时放出大量的热且体积膨胀，所以储存和运输生石灰时要注意安全。

四、石灰的应用

1. 配制石灰乳涂料

将消石灰粉或熟化后的石灰膏加入适量的水搅拌稀释后，成为石灰乳。石灰乳是一种廉价易得的涂料，施工简便且颜色洁白，主要用于内墙和顶棚的刷白，增加室内美观度和亮度。

2. 配制石灰砂浆或水泥混合砂浆

由于石灰膏和消石灰粉中的氢氧化钙颗粒非常小，调水后石灰具有良好的可塑性和粘结性，常将其配制成砂浆，用于墙体的砌筑和抹面。在石灰膏或消石灰粉中，掺入砂和水拌和后，可制成石灰砂浆；在水泥砂浆中掺入石灰膏后，可制成水泥混合砂浆，在园林建筑工程中用量都很大。

3. 拌制石灰土和三合土

熟石灰粉可用来拌制石灰土（熟石灰 + 黏土）和三合土（熟石灰 + 黏土 + 砂、石或炉渣等填料）。常用的三七灰土和四六灰土，分别表示熟石灰和砂土体积比例为 3 ： 7 和 4 ： 6。由于黏土中含有的活性氧化硅和活性氧化铝与氢氧化钙反应可生成水硬性产物，使黏土的密实程度、强度和耐水性得到改善，因此灰土和三合土广泛用于建筑的基础和道路的垫层。

4. 生产硅酸盐制品

以石灰（消石灰粉或生石灰粉）与硅质材料（砂、粉煤灰、火山灰、矿渣等）为主要原料，经过配料、拌和、成型和养护后可制得砖、砌块等各种制品。因内部的胶凝物质主要是水化硅酸钙，所以称为硅酸盐制品，常用的有蒸压灰砂砖、粉煤灰砖、加气混凝土等，主要用做墙体材料。

5. 生产灰砂砖

灰砂砖是磨细生石灰或消石灰粉与天然砂配合均匀，搅拌加水，再经陈伏、加压成型和经压蒸处理而成，灰砂砖是一种技术成熟、性能优良、节能的新型建筑材料，适用于各类民用建筑、公用建筑和工业厂房的内、外墙及房屋的基础，是替代烧结黏土砖的产品。

6. 碳化石灰板

碳化石灰板是将磨细生石灰、纤维状填料（如玻璃纤维）或轻质骨料（如矿渣）搅拌成型，然后用二氧化碳进行人工碳化（12 ~ 14h）而成的一种轻质板材，为了减轻表观密度和提高碳化效果，多制成空心板，这种板适于做非承重隔墙板、顶棚等。

7. 制作无熟料水泥

石灰还可以用来配制无熟料水泥，如石灰矿渣水泥、石灰粉煤灰水泥、石灰火山灰水泥等。这类水泥的水硬性、强度等性能取决于原料的性质和配合比，其强度等级一般都较低，早期强度不高，但后期强度较高，抗水性、耐蚀性和耐热性较好，而抗冻性、大气稳定性较差，易风化，不宜长期贮存。适用于地下、水中和潮湿环境中的建筑工程，也可用于制作地坪、路面以及一般建筑；不适用于冻融交替频繁、要求早期强度较高、长期处于干燥地区的建筑工程。

8. 加固软土地基

生石灰块可直接用来加固含水的软土地基，称为石灰桩。它是在桩孔内灌入生石灰块，利用生石灰吸水熟化时体积膨胀的性能产生膨胀压力，从而使地基加固。

9. 制造静态破碎剂和膨胀剂

利用过烧石灰水化慢且同时伴随体积膨胀的特性，可用它来配制静态破碎剂和膨胀剂。这种破碎剂可用于混凝土和钢筋混凝土构筑物的拆除，以及对岩石的破碎和切割。

第三节 砂浆

一、砂浆的概念

砂浆是由胶凝材料、细骨料、掺加料和水按适当比例配制而成的建筑材料。砂浆是现代建筑工程中应用最广泛的材料之一，主要用于砌筑墙柱等砌体和装饰建筑表面，也可用作防水、隔热等特殊用途。拌制砂浆的胶凝材料主要有水泥和石灰，砌筑用水泥砂浆采用的水泥，其标号应为砂浆强度等级的 4 ~ 5 倍，强度等级不宜大于 32.5 级；水泥混合砂浆采用的水泥，其强度等级不宜大于 42.5 级。水泥强度等级过高，将使水泥用量不足而导致保水性不良。细骨料主要是天然砂，所配制的砂浆称为普通砂浆。砂的最大粒径应小于砂浆厚度的 1/4 ~ 1/5，一般不大于 2.5mm。作为勾缝和抹面用的砂浆，最大粒径不超过 1.25mm，砂的粗细程度对水泥用量、和易性、强度和收缩性影响很大。掺加料（外加剂）是一种添加在水泥及砂子中，用以改善水泥砂浆性能的添加剂，可显著改善砂浆和易性，克服砂浆空鼓、开裂等现象。

二、砂浆的分类

（一）按所用胶凝材料分类

砂浆按所用胶凝材料可分为：

（1）石灰砂浆。由石灰膏、砂和水按一定配比制成，一般用于强度要求不高、不受潮湿的砌体和抹灰层。

（2）水泥砂浆。由水泥、砂和水按一定配比制成，一般用于潮湿环境或水中的砌体、墙面或地面等。

（3）混合砂浆。由水泥、石灰、砂和水按一定配比制成，砂浆中也可掺加适当掺合料如粉煤灰等，以节约水泥或石灰用量，并改善砂浆的和易性。常用的混合砂浆有水泥石灰砂浆、水泥黏土砂浆和石灰黏土砂浆等。石灰不仅作为胶凝材料，更主要的是使砂浆具有良好的保水性。

（二）按用途分类

砂浆按用途可分为砌筑砂浆、抹面砂浆及特种砂浆等。

1. 砌筑砂浆

将砖、石、砌块等粘结成为砌体的砂浆称为砌筑砂浆。砌体的承载能力不仅取决于砖、石等块体强度，而且与砂浆强度有关。砌筑砂浆应根据工程类别及砌体部位的设计要求来选择砂浆的强度等级，再按所选择的砂浆强度等级确定其配合比。

2. 抹面砂浆

抹面砂浆也称抹灰砂浆，以薄面抹在建筑物内外表面，既可保护建筑物，增加建筑物的耐久性，又可使其表面平整、光洁美观。根据建筑的不同部位，抹面砂浆的配合比要求不同（表 1-3-1）。为了便于施工，要求抹面砂浆具有良好的和易性，与基底材料有足够的粘结力，长期使用不致开裂或脱落。因此，抹面中常需加入纤维材料，如纸筋、麻刀等。抹面砂浆按其功能的不同可分为普通抹面砂浆、装饰砂浆等。

（1）普通抹面砂浆。普通抹面砂浆主要是为了保护建筑物结构主体免遭各种侵蚀，提高建筑物的耐久性，使表面平整美观，改善建筑物的外观形象。包括石灰砂浆、水泥砂浆、混合砂浆、麻刀石灰浆、纸筋石灰浆等。

（2）装饰砂浆。用于室内外装饰，以增加建筑物美感为主要目的的砂浆称为装饰砂浆。装饰砂浆与抹面砂浆的主要区别在面层，装饰砂浆可以形成不同色彩和质感的具有特殊效果的建筑表面形式。装饰砂浆常以白水泥、彩色水泥、石膏、普通水泥、石灰等为胶凝材料，以白色、浅色或彩色的天然砂、石屑或特制的塑料色粒为骨料配制而成。利用不同矿物颜料可以调制成多种色彩，通过喷涂、滚涂、弹涂等表面装饰新工艺，使建筑表面呈现出各种不同的色彩、线条和花纹等装饰效果。常见的装饰砂浆有彩色抹面、水刷石、斩假石、干粘石、水磨石等。

各种抹面砂浆配合比参考　　表 1-3-1

材 料	配合比（体积比）	应 用 范 围
石灰：砂	1：2 ～ 1：4	用于砖石墙面（檐口、勒脚、女儿墙及潮湿房间的墙除外）
石灰：黏土：砂	1：4：4 ～ 1：1：8	干燥环境的墙表面
石灰：水泥：砂	1：0.5：4.5 ～ 1：1：5	用于檐口、勒脚、女儿墙及潮湿的部分
水泥：砂	1：3 ～ 1：2.5	用于浴室、潮湿房子的墙裙、勒脚及比较潮湿的部分
水泥：砂	1：2 ～ 1：1.5	用于地面、顶棚或墙面面层
水泥：砂	1：0.5 ～ 1：1	用于混凝土地面随时压光
水泥：白石子	1：2 ～ 1：1	用于水磨石（打底用 1 ： 2.5 水泥砂浆）
水泥：白云灰：白石子	1：（0.5 ～ 1）：（1.5 ～ 2）	用于水刷石（打底用 1 ： 0.5 ： 3.5）
水泥：白石子	1：1.5	用于剁石（打底用 1 ： 2 ～ 1 ： 2.5 水泥砂浆）

3. 特种砂浆

特种砂浆是为适用某种特殊功能要求而配制的砂浆，特种砂浆有很多品种，如防水、隔热等功能。

（1）防水砂浆。一种制作防水层的抗渗性高的砂浆。常用于地下工程、水池、地下管道、沟渠、隧道或水塔的防水。砂浆防水层常用于不受振动和具有一定刚度的混凝土与砖石砌体的表面，砂浆防水层又称刚性防水层。

（2）隔热砂浆。以水泥、石灰、石膏等胶凝材料与膨胀珍珠岩、膨胀蛭石、火山渣、浮岩或陶粒砂等轻质多孔骨料，按一定比例配制。隔热砂浆导热系数为 0.07 ～ 0.10W/（m·K）。

隔热砂浆具有轻质和保温隔热性能，可用于屋面隔热层、隔热墙壁或供热管道的隔热层等处。

（3）吸声砂浆。由水泥、石膏、砂、锯末配制成的砂浆，称为吸声砂浆。在石灰、石膏砂浆中掺入玻璃纤维、矿物棉等松软纤维材料，也可得到吸声砂浆。由轻质多孔骨料配制成的隔热砂浆也具有吸声性能。吸声砂浆用于有吸声要求的建筑物室内墙壁和顶棚的抹灰。

（4）耐腐蚀砂浆。由普通硅酸盐水泥，密实的石灰岩、石英岩、火成岩之类的砂和粉料，掺入水玻璃（硅酸钠）、氟硅酸钠配制的砂浆，称为耐腐蚀砂浆。耐腐蚀砂浆多用作衬砌材料、耐酸地面和耐酸容器的内壁防护层。

三、砂浆的技术性质

砂浆的技术性质包括新拌砂浆的和易性，硬化后砂浆的抗压强度、粘结强度和变形性能。

（一）新拌砂浆的和易性

新拌砂浆的和易性是指在搅拌运输和施工过程中不易产生分层、析水现象，并且易于在粗糙的砖、石等表面上铺成均匀薄层的综合性能。通常用流动性和保水性两项指标表示。

1. 流动性

流动性指砂浆在自重或外力作用下是否易于流动的性能。砂浆流动性实质上反映了砂浆的稠度。流动性的大小以砂浆稠度测定仪的圆锥体沉入砂浆中深度的毫米数来表示，称为稠度（沉入度）。砂浆流动性的选择与基底材料种类、施工条件以及天气情况等有关。对于多孔吸水的砌体材料和干热的天气，则要求砂浆的流动性大一些；相反对于密实不吸水的砌体材料和湿冷的天气，要求砂浆的流动性小一些。影响砂浆流动性的主要因素有胶凝材料及掺加料的品种和用量，砂的粗细程度、形状及级配，用水量，外加剂品种与掺量，搅拌时间等。可参考表1-3-2和表1-3-3选择砂浆的流动性。

砌筑砂浆流动性要求　　表1-3-2

砌体种类	砂浆稠度（mm）
烧结普通砖砌体	70 ~ 90
石砌体	30 ~ 50
轻骨料混凝土小型空心砌块砌体、蒸压加气混凝土砌块砌体	60 ~ 90
烧结多孔砖、空心砖砌体	60 ~ 80
混凝土砖砌体、普通混凝土小型空心砌块砌体、灰砂砖砌体	50 ~ 70

抹面砂浆流动性要求　　表1-3-3

抹灰工程	砂浆稠度（mm）	
	机械施工	手工操作
准备层	80 ~ 90	110 ~ 120
底　层	70 ~ 80	70 ~ 80
面　层	70 ~ 80	90 ~ 100
石膏浆面层	—	90 ~ 120

2. 保水性

砂浆的保水性指新拌砂浆保存水分的能力，也表示砂浆中各组成材料是否易分离的性能。新拌砂浆在存放、运输和使用过程中，都必须保持其水分不致很快流失，才能便于施工操作且保证工程质量。如果砂浆保水性不好，在施工过程中很容易泌水、分层、离析或水分易被基面所吸收，使砂浆变得干稠，致使施工困难，同时影响胶凝材料的正常水化硬化，降低砂浆本身强度以及与基层的粘结强度。因此，砂浆要具有良好的保水性。一般来说，砂浆内胶凝材料充足，尤其是掺加了石灰膏和黏土膏等掺合料后，砂浆的保水性均较好，砂浆中掺入加气剂、微沫剂、塑化剂等也能改善砂浆的保水性和流动性。

但是砌筑砂浆的保水性并非越高越好，对于不吸水基层的砌筑砂浆，保水性太高会使得砂浆内部水分早期无法蒸发释放，从而不利于砂浆强度的增长，并且增大了砂浆的干缩裂缝，降低了砌体的整体性。砂浆的保水性用分层度表示。分层度的测定是将已测定稠度的砂浆装入分层度筒内（分层度筒内径为150mm，分为上下两节，上节高度为200mm，下节高度为100mm），轻轻敲击筒周围1 ~ 2下，刮去多余的砂浆并抹平。静置30min后，去掉上部200mm砂浆，取出下部剩余100mm砂浆，倒入搅拌锅中搅拌2min再测稠度，前后两次测得的稠度差值即为砂浆的分层度（以mm计）。砂浆合理的分层度应控制在10 ~ 30mm，分层度大于30mm的砂浆容易离析、泌水、分层或水分流失过快，不便于施工；分层度小于10mm的砂浆硬化后容易产生干缩裂缝。

（二）硬化后砂浆的技术性质

1. 抗压强度

砌筑砂浆的强度用抗压强度等级来表示。砂浆强度等级是以边长为70.7mm的立方体试块，在标准养护条件下（温度20±2℃、相对湿度95%以上），用标准试验方法测得28d龄期的抗压强度值（单位为MPa）确定。砌筑砂浆按抗压强度划分为M20、M15、M10、M7.5、M5、M2.5等6个强度等级。一般情况下，多层建筑物墙体选用M2.5 ~ M15的砌筑砂浆；砖石基础、检查井、雨水井等砌体，常采用M5砂浆；工业厂房、变电所、地下室等砌体选用M2.5 ~ M10的砌筑砂浆；二层以下建筑常用M2.5以下砂浆；简易平房、临时建筑可选用石灰砂浆；一般高速公路修建排水沟使用M7.5强度等级的砌筑砂浆。

2. 粘结强度

由于砖、石、砌块等材料是靠砂浆粘结成一个坚固整体并传递荷载的，因此，要求砂浆与基材之间应有一定的粘结强度。两者粘结得越牢，则整个砌体的整体性、强度、耐久性及抗震性等越好。

一般砂浆抗压强度越高，则其与基材的粘结强度越高。此外，砂浆的粘结强度与基层材料的表面状态、清洁程度、湿润状况以及施工养护等条件有很大关系。同时还与砂浆的胶凝材料种类有很大关系，加入聚合物可使砂浆的粘结性大为提高。

实际上，针对砌体这个整体来说，砂浆的粘结性较砂浆的抗压强度更为重要。但是，考虑到我国的实际情况以及抗压强度相对容易测定，因此，将砂浆抗压强度作为必检项目和配合比设计的依据。

3. 变形性能

砌筑砂浆在承受荷载或在温度变化时会产生变形。变形过大或不均匀容易使砌体的整体性下降，产生沉陷或裂缝，影响到整个砌体的质量。抹面砂浆在空气中也容易产生收缩等变形，变形过大也会使面层产生裂纹或剥离等质量问题。因此要求砂浆具有较小的变形性。砂浆变形性的影响因素很多，如胶凝材料的种类和用量，用水量，细骨料的种类、级配和质量以及外部环境条件等。

第四节　混凝土

一、混凝土的概念

普通混凝土是指以水泥、矿物掺合料为胶凝材料，砂子和石子（或卵石）为骨料，加入水以及必要时掺加的外加剂和掺合料，按一定比例配制，经均匀搅拌，密实成型，养护硬化而成的一种建筑材料。在混凝土中，砂子、石子起骨架作用，统称为骨料，水泥、矿物掺合料与水形成胶凝浆体，胶凝浆体填充在骨料的空隙中并包裹骨料。在硬化前，胶凝浆体起润滑作用，保证了拌合物具有一定的和易性，便于使用，胶凝浆体硬化后将胶结成一个坚实的整体。

混凝土具有原料丰富、价格低廉、生产工艺简单的优点，因而其用量越来越大。同时混凝土还具有抗压强度高、耐久性好、强度等级范围宽等特点。这些特点使其使用范围十分广泛，是当代最主要的土木工程材料之一，不仅在各种土木、园林工程中使用，在造船业、机械工业、海洋开发、地热工程等领域，混凝土也是重要的材料。当然，混凝土也具有自重大、比强度小、抗拉强度低、变形能力差及易开裂等缺点。

二、混凝土分类

混凝土的分类方法很多，可按照表观密度的大小、使用功能、胶凝材料的种类、施工工艺、掺合料和拌合物的和易性等进行分类。

按照国家行业标准《普通混凝土配合比设计规程》JGJ 55—2011 的规定，将混凝土按照表观密度分为普通混凝土、轻混凝土和重混凝土。普通混凝土是园林建筑工程中常见的结构材料，干表观密度为 2000 ~ 2800kg/m^3；轻混凝土是采用陶粒等轻骨料，或用发泡工艺等制备的多孔及大孔混凝土，主要用于轻质结构材料和绝热材料，干表观密度小于 2000kg/m^3；重混凝土一般用特别密实和特别重的集料制成，如重晶石混凝土、钢屑混凝土等，它们具有不透 X 射线和 γ 射线的性能，又称防辐射混凝土，一般用于核工业工程的屏蔽结构材料，干表观密度大于 2800kg/m^3。

混凝土按使用功能分为结构混凝土、保温混凝土、装饰混凝土、防水混凝土、耐火混凝土、水工混凝土、海工混凝土、道路混凝土、防辐射混凝土等。

按胶凝材料分为水泥混凝土、硅酸盐混凝土、沥青混凝土、聚合物混凝土、水玻璃混凝土和石膏混凝土等，建筑结构中使用最多的是水泥混凝土，道路工程中多采用沥青混凝土。

按施工工艺分为预拌混凝土（商品混凝土）、泵送混凝土、灌浆混凝土、喷射混凝土、碾压混凝土、挤压混凝土等。

按配筋方式分为素混凝土、钢筋混凝土、钢丝网水泥、纤维混凝土、预应力钢筋混凝土等。

按混凝土掺合料和拌合物的和易性分为干硬性混凝土、半干硬性混凝土、塑性混凝土、流动性混凝土、高流动性混凝土、流态混凝土等。

此外，混凝土还可以按抗压强度分为低强混凝土（<30MPa）、中强混凝土（30 ~ 60MPa）和高强混凝土（>60MPa）；按单位混凝土的水泥用量分为贫混凝土（<170kg/m^3）和富混凝土（≥ 230kg/m^3）等。

三、混凝土的技术性质

在实际工程中，根据状态的不同，混凝土可分为新拌混凝土（具有塑性）和硬化混凝土（具有强度）以及使用时间不同的混凝土（变形和耐久），工程中其技术要求各不相同。

（一）新拌混凝土的和易性

新拌混凝土应该具有良好的和易性。和易性，又称工作性，是指混凝土拌合物易于施工操作（搅拌、运输、浇灌、捣实），并能获得质量均匀、整体稳定和成型密实的性能。和易性是一项综合性的技术指标，包括流动性、粘聚性和保水性等三方面的性质。

流动性是指在本身自重或施工机械振捣的作用下，混凝土拌合物能产生流动，并均匀密实地填满模板的性能。流动性的大小主要取决于混凝土拌合物中的用水量或水泥浆含量的大小。

粘聚性是指混凝土拌合物在运输及浇筑过程中具有一定的黏性和稳定性，不会产生分层离析现象，保持整体均匀的性能。

保水性是指混凝土拌合物在施工过程中，具有一定的保水能力，不致产生严重泌水现象。骨料析出量大则保水性差，严重时粗骨料表面稀浆流失而裸露；骨料析出量小则保水性小。

混凝土良好的和易性是指既具有满足施工要求的流动性，又具有良好的粘聚性和保水性。良好的和易性既是施工的要求也是获得质量均匀密实混凝土的保证。

（二）硬化混凝土的强度

强度是硬化混凝土最重要的性质，混凝土的其他性能与强度均有密切关系，混凝土的强度也是配合比设计、施工控制和质量检验评定的主要技术指标。混凝土的强度主要有抗压强度、抗折强度、抗拉强度和抗剪强度等。其中抗压强度值最大，也是最主要的强度指标。

根据《普通混凝土力学性能试验方法标准 》GB/T 50081—2002，混凝土的强度值是指标准立方体试件（150mm × 150mm × 150mm）在标准养护条件下（温度 20 ± 2℃，相对湿度 95%以上）养护 28d 的抗压强度值，在上述条件下测得的抗压强度值称为混凝土立方体抗压强度，以 f_{cu} 表示。

根据《混凝土结构设计规范》GB 50010—2010，混凝土的强度等级应按立方体抗压强度标准值 $f_{cu,k}$ 确定。混凝土立方体抗压强度标准值是指按照标准方法制作养护边长为 150mm 的立方体试件，在 28d 龄期用标准方法测得的抗压强度总体分布中的一个值，具有 95%保证率的抗压强度。钢筋混凝土结构用混凝土分为 C15、C20、C25、C30、C35、C40、C45、C50、C55、C60、C65、C70、C75、C80 共 14 个等级。各等级的强度标准值见表 1-4-1。

混凝土强度标准值（单位：MPa） 表 1-4-1

强度种类	符号	混凝土强度等级													
		C15	C20	C25	C30	C35	C40	C45	C50	C55	C60	C65	C70	C75	C80
轴心抗压	$f_{cu,k}$	10.0	13.4	16.7	20.1	23.4	26.8	29.6	32.4	35.5	38.5	41.5	44.5	47.4	50.2
抗拉	f_{tk}	1.27	1.54	1.78	2.01	2.20	2.39	2.51	2.64	2.74	2.85	2.93	2.99	3.05	3.11

（三）混凝土的变形性能

混凝土在凝结硬化过程和凝结硬化以后，均将产生一定量的体积变形。混凝土的变形包括非荷载作用下的变形和荷载作用下的变形，非荷载作用下的变形主要包括化学收缩、干湿变形、自收缩及温度变形；荷载作用下的变形，分为短期荷载作用下的变形及长期荷载作用下的变形——徐变。

（四）混凝土的耐久性

混凝土的耐久性是指在实际使用条件下，混凝土抵抗各种破坏因素作用并长期保持其良好的使用性能和外观完整性，从而维持混凝土结构的安全和正常使用的能力。混凝土的耐久性是一个综合性能指标，包括抗渗性、抗冻性、抗碳化性能、抗腐蚀性能以及抗碱—骨料反应等。

四、园林常用混凝土

基于混凝土的优越性能，其在园林建设中的应用越来越广泛，除了作为结构材料使用的普通混凝土外，还有一些满足特殊性能要求的混凝土，如装饰混凝土，透水混凝土和吸音、隔热混凝土等。

（一）装饰混凝土

装饰混凝土指表面具有线形、纹理、质感、色彩等装饰效果的混凝土。通过混凝土表面处理来满足建筑立面装饰设计的要求，广泛用于预制外墙板、现浇墙体、地面及各种混凝土砌块的饰面。但一般也将直接采用现浇混凝土的自然表面作为饰面的清水混凝土归为装饰混凝土。常见的装饰混凝土有清水混凝土、彩色混凝土、印花混凝土、混凝土装饰涂层等。装饰混凝土具有较高的强度和较好的耐久和耐候性，与自然石材制品相比，具有节约自然资源和价格低廉等优点；另外，装饰混凝土具有设计的灵活性特点，可按设计要求，制作成任意形体和表面变化，并易于制作各种孔洞和凹凸的变化。园林中装饰混凝土主要应用于地面、路面、墙面、露台等表面装饰。

1. 清水混凝土

清水混凝土属于一次浇筑成型的混凝土，不做任何外装饰，直接采用现浇混凝土的自然表面作为饰面。表面平整光滑、色泽均匀、棱角分明、无碰损和污染，只是在表面涂一层或两层透明的保护剂，显得十分自然、庄重，表现出一种最本质的美感，具有朴实无华、自然沉稳的外观韵味，其与生俱来的厚重与清雅是一些现代建筑材料无法效仿和媲美的。世界上越来越多的建筑师采用清水混凝土工艺，如世界级建筑大师贝聿铭、安藤忠雄等都在他们的设计中大量地采用了清水混凝土。

通过特别设计的模板可使清水混凝土表面形成特殊的纹理和质感，达到特别的装饰效果。清水混凝土不仅具有特殊的装饰效果，而且具备优越的结构性能和显著的经济特性。因此，在国内外大型建筑工程，特别是国内桥梁工程中已得到广泛应用，但在国内的一般房屋建筑工程中，由于施工技术要求较高，还没有得到推广使用。在国外，清水混凝土应用较广，日本国家大剧院、巴黎史前博物馆等世界知名的艺术类公共建筑，均采用清水混凝土建筑。国内已在一些重要的结构工程和高精度的混凝土制品中得到了部分应用，如郑州国际会展中心、联想集团北京研发基地、北京首都国际机场三号航站楼等工程已成为我国大面积应用清水混凝土的典范。

2. 彩色混凝土

彩色混凝土可以通过成品染色和在拌制过程中添加颜料这两种方式实现。

染色是将彩色液体，通过渗入混凝土表层而使其着色。混凝土材料的碱性、多孔性及其浅色基调使其表面易于着色。化学溶液不仅能在混凝土表面染色，而且能渗入混凝土中，在深层着色。目前流行的水基渗透性染色剂和水基及溶剂基颜料可以实现很多色调。彩色混凝土还可通过掺加无机颜料以获得不同色彩，或拌制时加入带颜色的骨料并通过水磨、水洗等工艺使彩色骨料露出而呈现不同色彩。

染色剂和颜料的单独或结合使用，几乎能够使混凝土表面产生所有期望的色调，从清淡柔和的色彩直至明快的红黄橙紫等。用灰色水泥可以得到色彩厚重的混凝土，如果为了得到明快鲜艳的色调，水泥一般宜采用白色硅酸盐水泥。

3. 印花混凝土

印花混凝土是对普通混凝土表面进行处理，创造出图案、色彩与大理石、花岗石、砖、木材等自然材料极为相似的一种装饰材料，具有图形美观自然、色彩真实持久、质地坚固耐用等特点。印花混凝土是在普通的混凝土表面进行着色强化处理，并利用模具压制成各种图案，随后在表面喷涂保护剂，故其构造由混凝土基层、彩色面层、保护层三个基本层面组成。印花混凝土流行于美国、加拿大、澳大利亚等国，是在世界上发达地区和国家迅速推广的一种绿色环保材料。近年来我国也开始普遍应用。

印花混凝土主要用于地面，故也称彩色混凝土地坪，其本身坚固耐用，从根本上克服了传统砖、石铺设地面常有的容易松动、凹凸不平、路面整体性差、施工周期长以及需要经常维护、维修等缺点，是替代砖、石铺设路面的一种理想新型材料。同时，它施工方便，彩色也较为鲜艳，并可形成各种图案，装饰性、灵活性和表现力强。适用于住宅、社区、商业、市政及文娱康乐等各种场合所需的人行道，以及公园、广场、游乐场、高档小区道路、停车场，庭院、地铁站台、游泳池等处的景观创造，具有极高的安全性和耐用性。

（二）透水混凝土

透水混凝土是采用水泥、水、透水混凝土增强剂（胶结材料）掺配高质量的同粒径或间断级配骨料所组成的，具有15%～25%的空隙率的混合材料，也称作无砂混凝土。透水性混凝土路面作为一种新的环保型、生态型的道路材料，已日益受到人们的关注。透水混凝土一般用水泥作胶结材料，称为水泥透水性混凝土；也可以采用高分子材料来胶结骨料，称为高分子透水性混凝土。透水混凝土适用人行道、自行车道、社区内地面装饰、园林景观道路、运动场地及户外停车场等场所。

（三）其他混凝土

除了上述四种常用园林混凝土之外，还有一些满足特殊性能要求的混凝土，如吸音混凝土、发泡混凝土、加气混凝土、塑胶混凝土等。

第五节　砖

一、砖的概念

砖是用于建筑工程的人造小型块材，分烧结砖（主要指黏土砖）和非烧结砖，俗称砖头。烧结砖以黏土（包括页岩、煤矸石等粉料）为主要原料，经泥料处理、成型、干燥和焙烧而成。不经焙烧而制成的砖均为非烧结砖，如免烧免蒸砖、蒸养（压）砖等。目前，应用较广的是蒸养（压）砖，这类砖是以含钙材料（石灰、电石渣等）和含硅材料（砂质、煤粉灰、煤矸石灰渣、炉渣等）与水拌和，经压制成型，在自然条件下或人工水热合成条件（蒸养或蒸压）下，反应生成以水化硅酸钙、水化铝酸钙为主要胶结料的硅酸盐建筑制品，主要品种有灰砂砖、粉煤灰砖、炉渣砖等。

二、砖的分类

砖的类型，按不同的分类方式各有不同，常见的分类方式有：

根据生产工艺的特点，砖分为烧结砖和非烧结砖。烧结砖主要有烧结普通砖、烧结多孔砖、烧结空心砖等；非烧结砖主要有粉煤灰砖、灰砂砖、炉渣砖等。

根据使用的原料不同，砖分为黏土砖、页岩砖、煤矸石砖、粉煤灰砖、炉渣砖、灰砂砖等。

按照砖体空洞率（空洞总面积占其所在砖面面积的百分率）的大小，分为普通砖、多孔砖和空心砖。普通砖没有空洞或空洞率小于25%，常用于承重部位，强度等级最高；多孔砖的空洞率为25%～40%，孔的尺寸小而数量多，常用于承重部位，强度等级较高；空心砖的空洞率大于40%，常用于非承重部位，强度等级偏低。

根据砖的功能，分为承重砖、盲道砖、路面砖、植草砖等。

按照透水性能不同，分为透水砖和不透水砖。

按照用途不同可分为铺地砖、砌墙砖。

按照颜色不同可分为青砖、红砖、黄砖、棕色砖等。

按照规格大小不同可分为标准砖和配砖。

三、砖的性质

砖的性质主要包括外观形态和内部性能等技术参数。

（一）烧结砖的性质

烧结砖的性质主要包括形状尺寸、表观密度、吸水率和颜色等外观参数以及抗压、抗风化等技术参数。

1. 规格

烧结砖的外形为直角六面体，按照国家标准制作的普通砖又称标准砖，其尺寸为240mm×115mm×53mm，其他根据砖的不同类型有各种尺寸。

2. 表观密度

砖的表观密度依据所用原料及制作方法而不同，表观密度太大，会降低砌体的绝热性能。

3. 吸水率

砖的吸水率反映了其孔隙率的大小和孔隙构造特征，它与砖的烘焙程度有关。欠火砖吸水率过大，过火砖吸水率小，一般砖的吸水率为8%～16%，吸水率小，孔隙率低，导热性大，不利于保温隔热。

4. 颜色

烧结普通砖的颜色主要取决于铁的氧化物含量及火焰性质。含有氧化铁的黏土为黄色或褐色，通过采用不同的烧制工艺，可生产出红砖和青砖两种颜色的砖，它们的硬度接近，但是青砖的抗氧化、水化和大气侵蚀等方面的性能明显优于红砖。随着技术的不断进步，现在已经能够根据需要生产出各种颜色的砖。

5. 强度等级

砖属于脆性材料，在压力作用下，随着压应力的增加，开始出现弹性变形，由于压力不是各向同性的，所以在某些方向会产生剪切力，达到破坏的临界条件后，砖以脆性方式破坏。

烧结砖的强度等级是通过取10块砖试样进行抗压强度试验，按多个指标划分为不同等级。砖的抗压强度与烧结时的孔隙率或密度、烧结产品的种类及烧成温度有关，砖的孔隙率越高，抗压强度越低，在相同孔隙率的情况下，抗压强度随石灰含量的增大而增大。

6. 抗风化性能

抗风化性能是指在干湿交替、温度变化、冻融循环等物理因素下，材料不破坏并长期保持原有性能的能力，是材料耐久性的重要内容之一，砖的抗风化性能越好，其使用寿命越长。抗风化性能主要受砖的吸水率和地域位置的影响，因此，用于严重风化区中的东北三省、内蒙古及新疆地区的砖，必须进行冻融试验，其他地区用砖可用沸煮吸水率与饱和系数指标表示其抗风化性能，符合一定规定时可不做冻融试验，否则，这些地区也必须做冻融试验。冻融试验后，每块砖样不允许出现裂纹、分层、掉皮、缺棱、掉角等冻坏现象，质量损失不得大于2%。

7. 泛霜

泛霜是指黏土原料中的可溶性盐类随砖内水分的蒸发而在砖或砌体表面产生的盐析现象。当砖的原料中含有硫、镁等可溶性盐类时，砖在使用过程中，这些盐类会随着砖内水分蒸发而在砖表面形成絮团状或絮片状的白色粉末。这些结晶的粉状物不仅有损于建筑物的外观，而且结晶体的膨胀也会引起砖的表面酥松，破坏砖与砂浆间的粘结，造成粉刷层的剥落。标准规定优等品应无泛霜，一等品不允许出现中等泛霜，合格品不允许出现严重泛霜。轻微泛霜将对清水砖墙外观产生较大影响；中等泛霜使建筑潮湿部位的砖在7～8年后因盐析现象产生表面粉化剥落，干燥环境中的砖也在10年左右后开始剥落；严重泛霜则造成建筑结构的破坏。

8. 石灰爆裂

烧结砖中夹杂着石灰石，经过焙烧转化为生石灰。在使用过程中生石灰会吸水熟化成消石灰，体积膨胀98%，产生的内应力会导致砖块胀裂，严重时会使砖块砌体强度降低，直至破坏。标准规定优等品不允许出现破坏尺寸大于2mm的爆裂区域。一等品破坏尺寸大于2mm且小于等于10mm的爆裂区域，每组砖样（5块）不得多于15处，且不允许出现破坏尺寸大于10mm的爆裂区域。合格品破坏尺寸大于2mm且小于等于15mm的爆裂区域，每组砖样不得多于15处，其中大于10mm的不得多于7处，不允许出现破坏尺寸大于15mm的爆裂区域。

此外，根据砖应用部位的不同，对砖的技术性质要求也不同，如铺地砖要求光滑性、耐磨性等。

（二）几种主要烧结砖性质

1. 烧结普通砖（fired common bricks）

以黏土、页岩、煤矸石、粉煤灰为主要原料经焙烧而成的普通砖。

（1）规格

烧结普通砖一般指标准砖，其尺寸为240mm×115mm×53mm，240mm×115mm的面称为大面，240mm×53mm的面称为条面，115mm×53mm的面称为顶面。由于灰缝厚度为10mm，则4块砖长、8块砖宽及16块砖厚均为1m，每1m^{3}砖砌体需要烧结普通砖512块，砌筑1m^{2}的24墙需要烧结普通砖128块。常用配砖的尺寸为175mm×115mm×53mm。

（2）表观密度

烧结普通砖的表观密度一般为1500～1800kg/m^3。

（3）强度等级

烧结砖的强度等级是通过取 10 块砖试样进行抗压强度试验，按平均抗压强度（$f_{平}$）及标准值（f_k）或单块最小值（f_{min}）划分为 5 个等级：MU30、MU25、MU20、MU15 和 MU10。在评定强度等级时，如强度变异系数 $\delta \leqslant 0.21$ 时，采用平均值—标准值方法；如强度变异系数 $\delta > 0.21$，则采用平均值—最小值方法。各等级的强度标准见表 1-5-1。

烧结普通砖强度等级（单位：MPa）　　　　**表 1-5-1**

<table>
<tr><th rowspan="2">强度等级</th><th rowspan="2">抗压强度平均值 $f_{平} \geqslant$</th><th>变异系数 $\delta \leqslant 0.21$</th><th>变异系数 $\delta > 0.21$</th></tr>
<tr><th>强度标准值 $f_k \geqslant$</th><th>单块最小抗压强度值 $f_{min} \geqslant$</th></tr>
<tr><td>MU30</td><td>30.0</td><td>22.0</td><td>25.0</td></tr>
<tr><td>MU25</td><td>25.0</td><td>18.0</td><td>22.0</td></tr>
<tr><td>MU20</td><td>20.0</td><td>14.0</td><td>16.0</td></tr>
<tr><td>MU15</td><td>15.0</td><td>10.0</td><td>12.0</td></tr>
<tr><td>MU10</td><td>10.0</td><td>6.5</td><td>7.5</td></tr>
</table>

资料来源：《烧结普通砖》GB 5101—2003。

砖的抗压强度与烧结时的孔隙率或密度、烧结产品的种类及烧成温度有关，砖的孔隙率越高，抗压强度越低，在相同孔隙率的情况下，抗压强度随石灰含量的增大而增大。

（4）抗风化性能

用于严重风化区中的东北三省、内蒙古及新疆地区的砖，必须进行冻融试验，其他地区符合表 1-5-2 规定时可不做冻融试验。

抗风化性能　　　　**表 1-5-2**

<table>
<tr><th rowspan="3">砖种类</th><th colspan="4">严重风化区</th><th colspan="4">非严重风化区</th></tr>
<tr><th colspan="2">5h 沸煮吸水率（%）≤</th><th colspan="2">饱和系数≤</th><th colspan="2">5h 沸煮吸水率（%）≤</th><th colspan="2">饱和系数≤</th></tr>
<tr><th>平均值</th><th>单块最大值</th><th>平均值</th><th>单块最大值</th><th>平均值</th><th>单块最大值</th><th>平均值</th><th>单块最大值</th></tr>
<tr><td>黏土砖</td><td>18</td><td>20</td><td rowspan="2">0.85</td><td rowspan="2">0.87</td><td>19</td><td>20</td><td rowspan="2">0.88</td><td rowspan="2">0.90</td></tr>
<tr><td>粉煤灰砖</td><td>21</td><td>23</td><td>23</td><td>25</td></tr>
<tr><td>页岩砖</td><td rowspan="2">16</td><td rowspan="2">18</td><td rowspan="2">0.74</td><td rowspan="2">0.77</td><td rowspan="2">18</td><td rowspan="2">20</td><td rowspan="2">0.78</td><td rowspan="2">0.80</td></tr>
<tr><td>煤矸石砖</td></tr>
</table>

注：粉煤灰掺入量（体积比）小于30%时，按黏土砖规定判定。

资料来源：《烧结普通砖》GB 5101—2003。

2. 烧结多孔砖（fired perforated bricks）

以黏土、煤矸石等为主要原料，经成型、焙烧而成的大面有孔洞的砖。孔的尺寸小而数量多，其孔洞率大于等于 25%，砖内空洞内径不大于 22mm，用于承重部位。孔洞垂直于受压面。

（1）规格

多孔砖的长度、宽度、高度尺寸应符合下列要求：290、240、190、180、140、115、

90。其他规格尺寸由供需双方协商确定。一般长度为290、240、190mm，宽度为240、190、180、140、115mm，高度为90mm（图1-5-1）。

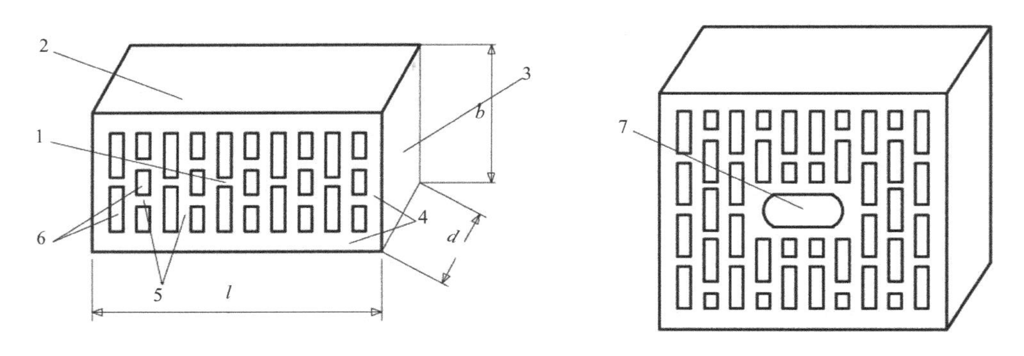

图 1-5-1 烧结多孔砖

1—大面；2—条面；3—顶面；4—外壁；5—肋；6—孔洞；7—手抓孔

l—长度；b—宽度；d—高度

（2）密度等级

按照表观密度可分为：1000、1100、1200、1300四个密度级别。

（3）强度等级

按抗压强度分为：MU30、MU25、MU20、MU15、MU10五个强度等级（表1-5-3）。

烧结多孔砖强度等级（单位：MPa） 表1-5-3

强度等级	抗压强度平均值 $f_{平}$≥	强度标准值 f_k ≥
MU30	30.0	22.0
MU25	25.0	18.0
MU20	20.0	14.0
MU15	15.0	10.0
MU10	10.0	6.5

资料来源：《烧结多孔砖和多孔砌块》GB 13544—2011。

（4）抗风化性能

用于严重风化区中的东北三省、内蒙古及新疆地区的砖，必须进行冻融试验，其他地区用砖符合表1-5-4规定时可不做冻融试验。

抗风化性能 表1-5-4

砖种类	严重风化区				非严重风化区			
	5h沸煮吸水率（%）≤		饱和系数≤		5h沸煮吸水率（%）≤		饱和系数≤	
	平均值	单块最大值	平均值	单块最大值	平均值	单块最大值	平均值	单块最大值
黏土砖	21	23	0.85	0.87	23	25	0.88	0.90
粉煤灰砖	23	25			30	32		

续表

砖种类	严重风化区				非严重风化区			
	5h 沸煮吸水率（%）≤		饱和系数≤		5h 沸煮吸水率（%）≤		饱和系数≤	
	平均值	单块最大值	平均值	单块最大值	平均值	单块最大值	平均值	单块最大值
页岩砖	16	18	0.74	0.77	18	20	0.78	0.80
煤矸石砖	19	21			21	23		

注：粉煤灰掺入量（质量比）小于30%时，按黏土砖规定判定。

资料来源：《烧结多孔砖和多孔砌块》GB 13544—2011。

3. 烧结空心砖（fired hollow bricks）

生产及原料与烧结多孔砖相同，孔的尺寸大而数量少，其孔洞率一般可达 40% 以上，用于非承重部位，孔洞平行于受力面。应用于多层结构内隔墙和框架结构的填充墙等（图 1-5-2）。

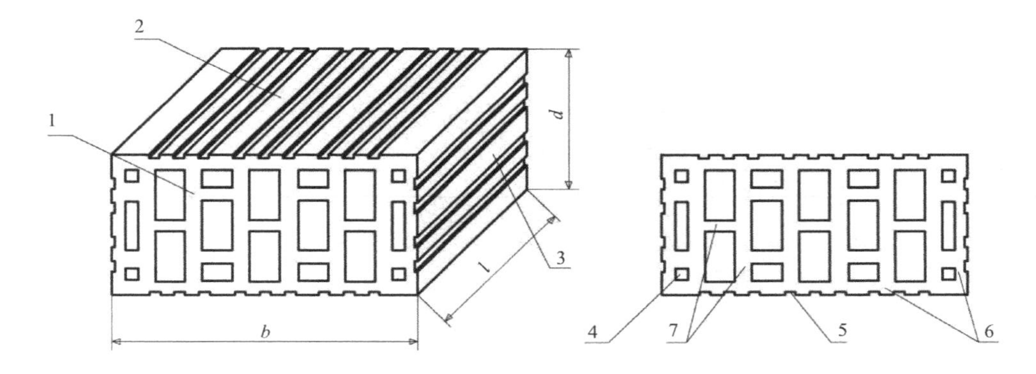

图 1-5-2　烧结空心砖

1—顶面；2—大面；3—条面；4—壁孔；5—粉刷槽；6—外壁；7—肋

l—长度；*b*—宽度；*d*—高度

（1）规格

砖和砌块的外形为直角六面体，其长度、宽度、高度应符合下列要求：长度规格尺寸：390、290、240、190、180（175）、140mm；宽度规格尺寸：190、180（175）、140、115mm；高度规格尺寸：180（175）、140、115、90mm，其他规格尺寸由供需双方协商确定。

（2）密度等级

按照表观密度可分为：800、900、1000 和 1100 四个密度级别。

（3）强度等级

按大面及条面抗压强度平均值和单块最小值分为 MU10.0、MU7.5、MU5.0、MU3.5 四个强度等级（表 1-5-5）。

（4）抗风化性能

用于严重风化区中的东北三省、内蒙古及新疆地区的砖，必须进行冻融试验，其他地区用砖符合表 1-5-6 规定时可不做冻融试验。

烧结空心砖强度等级（单位：MPa） 表1-5-5

强度等级	抗压强度		
	抗压强度平均值 $f_{平}$ ≥	变异系数 $\delta \leq 0.21$	变异系数 $\delta > 0.21$
		抗压强度标准值 f_k ≥	单块最小抗压强度值 f_{min} ≥
MU10.0	10.0	7.0	8.0
MU7.5	7.5	5.0	5.8
MU5.0	5.0	3.5	4.0
MU3.5	3.5	2.5	2.8

资料来源：《烧结空心砖和空心砌块》GB/T 13545—2014。

抗风化性能 表1-5-6

产品类别	严重风化区				非严重风化区			
	5h沸煮吸水率%≤		饱和系数≤		5h沸煮吸水率%≤		饱和系数≤	
	平均值	单块最大值	平均值	单块最大值	平均值	单块最大值	平均值	单块最大值
黏土砖	21	23	0.85	0.87	23	25	0.88	0.90
粉煤灰砖	23	25			30	32		
页岩砖	16	18	0.74	0.77	18	20	0.78	0.80
煤矸石砖	19	21			21	23		

注：1.粉煤灰掺入量（质量分数）小于30%时，按黏土空心砖规定判定。
2.淤泥、建筑渣土及其他固体废弃物掺入量（质量分数）小于30%时，按相应产品类别规定判定。
资料来源：《烧结空心砖和空心砌块》GB/T 13545—2014。

（三）几种蒸压蒸养砖性质

1. 蒸压灰砂砖（autoclaved lime-sand brick）

以石灰和砂为主要原料，允许掺入颜料和外加剂，经坯料制备、压机成型、蒸压养护而成的实心灰砂砖。

（1）规格

蒸压灰砂砖砖的外形为直角六面体。砖的公称尺寸：长度 240mm，宽度 115mm，高度 53mm。生产其他规格尺寸产品，由用户与生产厂协商确定。

（2）颜色

根据灰砂砖的颜色分为：彩色的（Co）、本色的（N）。

（3）强度级别

根据抗压强度和抗折强度分为：MU25、MU20、MU15、MU10 四级（表 1-5-7）。

蒸压灰砂砖力学性能（单位：MPa） 表1-5-7

强度级别	抗压强度		抗折强度	
	平均值（≥）	单块值（≥）	平均值（≥）	单块值（≥）
MU25	25.0	20.0	5.0	4.0
MU20	20.0	16.0	4.0	3.2

续表

强度级别	抗压强度		抗折强度	
	平均值（≥）	单块值（≥）	平均值（≥）	单块值（≥）
MU15	15.0	12.0	3.3	2.6
MU10	10.0	8.0	2.5	2.0

注：优等品的强度级别不得小于MU15。
资料来源：《蒸压灰砂砖》GB 11945—1999。

（4）抗冻性

蒸压灰砂砖抗冻性应符合表 1-5-8 的规定。

蒸压灰砂砖抗冻性指标　　表 1-5-8

强度级别	冻后抗压强度平均值（≥）/MPa	单块砖的干质量损失（≤）/ %
MU25	20.0	2.0
MU20	16.0	2.0
MU15	12.0	2.0
MU10	8.0	2.0

注：优等品的强度级别不得小于MU15。
资料来源：《蒸压灰砂砖》GB 11945—1999。

（5）质量等级和用途

根据尺寸偏差和外观质量、强度及抗冻性分为：①优等品（A），②一等品（B），③合格品（C）。

MU15、MU20、MU25 的砖可用于基础及其他建筑；MU10 的砖仅可用于防潮层以上的建筑；灰砂砖不得用于长期受热（200℃以上）、受急冷急热和有酸性介质侵蚀的建筑部位。

2. 蒸压粉煤灰砖（autoclaved fly ash brick）

蒸压粉煤灰砖是以粉煤灰、石灰或水泥为主要原料，掺加适量石膏外加剂、颜料和集料等，经坯料制备、压制成型、高压或常压蒸汽养护而成的实心粉煤灰砖。

（1）规格

蒸压粉煤灰砂砖的外形为直角六面体。砖的公称尺寸：长度 240mm，宽度 115mm，高度 53mm。

（2）颜色

根据灰砂砖的颜色分为：彩色的（Co）、本色的（N）。

（3）强度级别

根据抗压强度和抗折强度分为：MU30、MU25、MU20、MU15、MU10 五级（表 1-5-9）。

蒸压粉煤灰砖强度指标（单位：MPa）　　表 1-5-9

强度级别	抗压强度		抗折强度	
	10 块平均值（≥）	单块值（≥）	10 块平均值（≥）	单块值（≥）
MU30	30.0	24.0	6.2	5.0
MU25	25.0	20.0	5.0	4.0

续表

强度级别	抗压强度		抗折强度	
	10 块平均值（≥）	单块值（≥）	10 块平均值（≥）	单块值（≥）
MU20	20.0	16.0	4.0	3.2
MU15	15.0	12.0	3.3	2.6
MU10	10.0	8.0	2.5	2.0

资料来源：《蒸压粉煤灰砖》JC/T 239—2014。

（4）抗冻性

蒸压粉煤灰砖抗冻性应符合表 1-5-10 的规定。

蒸压粉煤灰砖抗冻性指标　　表 1-5-10

强度级别	抗压强度平均值（≥）/MPa	单块砖的干质量损失值（≤）/ %
MU30	24.0	2.0
MU25	20.0	
MU20	16.0	
MU15	12.0	
MU10	8.0	

资料来源：《蒸压粉煤灰砖》JC/T 239—2014。

（5）干燥收缩

干燥收缩值：优等品和一等品应不大于 0.65mm/m；合格品应不大于 0.75mm/m。

（6）质量等级和用途

根据外观质量、强度、抗冻性和干燥收缩分为：①优等品（A），②一等品（B），③合格品（C）。

蒸压粉煤灰砖可用于工业与民用建筑的墙体和基础，但用于基础或用于易受冻融和干湿交替作用的建筑部位必须使用 MU15 及以上强度等级的砖；不得用于长期受热（200℃以上）、受急冷急热和有酸性介质侵蚀的建筑部位。

四、砖的应用

砖自古以来就是风景园林工程中的重要材料，随着砖种类的增多，在园林工程中的应用也更加广泛，总体可归类为砌筑用砖和铺地用砖两大类。

（一）砌筑用砖

1. 建筑墙体

由于砖块抗压强度高，而且具有良好的围蔽性和耐久性，适用于建筑墙体作为结构构件，在诸如亭、榭、廊、阁等各式各样的园林景观建筑中应用广泛。园林景观建筑中多采用砖砌筑清水墙，古朴自然，最能展现砖块材质及组砌的艺术美感。砖雕是与清水墙搭配最为适宜的装饰构件，主要应用于门楼、影壁、墙壁、楼栏、屋脊及牌坊等处，砖雕深化了清水砖墙的艺术性和文化内涵，赋予了清水砖墙以灵动的生命。

根据国家标准《烧结普通砖》GB 5101—2003 的规定，强度、抗风化性能和放射性物质合格的砖，根据尺寸偏差、外观质量、泛霜和石灰爆裂分为优等品（A）、一等品（B）、合格品（C）三个质量等级。新的国家标准《烧结多孔砖和多孔砌块》GB 13544—2011 和《烧结空心砖和空心砌块》GB/T 13545—2014 中，则取消了旧标准中的三级质量标准划分，只有合格一个产品质量等级。

优等品适用于清水墙和装饰墙；一等品、合格品可用于混水墙和内墙，也可用于砌柱、拱、地沟及基础等，还可与轻型混凝土、绝热材料等复合使用砌成轻型墙体。在砌体中配入钢筋或钢丝网，即可成配筋砖砌体，可代替钢筋混凝土作为各种承重构件。烧结多孔砖可应用于砌筑六层以下承重墙；烧结空心砖主要应用于砌筑非承重墙。

2. 其他砌筑体

砖在园林景观工程中的各方面都有应用，除了砌筑砖墙，还应用于砌筑挡土墙、水体的驳岸、土体的护坡、台阶及砌筑假山等，也可应用于种植池、排水沟等工程中。

（二）铺地用砖

砖是园林工程中常见的铺地材料，主要是因为砖具有较高的强度、良好的耐磨性和古朴的质感，可以通过搭配产生色调多样、图案丰富、具有艺术表现力的园林地面。砖的环境协调性很强，在私家园林小面积中使用时，主要以精致的图案取胜；在园林大面积广场中使用时，主要是通过色彩的巧妙搭配来获得简洁大方的效果。

第六节　金属材料

一、金属材料的概念

金属材料是指金属元素或以金属元素为主构成的具有金属特性的材料的统称。包括纯金属、合金、金属材料金属间化合物和特种金属材料等。金属氧化物不属于金属材料，如氧化铝等。金属材料一般是指工业应用中的纯金属或合金。自然界中大约有 70 多种纯金属，其中常见的有铁、铜、铝、锡、镍、金、银、铅、锌等；合金常指两种以上的金属，或金属与非金属结合而成，且具有金属特性的材料。常见的合金如铁和碳所组成的钢合金，铜和锌所形成的合金为黄铜等。

二、金属材料的分类

金属材料的种类很多，一般按照其表面颜色分为两类：黑色金属和有色金属。黑色金属包括碳素钢、合金钢和铸铁等，有色金属包括铜及其合金、铝及其合金、钛及其合金等。常用的有钢、铁、铝及其合金，铜及其合金，钛及其合金，镁及其合金，铬及其合金，镍及其合金等。在园林景观工程中，应用最多的还是钢、铝、铜及其合金。因此，本节主要介绍钢、铝、铜及其合金的有关内容。

（一）钢材

现代工业社会所使用的金属材料中，钢铁材料使用最多，所占的比例约在 90%以上。在园林景观中，钢铁材料也是应用最为广泛的金属材料。

1. 钢材的分类

钢材的种类很多，性质各不相同，根据不同的需要采用不同的分类方法。

（1）按化学成分可分为碳素钢和合金钢。

碳素钢的主要成分是铁，其次是碳，其含碳量低于 2.11%的铁碳合金，根据碳素钢含碳量不同，又可分为低碳钢（含碳量低于 0.25%）、中碳钢（含碳量为 0.25% ~ 0.60%）和高碳钢（含碳量高于 0.60%）。碳素钢用量大、用途极广，可以制作成各种不同规格的管材、板材、线材、型材及铸件等。

合金钢中除了铁、碳之外，还含有一种或多种具有改善钢材性能的合金元素。合金钢按照所含有的合金元素的总量还可分为低合金钢（合金元素含量低于 5%）、中合金钢（合金元素含量在 5% ~ 10%）和高合金钢（合金元素含量高于 10%）；按照合金元素的种类分为铬钢、镍钢、硅钢、锰钢等。合金钢中使用较多的是不锈钢和耐候钢。

不锈钢是以铬为主加合金元素的合金钢，按成分可分为铬不锈钢、铬镍不锈钢、高锰低铬不锈钢等，由于金属元素“铬”的加入，极大地提高了不锈钢的耐腐蚀性能。一般来说，含铬量大于 12%的钢就具有了不锈钢的特点。不锈钢有着接近镜面的光亮度，触感硬朗冰冷，属于比较前卫的装饰材料，该材料的加工方法常有抛光（镜面）、拉丝、网纹、蚀刻、电解着色、涂层着色等，也可轧制、冲孔成各种凹凸花纹、穿孔板，可以运用到重要的景观部位。

耐候钢，即耐大气腐蚀的钢，是介于普通钢和不锈钢之间的低合金钢系列。耐候钢在碳素钢中添加少量铜、铬、镍等微量元素，使钢材表面形成致密和附着性很强的致密氧化物膜保护层，阻碍锈蚀往里扩散和发展，大大提高了钢铁材料的耐大气腐蚀能力。它具有优质钢的强韧、塑延、成型、焊割、磨蚀、高温、抗疲劳等特性，耐候性为普碳钢的 2 ~ 8 倍，涂装性为普碳钢的 1.5 ~ 10 倍。

（2）按照钢材的用途可分为结构钢、工具钢和特殊钢。

结构钢主要用于工程构件及机械零件；工具钢主要用于各种刀具、量具及模具；特殊钢具有特殊物理、化学和机械性能，如不锈钢、耐候钢、耐热钢和耐磨钢等。

（3）按钢中有害杂质的含量，钢材也可分为普通钢、优质钢和高级优质钢。

园林景观工程中所用的钢材主要是碳素钢中的低碳钢和合金钢中的低合金钢。

2. 常用钢材的品种

常用钢材的产品一般分为型材、板材、线材和管材等几类。可以采用各种工艺（如挤压、轧制、拉拔、冷弯、焊接等）进行加工，应用十分广泛。

（1）型钢：型钢是实心长条的钢材，它的截面呈几何形状，其长度与截面周长之比相当大，通常用反映其截面形状的轮廓尺寸来表示型钢的规格。按生成方法可分为热轧型钢、弯曲型钢、挤压型钢、拔制型钢和焊接型钢等；按截面形状可分为圆钢、方钢、扁钢、六角钢、角钢、工字钢、槽钢和异型钢等。直径在 6.5 ~ 9.0 的小圆钢称为线材。

（2）钢板：钢板根据要求可以通过弯曲、剪裁、冲压及焊接的加工工艺做成各种制品。钢板的分类很多，根据质量不同可以分为普通钢板、优质钢板和复合钢板；按照生成方法不同可分为冷轧钢板和热轧钢板；按照表面处理方式不同可分为涂层钢板和镀层钢板；按照厚度不同可分为薄钢板、厚钢板和特厚钢板。

常见的钢板品种有钢带、覆层钢板、花纹钢板、不锈钢板、耐候钢板。

钢带是一种窄而长的钢板，一般成卷供应，可分为热轧钢带和冷轧钢带；覆层钢板包括镀锌钢板、镀锡钢板、无锡钢板、镀铝钢板、有机涂层钢板等，抗蚀性及外观装饰性较好，应用广泛；花纹钢板的表面带有凹凸的花纹，这些花纹起到了防滑的作用，同时增加美观性，可以经过冷轧、热轧及钻切加工制作；不锈钢板耐腐蚀性能强，外观精美，具有金属光泽美感的表面，装饰性较好；耐候钢板在大气环境中表层逐渐氧化变色，形成特殊锈斑效果，体现了现代工业感及历史感。

（3）钢管：钢管是中空的棒状钢材，截面多为圆形，也有方形、矩形和异形。根据生成方法的不同，钢管可以分为焊缝钢管和无缝钢管。焊缝钢管一般是由钢板或者钢带卷曲成筒状然后焊接而成，有较好的表面质量、较高的尺寸精度，而且生成效率高、成本低；无缝钢管的承载压力较高，适合做高强度钢管、特殊钢管和厚壁钢管。焊缝钢管按照焊缝的形状不同可以分为直缝焊管和螺旋缝焊管。钢管按壁厚分为普通镀锌钢管和加厚镀锌钢管。

（4）钢丝：根据钢丝的截面形状可将钢丝分为椭圆形钢丝、圆形钢丝、三角形钢丝和异形钢丝；按尺寸分为特细（小于 0.1mm）、较细（0.1 ~ 0.5mm）、细（0.5 ~ 1.5mm）、中等（1.5 ~ 3.0mm）、粗（3.0 ~ 6.0mm）、较粗（6.0 ~ 8.0mm）和特粗（大于 8.0mm）的钢丝；按化学成分分为低碳、中碳、高碳钢丝和低合金、中合金、高合金钢丝；按表面状态分为抛光、磨光、酸洗、氧化处理和镀层钢丝等；按用途分为普通钢丝、结构钢丝、弹簧钢丝、不锈钢丝、电工钢丝、钢绳钢丝等。

（二）铝及铝合金的分类

铝及铝合金是一种常用的现代材料。铝为银白色轻金属，延展性好、密度小，具有优良的导电、导热性和很高的塑性，在大气中具有良好的抗氧化性，不过，铝的强度较低，不耐酸、碱、盐的腐蚀。为提高铝的强度，在铝中可加入锰、镁、铜、硅、锌等制成各种铝合金，其强度和硬度大大提高。铝合金具有优良的导电、导热性和抗蚀性，且耐冲压、易加工。为进一步提高装饰效果，保护铝合金不受磨损和腐蚀，有时在铝合金的表面上涂敷不同颜色的塑料层。

根据化学成分及生产工艺的不同，铝合金还可分为形变铝合金和铸造铝合金（也称生铝合金）两大类。形变铝合金是指可以进行冷或热压力加工的铝合金；铸造铝合金是指由液态直接浇铸成各种形状复杂的铝合金制品。

形变铝合金具有良好的塑性，可以通过加工制成板、棒、管和型材等，是十分优良的轻型材料。根据性能和使用特点，形变铝合金可以分为防锈铝合金、硬铝合金、超硬铝合金、锻造铝合金和特殊铝合金几类，分别用 LF、LY、LC、LD 和 LT 表示。

铸造铝合金的铸造性能和力学性能优良，但塑性较差，按主要的合金元素可以分为铝 - 铜系（Al-Cu）、铝 - 硅系（Al-Si）、铝 - 镁系（Al-Mg）和铝 - 锌系（Al-Zn）合金，铸造铝合金的牌号用 ZL 和三个数字组成，优质铝合金的数字后面附加字母 A。通常采用金属型、砂型、熔模壳型的铸造方法生产各种铸件。

常见的铝合金品种还有铝合金型材、铝合金装饰板、铝箔、铝塑复合膜及真空镀铝膜。铝合金型材质轻、高强、耐蚀、耐磨，表面经加工处理而更具装饰性，应用广泛。铝及铝合金装饰板是铝合金板材经表面加工处理而成，具有各种色彩及肌理，其优点很多，质轻、耐久性及耐蚀性好、不易磨损，且造型优美、安装方便。铝箔在现代工业中用量大、用途广，是常用的包装材料，具有十分艳丽的金属光泽。

（三）铜及铜合金的分类

铜及铜合金在历史上很早就得到了应用，铜主要有紫铜、黄铜、青铜、白铜等。

紫铜是比较纯净的一种铜，一般可近似认为是纯铜，其表面形成氧化膜后呈紫色，故称为紫铜。它是电、热的良导体，延展性较好，但强度较低，易生锈。纯铜质地柔软，具良好加工性及焊接性，可进行冷、热加工成型，可制成铜箔、铜丝，化学稳定性好，在大气及淡水中具有优良的抗腐蚀性。不过，在海水及氧化性的酸中，表面易腐蚀形成铜绿，铜绿可以延缓腐蚀的速度，因而起到了保护的作用。铜绿还可人工仿制，铜绿外表面可增加作品的历史感。

黄铜是以锌为主要添加元素的铜合金，具有高贵的黄金般的色泽，导电性及导热性较强，具有良好的机械性能、耐腐蚀性及工艺性能，易于抛光、加工及焊接，成型加工性能优良，铸造性能优异。铜锌二元合金称普通黄铜或称简单黄铜。三元以上的黄铜称特殊黄铜或称复杂黄铜。黄铜铸件常用来制作阀门和管道配件等。园林与建筑上使用黄铜较多。

白铜是以镍为主要添加元素的铜合金，呈银白色，有金属光泽。当镍含量超过16%以上时，产生的合金色泽就变得洁白如银，白铜中镍的含量一般为25%。合金中的镍含量越高，白铜的颜色越白，硬度、强度及弹性越强。白铜较其他铜合金的机械性能、物理性能都好，延展性好、硬度高、色泽美观、耐腐蚀、富有深冲性能。铜镍二元合金称普通白铜；加有锰、铁、锌、铝等元素的白铜合金称复杂白铜。

青铜原指铜锡合金，后除黄铜、白铜以外的铜合金均称青铜，并常在青铜名字前冠以第一主要添加元素的名。锡青铜的铸造性能、减摩性能和机械性能好，适合于制造轴承、蜗轮、齿轮等。铅青铜是现代发动机和磨床广泛使用的轴承材料。铝青铜强度高，耐磨性和耐蚀性好，用于铸造高载荷的齿轮、轴套、船用螺旋桨等。铍青铜和磷青铜的弹性极限高，导电性好，适于制造精密弹簧和电接触元件，铍青铜还用来制造煤矿、油库等使用的无火花工具。

铜合金按加工的方法不同可以分为形变铜合金和铸造铜合金。形变铜合金塑性良好，可用压力加工成型；铸造铜合金的塑性较差，铸造性较好，常用于铸造仿古的铜器。

（四）其他类型的合金金属

1. 钛和钛合金

纯钛是银白色高熔点轻金属，它的耐蚀性和耐热性十分优良，稳定性好，抗氧化能力强，具有一定机械强度，比强度值高、塑性好，容易加工成型。钛合金按照用途可以分为耐蚀合金、耐热合金、低温合金、高强合金及特殊功能合金，钛合金的强度比任何合金的强度都高，几乎和优质钢相近。钛和钛合金的压力加工性能极好，采用金属塑性加工可以制作出各种规格的带、板、线、棒管和型材，容易切削加工和焊接。由弗兰克·盖里设计的西班牙古根海姆博物馆，被誉为“世界上最有意义、最美丽的博物馆”。其中央大厅的外墙包裹材料采用的就是昂贵的金属钛，具有强烈的视觉冲击效果。

2. 镁和镁合金

镁及其合金具有优良的抗震性能，相比于铝合金来说，镁及其合金能够承受更大的冲击荷载，同时镁及其合金具有良好的抛光性能和优秀的切削加工性能。

3. 锡和锡合金

锡的延展性较好，容易加工，但其强度和硬度较低。在大气中，锡的耐腐蚀性较好，化学性较稳定，经常用作镀层的材料，例如镀锡薄钢板等。锡合金的导热性好，熔点低，耐蚀性和耐磨性比较优良，和铜及其合金、铝合金等容易焊接。同时，锡合金的强度较低，是良好的铸件材料。

三、金属材料的特性

金属材料资源丰富，价格也较便宜。金属及其合金在物理、化学等方面具有一系列优越性能，其特殊的光泽、优良的导热性及良好的塑性，使之成为十分优良的造型材料，可以表现出独特的美学价值。

1. 表现力强

金属材料表面具有金属所特有的色彩、光泽和肌理，具有良好的反射能力和不透明性，质感冷峻平滑。金属的表面上可以进行着色工艺和肌理工艺处理，从而获得不同的表面装饰性。金属表面着色工艺是采用各种处理方法，如化学、物理、机械、热处理等，在金属材料的表面形成各种色泽的镀层、膜层或涂层，从而获得各种色彩。金属表面肌理工艺是通过加工工艺在金属表面制作出各种肌理效果，这种工艺包括表面抛光、表面锻打、表面镶嵌、表面研磨拉丝、表面蚀刻工艺等。如镀铬抛光的镜面效果，给人以华贵的感觉；而镀铬喷砂后的肌理，产生自然柔和的灰白色。

2. 力学性能好

金属材料的力学性能指其在载荷作用下抵抗破坏的性能。金属材料具有优良的力学性能，其塑性好，硬度、强度高，冲击韧性好，多次冲击抗力和疲劳极限较高，可作为工程结构材料而广泛应用。

3. 加工性能好

金属材料在冷、热加工条件下可通过锻造、铸造等成型，亦可通过深冲加工成型，还可进行各种切削加工，同时，还可以进行焊接性连接装配。因而，加工性能良好，易造型。

4. 耐久性好

园林材料在使用的过程中，需要抵抗各种自然因素的破坏侵蚀而保持其原有的性能，从而不被损坏，这就是材料的耐久性。不同的材料耐久性不同，金属材料一般具有良好的耐久性，但金属材料具有易腐蚀的特性，除贵金属之外，几乎所有的金属都易于氧化生锈，产生腐蚀，故使用时要进行表面保护处理。

四、金属材料的应用

金属材料在我国古代园林中较少应用。现今，金属材料以其优良的加工性能、力学性能和独特的表面装饰性，逐渐成为颇受青睐的园林工程材料。金属材料的自然材质美、光泽感、肌理效果构成了金属产品最鲜明、最富有感染力并具有时代感的审美特征，它给人的视觉、触觉带来直观的感受和强烈的冲击。

（一）应用形式

金属不仅作为结构材料被广泛运用，而且被用来制成各种园林小品，别具一番魅力。金属本身强度高，具有抗老化、抗风化、抗虫害等特性，在园林景观应用中的装饰性、轻巧性、灵活性、持久性等是其他材料无法比拟的。

1. 结构用钢材

园林工程中应用的钢材主要是结构用钢材，包括钢结构用钢材和混凝土结构用钢材。

钢结构用钢材主要有碳素结构钢、低合金钢及各种型材、钢板、钢管等，通常以金属结构构件的形式应用于园林建筑、景观小品等制作。如通常选用H型钢（即工字钢）或L型钢（即角钢）等型钢材料来做花架，使用这种材料的最大好处在于成本较低，当然也可以用钢板焊出既满足结构要求又满足外观要求的钢柱。一个花架可以全部由型钢搭建而成，也可以用型钢结合木材来创造钢木混合的效果。用型钢来做花架的另一个特别之处在于钢材的多种连接方法，焊接和螺栓连接给我们不同的视觉和心理感觉，好的连接方式也组成了构筑物细节的一部分，尤其当型钢与木材结合做花架时，木材与钢材的连接部分应是设计的要点。

混凝土结构用钢材是钢筋混凝土结构和预应力混凝土结构用钢材的总称。钢筋混凝土是由混凝土和钢筋两种材料组成的，在两种材料共同工作的前提条件下，可充分利用混凝土与钢筋不同的物理力学特性来满足结构构件的功能要求。钢筋混凝土结构中的钢筋和预应力混凝土结构中的非预应力钢筋均为普通钢筋，包括由普通碳素钢和低合金钢经热轧和热轧后再进行冷加工（冷轧、冷拔、冷扭等）制成的光面钢筋、热轧带肋钢筋、冷轧带肋钢筋等等，一般也称为钢筋混凝土用钢筋；预应力钢筋则主要包括预应力钢丝、预应力钢绞线和预应力高强度钢筋（钢棒）等，一般也称为预应力混凝土用钢材。

2. 装饰用金属

园林中常利用表面外观好、耐大气腐蚀的特殊钢建造建筑和景观小品。如不锈钢有着接近镜面的光亮度，在园林工程中主要用于饰面与幕墙、水池、雕塑和公共设施，华盛顿城市绿地中用不锈钢做成雕塑树，在冬天犹如冰雪覆盖，熠熠生辉（图 1-6-1）。耐候钢的表面可以形成一种致密的保护层，起到防腐的作用，同时还能保持钢材良好的焊接性能，大量用做景观构筑物、地面铺装、花坛壁和雕塑小品（图 1-6-2）。铜及其合金不易生锈腐蚀，主要用在雕塑上（图 1-6-3），也可以用来制作园林建筑，颐和园的铜亭就颇有特色。铝合金可做家具设备及户外园林小品，采用铝合金制作的廊架形成独特的园林风格。

图 1-6-1　不锈钢树

图 1-6-2　耐候钢花坛

图 1-6-3　铜雕塑

用金属材料做水池和花坛，通常会选用耐候钢板、不锈钢板或其他耐腐蚀的材料。与用砖石材料不同的是，用金属材料做水池和花坛不会有那种厚厚的边，而只是薄薄的一层金属板，这种薄壁的效果能使大面积的水池和花坛显得轻巧且不占地方。如果水池底部被隐藏起来，结构支撑件提升至地面以上，还会产生令人惊奇的效果。

园林中的桥和栈道不仅可以用型钢来做结构，还可以用压花钢板、钢格栅来做行走的表面。用压花钢板做表面要注意的就是防滑、排水和易识别性，压花钢板表面的花纹可以增强其防滑性。如果用冲孔钢板这种透水材料，那么就必须在钢板下加一些支撑冲孔钢板的金属肋。因为冲孔钢板的厚度是有限制的，当在钢板上开孔后会削弱钢板的受力能力，所以要用这种方法来对冲孔钢板进行加固。

用金属材料铺地，在国内还比较少，但在国外已应用了很多年。钢材通常给人的印象是光滑的表面，它可以与常用的铺地材料——石材、砖、沥青等的粗糙表面形成有趣的对比。用金属材料作为道路边缘的界定，即我们通常所说的道牙，可以把道牙露出地面的体积减少至最小，弱化的道牙能将铺路的图案很好地凸显出来。

（二）应用方法

在园林设计的过程中，应发挥金属材料在形与色、光与影以及肌理和质感方面的特殊性，充分利用金属材料独特的美学价值，结合不同景观元素的功能需求和艺术特点，选择外观和风格不同的金属材料，创造宜人的园林景观。

1. 利用加工工艺创作特色景观

金属材料的加工性能十分优良，而且其成型方法很多，如锻造、锻压、焊接、切削加工等方法。采用不同的工艺，所获得的造型效果也不一样。比如车削件具有精细、严密、规则纹理的特点；焊接型材由于棱角分明而有秀丽、硬朗之感；铸塑工艺具有圆润饱满的特点；喷砂处理的铝材具有均匀的坑痕，表面呈现哑光细腻的纹理；板材成型有棱、有圆，具有曲直匀称、丰厚的特点。

金属雕塑常用的材料有铸铁、铸青铜、不锈钢、铝合金、钛金等，制作一般都是通过铸造或锻造工艺。铁是传统的金属材料，铸造工艺性能良好，铸铁材料的雕塑给人以苍劲古朴之感，不过由于在大气环境中铁极易氧化锈蚀，因而铸铁做的雕塑较少；青铜是铜和锡的合金，现代多采用铜铝合金，其强度、耐腐蚀性都比前者高，铸造时流动性能也好。不锈钢、铝合金、钛金均属于新型金属材料，具有较强的耐腐蚀性、较高的强度，材质较轻，且色泽明快，十分适合锻造成抽象的造型，具有强烈的时代感和装饰性。

2. 利用材料外观创造艺术美感

不同类型的金属材料有着不同的色彩。材料的色彩可分为材料的固有色彩（材料的自然色彩）和材料的人为色彩。自然色彩就是材料本身的色彩，人为色彩一般是根据作品的装饰或功能需要，对金属材料进行着色处理后的色彩。园林中需充分发挥金属材料色彩的审美特性，并根据作品的主题和造景需要，运用各种美学规律，对材料色彩进行组合和协调，加强金属材料的色彩美，丰富其艺术表现力。

不同类型的金属材料也有着不同的肌理变化。通过对材料表面进行面饰工艺，如运用涂、喷、贴、镀等手段可改变材料表面原有的肌理特征，形成新的肌理品质，从而营造出适宜的景观效果。

金属材料具有独特的质感和光泽，通过视觉感受可引起观赏者心理、生理方面的共鸣，产生某种联想。如不锈钢的镜面反光性特点，衬托了环境的豪华、夺目，可实现独特的视觉冲击力，能激发使用者的情绪。耐候钢在大气环境中逐渐产生氧化反应，出现变色和锈蚀，加上雨水在钢材表面冲刷留下的锈蚀印记，可以形成一种特殊的色彩，应用于园林中能体现出一种历史的沧桑感。

3. 利用材料搭配产生形式美感

金属可以与常用的铺地材料如石材、砖、沥青等的粗糙表面形成有趣的对比，通过材质的变化，区分出不同的空间领域。金属材料还可以用作划分大面积铺装的分隔材料，如利用铜条将水刷石路面划分成若干小块，能增强铺装的景观效果。传统的青砖在色彩上给人以深沉、厚重的感觉，体现一种历史感，当它与现代感强、坚固耐用且色彩明快的金属材料组合搭配使用时，形成鲜明的对比与反差。将金属板材嵌入地面作为标识的一种，向人们传达信息的同时，增强了铺地的景观效果。

除了铺装方面，在景观墙体、小品、水景及构筑物等竖向空间上，也可以将金属材料与其他材料搭配起来使用，产生不同的景观效果。

第七节 防水材料

一、防水材料的概念

防水材料一直没有一个统一的定义，防水技术的不断更新加快了防水材料的多样化，总体来说防止雨水、地下水、工业和民用的给水排水、腐蚀性液体以及空气中的湿气、水蒸气等侵入建筑物的材料基本上都统称为防水材料。

二、防水材料的分类

建筑防水材料品种繁多，按材料成分可分为沥青防水材料、高分子橡胶防水材料、塑料防水材料、聚氨酯防水材料、丙烯酸防水材料等；按其制品的特征可分为防水卷材、防水涂料、密封材料等；按其施工特点可分为刚性防水材料和柔性防水材料两种，防水混凝土和防水砂浆属于刚性防水材料，防水卷材、防水涂料及密封膏等属于柔性防水材料。

（一）防水卷材

建筑防水卷材主要包含沥青防水卷材、高聚物改性沥青防水卷材和合成高分子防水卷材三大系列，沥青防水卷材在实际工程中使用最多，高聚物改性沥青防水卷材和合成高分子防水卷材具有更优越的防水功能，代表了防水卷材未来的发展方向。

1. 沥青防水卷材

沥青防水卷材俗称油毡，传统产品是石油沥青纸胎油毡。根据沥青防水卷材有无胎基，可分为有胎沥青防水卷材和无胎沥青防水卷材。

（1）沥青纸胎油毡

沥青纸胎油毡是沥青防水卷材中较早生产的品种之一。目前，在我国防水材料中是产量最大、应用最广、起主导地位的防水材料品种。

沥青纸胎油毡是用油毡原纸浸渍低软化点的沥青材料，再用高软化点沥青涂盖油纸的两面，再撒以布料而制成的。

（2）沥青玻纤胎油毡

沥青玻纤胎油毡是以玻璃纤维布或玻璃纤维薄毡为芯材的沥青防水卷材。该油毡的最大特点是耐化学介质和细菌的侵蚀，又具有较高的防水性能和抗拉强度，原料来源广、重量轻、成本低。广泛用于地下防水工程、震动变形较大的和气候变化剧烈的防水工程，也可用作金属管道（热管道除外）的防腐保护层，是性能较好的防水防腐材料。

（3）沥青无胎油毡

沥青无胎油毡是没有胎基的沥青防水卷材。其制造工艺过程同以上所讲的有胎油毡的制造工艺是大不相同的，多采用塑炼、混炼、压延等工艺进行生产。所选用的原材料多为树脂改性沥青材料或橡胶改性沥青材料，例如：再生橡胶粉、高压或低压聚乙烯、聚丙烯、氯化聚乙烯、乙烯–醋酸乙烯共聚物、乙烯–丙烯酸共聚物等。

沥青再生胶油毡是一种无胎油毡。它是由废橡胶粉掺入石油沥青，经高温脱硫，再掺入填料，经炼胶机混炼，用压延机压延而成的一种质地均匀的沥青防水卷材。广泛用于屋面及地下的防水层，尤其适用于沉降较大或沉降不均匀的建筑物变形缝处的防水。

煤焦油沥青无胎油毡是在煤焦油沥青中，掺入适量的高分子聚合物，经塑炼、混炼和压延以后，则可制成煤焦油无胎油毡。

（4）特种沥青防水卷材

特种沥青防水卷材是具有某些特殊性能和用途的沥青油毡。例如铝箔油毡、多孔油毡、带棱油毡、耐热油毡、热熔油毡、低温油毡、耐火油毡、复合油毡等。

2. 高聚物改性沥青防水卷材

该卷材使用的高聚物改性沥青，指在石油沥青中添加聚合物，以改善沥青感温性差、低温易脆裂、高温易流淌等不足。用于沥青改性的聚合物较多，有以SBS（苯乙烯–丁二烯–苯乙烯合成橡胶）为代表的弹性体聚合物和以APP（无规聚丙烯合成树脂）为代表的塑性体聚合物两大类。卷材的胎体主要使用玻纤毡、聚酯毡等高强度材料。

主要品种有：SBS改性沥青防水卷材和APP改性沥青防水卷材两种。

SBS防水卷材的特点是：低温柔性好，弹性和延伸率大，纵横向强度均匀性好，不仅可以在低寒、高温气候条件下使用，而且在一定程度上也可以避免结构层伸缩开裂对防水层构成威胁；APP防水卷材的特点是：耐热度高，热熔性好，因而更适用于高温气候或有强烈太阳辐射地区的建筑屋面防水。

在合成橡胶改性沥青卷材品种中，还有再生橡胶、丁苯橡胶等改性沥青卷材，其性能差于SBS改性沥青卷材；在合成树脂改性沥青卷材品种中，有掺用性能较差的树脂或废旧塑料混合物生产的卷材，其性能远差于APP改性沥青卷材。但是这些卷材在销售中都称为高聚物改性沥青防水卷材，为此选购时应注意鉴别。

3. 合成高分子防水卷材

合成高分子防水卷材是一类无胎体的卷材，亦称片材。其特性是：拉伸强度大、断裂伸长率高、抗撕裂强度大、耐高低温性能好等，因而对环境气温变化和结构基层伸缩、变形、开裂等状况具有较强的适应性。此外，由于其抗穿孔性、耐腐蚀性和抗老化性好，可以延长卷材的使用寿命，降低建筑防水的综合费用。

合成高分子防水卷材按其原材料的品质分为合成橡胶和合成树脂两大类。当前最具代表性的产品是合成橡胶类的三元乙丙橡胶（EDPM）防水卷材和合成树脂类的聚氯乙烯（PVC）防水卷材。

合成橡胶类防水卷材的品种还有以氯丁橡胶、丁基橡胶等为原料生产的卷材，但与三元乙丙橡胶防水卷材的性能相比，不在同一档次水平。合成树脂类防水卷材的主要品种是聚氯乙烯防水卷材，产品标准分为两种型号：P型以增塑PVC树脂为基料；S型以PVC树脂与煤焦油的混溶料为基料。这两种型号的卷材，因原材料品质不同，性能差异很大。S型产品因大多使用废旧塑料为原料，成分极不稳定，性能指标甚至远低于再生橡胶类防水卷材。所以，真正意义上的PVC防水卷材是P型产品。其他合成树脂类防水卷材，如氯化聚乙烯、高密度聚乙烯防水卷材等，也存在与PVC防水卷材档次不同的问题。

此外，我国还研制出多种橡塑共混防水卷材，其中氯化聚乙烯–橡胶共混防水卷材具有代表性，其性能指标接近三元乙丙橡胶防水卷材。由于原材料与价格有一定优势，应用逐渐广泛。

（二）防水涂料

建筑防水涂料是一类在常温下呈无定形液态，经涂布，如喷涂、刮涂、滚涂或涂刷作业，能在基层表面固化，形成具有一定弹性的防水膜物质。防水涂料按分散介质不同可分为溶剂型和水乳型两类；按防水膜成分不同分为沥青基、高聚物改性沥青类和合成高分子类三种类型。

1. 沥青防水涂料

该类涂料的主要成膜物质是由乳化剂配制的乳化沥青和填料组成。在屋面防水上单独使用时的厚度要求较大，因而需多遍涂抹。由于这类涂料的沥青用量大、含固量低，弹性、强度等综合性较差，已越来越少用于防水工程。

2. 高聚物改性沥青防水涂料

该类涂料的品种有以化学乳化剂配制的乳化沥青为基料，掺加氯丁橡胶或再生橡胶水乳液的防水涂料；还有众多的溶剂型改性沥青涂料，如氯丁橡胶沥青涂料、丁基橡胶沥青涂料、再生橡胶沥青涂料、SBS 改性沥青涂料、APP 改性沥青涂料、聚氨酯改性沥青涂料等。从这类防水涂料的性能来看，无论是水乳型的，还是溶剂型的，涂料的物理性能差异不大，基本上都属于中低档次水平。

3. 合成高分子防水涂料

该类涂料有水乳型、溶剂型和反应型三种。其中综合性能较好的品种是反应型的聚氨酯防水涂料。

聚氨酯防水涂料是以甲组份（聚氨酯预聚体）与乙组份（固化剂）按一定比例混合的双组分涂料。我国生产的品种有：聚氨酯防水涂料（不掺加焦油）和焦油聚氨酯防水涂料两种。聚氨酯防水涂料大多为彩色，固体含量高，具有橡胶状弹性，延伸性好，拉伸强度和抗撕裂强度高，耐油、耐磨、耐海水侵蚀，使用温度范围宽，涂膜反应速度易于调整，因而是一种综合性能好的高档防水涂料，但其价格也较高。焦油聚氨酯防水涂料为黑色，有较大臭感，反应速度不易调整，性能易出现波动。近年来，由于环保要求，一些省市已做出限制使用或淘汰焦油聚氨酯防水涂料的规定，同时一些企业研制开发出了沥青聚氨酯防水涂料和单组分的聚氨酯防水涂料。

在合成高分子防水涂料品种中，还有硅橡胶防水涂料和丙烯酸酯防水涂料，也属于性能较好、档次较高的产品。

（三）建筑密封材料

建筑密封材料是指能够承受位移以达到气密、水密的目的而嵌入建筑接缝中的材料。建筑密封材料包括定型密封材料和非定型密封材料。定形密封材料是具有一定形状和尺寸的密封材料（如止水带、密封垫等）；非定形密封材料是溶剂型、乳液型、化学反应型等黏稠状的密封材料（如嵌缝腻子、密封油膏、弹性密封胶等）。非定形密封材料中的溶剂型密封材料是通过溶剂挥发而固化的密封材料；乳液型密封材料是通过水蒸发而固化的密封材料；化学反应型密封材料是通过化学反应而固化的密封材料。

常用非定形密封材料有：硅酮密封膏，以聚硅氧烷为主要成分的非定形密封材料；聚硫密封膏，以液态聚硫橡胶为主要成分的非定形密封材料；聚氨酯密封膏，以聚氨基甲酸酯为主要成分的非定形密封材料；丙烯酸酯密封膏，以丙烯酸酯类聚合物为主要成分的非定形密封材料；丁基橡胶密封膏，以丁基橡胶为主要成分的非定形密封材料；氯丁橡胶密封膏，以氯丁橡胶为主要成分的非定形密封材料；丁苯橡胶密封膏，以丁苯橡胶为主要成分的非定形密封材料；氯磺化聚乙烯密封膏，以氯磺化聚乙烯为主要成分的非定形密封材料；聚氯乙烯接缝材料，以聚氯乙烯为基料，加入改性材料和其他助剂配制而成的密封材料；沥青类嵌缝膏，以石油沥青为基料，加入改性材料、稀释剂、填料等配制而成的黑色膏状嵌缝材料。

（四）刚性防水材料

刚性防水材料按胶凝材料不同可分为两大类：一类是以硅酸盐水泥为基料，加入无机或有机外加剂配制而成的防水砂浆、防水混凝土等；另一类是以膨胀水泥为基料配制的防水砂浆、防水混凝土，如膨胀水泥防水混凝土等。按防水材料的作用可分为具有承重作用的防水材料（也称结构自防水）和仅有防水作用的防水材料，前者指各种类型的防水混凝土，后者指各种类型的防水砂浆。

三、常见防水材料的特性及应用

（一）防水卷材

1. 沥青防水卷材

沥青防水卷材是将原纸、纤维织物或纤维毡等胎体浸涂沥青后表面撒布粉状、粒状或片状隔离材料制成的可卷曲的片状防水材料。沥青价格低廉、资源丰富且具有良好的防水性，在我国应用广泛，但同时沥青也存在温度敏感性强、低温柔性差、耐大气老化性差等缺点，因此，沥青防水卷材属于低档防水卷材，其性能见表 1-7-1。

石油沥青纸胎油毡的卷重和物理力学性能　　表 1-7-1

项目		指标		
		Ⅰ型	Ⅱ型	Ⅲ型
卷重（kg/卷）≥		17.5	22.5	28.5
单位面积浸涂材料总量（g/m^2）≥		600	750	1000
不透水性	压力（MPa）≥	0.02	0.02	0.01
	保持时间（min）≥	20	30	30
吸水率（%）		3.0	2.0	1.0
耐热度		（85±2）℃，2h 涂盖层无滑动、流淌和集中性气泡		
拉力（纵向）（N/50mm）≥		240	270	340
柔度		（18±2）℃，绕直径 20mm 棒或弯板无裂纹		

注：本标准Ⅲ型产品物理力学性能要求为强制性的，其余为推荐性的。

资料来源：《石油沥青纸胎油毡》GB 326—2007。

目前，应用较多的是石油沥青纸胎油毡，根据国家标准《石油沥青纸胎油毡》GB 326—2007 的规定，按卷重和物理性能分为Ⅰ型、Ⅱ型和Ⅲ型。各型号油毡的卷重及其物理力学性能详见表 1-7-1 的规定，Ⅰ、Ⅱ型油毡适用于辅助防水、保护隔离层、临时性建筑防水、防潮及包装等，Ⅲ型油毡适用于屋面工程的多层防水。

选用石油沥青的原则是根据工程性质（如房屋、道路或防腐）及当地的气候条件、工程部位（如屋面、地下）等具体情况，合理选用不同品种和牌号的沥青。在满足使用要求的条件下，为保证较长的使用年限，应尽量选用较大牌号的石油沥青，牌号高的沥青比牌号低的沥青含油分多，其挥发性、变质需较长时间，不易变硬，抗老化能力强，耐久性好。一般情况下，石油沥青多用于建筑屋面工程和地下防水工程、沟槽防水以及作为建筑防腐材料使用。

2. 高聚物改性沥青防水卷材

为改善石油沥青感温性差、低温易脆裂、高温易流淌等不足，在石油沥青中添加聚合物制作成高聚物改性沥青，它具有高温不流淌、低温不脆裂、拉伸强度较高和延伸率较大等优异性能。用于沥青改性的聚合物较多，目前这类卷材在国内属中低档防水卷材，可广泛应用于各类建筑工程中，常见高聚物改性沥青防水卷材的特性及适用范围见表 1-7-2。

常见高聚物改性沥青防水卷材的特性及适用范围　　表 1-7-2

卷材名称及标准代号	特点	适用范围
APP 改性沥青防水卷材（《塑性体改性沥青防水卷材》GB 18243—2008）	具有抗拉强度高、延伸率大、耐高低温性能好、耐紫外线照射、耐老化等特点，使用年限长	单层铺设，适合于紫外线辐射强烈及炎热地区屋面使用，也用于地下防水工程
聚氯乙烯改性沥青防水卷材（GB 18243—2008）	具有良好的耐水性、耐腐蚀性和耐久性，柔性比纸胎油毡高	有利于在冬季负温度下施工
SBS 改性沥青防水卷材（《弹性体改性沥青防水卷材》GB 18242—2008）	抗拉强度高，胎体不易腐烂，柔性好，耐用性比纸胎油毡提高一倍以上	单层铺设或复合使用，适合于寒冷地区和结构变形频繁的建筑使用
再生胶改性沥青防水卷材（GB 18242—2008）	抗拉强度高，耐水性好但胎体易腐烂	变形较大或档次较低的防水工程
废橡胶改性沥青防水卷材（GB 18242—2008）	具有较高的阻隔蒸汽的渗透能力，防水功能好，且具有一定的抗拉强度	叠层使用于一般防水工程，宜在寒冷地区使用

3. 合成高分子防水卷材

合成高分子防水卷材是指以合成橡胶、合成树脂或此两者的共混体为基料，加入适量的化学助剂和填充料等，经不同工序加工而成可卷曲的片状防水材料，或把上述材料与合成纤维等复合形成两层或两层以上可卷曲的片状防水材料。

合成高分子防水卷材具有强度高、断裂伸长率大、抗撕裂强度高、耐热性能好、低温柔性好、耐腐蚀、耐老化及可以冷施工等一系列优异性能，彻底改变了沥青防水卷材施工条件差、污染环境等缺点，是值得大力推广的新型高档防水卷材。目前多用于防水要求高的建筑屋面、地下室、游泳池等防水工程。常见高分子防水卷材的特性及适用范围见表 1-7-3。

常见合成高分子防水卷材的特性及适用范围　　表 1-7-3

卷材名称	特性	适用范围	施工工艺
三元乙丙橡胶防水卷材（《高分子防水 第 1 部分 片材》GB 18173.1—2012）	耐紫外、臭氧、湿和热性能好，耐化学腐蚀，弹性和拉伸强度大，对粘结基层变形开裂的适应能力极强，寿命长但价格高	防水要求高、耐用年限长的工业与民用建筑	冷粘法或自粘法
氯化聚乙烯防水卷材（《聚氯乙烯防水卷材》GB 12953—2003）	具有良好的耐候、耐臭氧、耐热老化、耐油、耐化学腐蚀及抗撕裂性能	单层铺设或复合使用，适用于紫外线强的炎热地区	
聚氯乙烯防水卷材（《聚氯乙烯防水卷材》GB 12952—2011）	具有较高的抗拉和撕裂强度，延伸率较大，耐老化性能好，原材料丰富，价格低，容易粘结	单层铺设或复合使用于外露或有保护层的防水工程中	冷粘法或热风焊接法
氯化聚乙烯–橡胶共混防水卷材（GB 18173.1—2012）	具有氯化聚乙烯特有的高强度和良好的耐候、耐臭氧、耐老化性能，且具有橡胶所特有的高弹性、高延伸率及良好的低温柔性	单层或复合使用于寒冷地区或变形较大的防水工程中	冷粘法

续表

卷材名称	特 性	适 用 范 围	施工工艺
再生胶防水卷材（GB 18173.1—2011）	具有良好的耐热性、耐寒性和耐腐蚀性，具有较大的延伸率，价格低廉	单层非外露部位及地下防水工程，或加盖保护层的外露防水工程	冷粘法

（二）防水涂料

防水涂料是指在常温下呈黏稠液态，经涂布能在结构物表面形成防水薄膜，具有一定的延伸性、弹塑性、抗裂性、抗渗性及耐候性，能起到防水、防渗和保护作用。防水涂料有良好的温度适应性，操作简便，易于维修与维护。

防水涂料固化前呈液态，特别适用于各种不规则屋面、墙面、节点等复杂表面，而且采用刷涂、喷涂等冷施工方式，环境污染小，施工及维修较为简便。防水涂料广泛适用于工业与民用建筑的屋面、墙面防水工程，地下混凝土工程的防潮、防渗等。乳化沥青类防水涂料主要适用于防水等级较低的工业与民用建筑屋面、混凝土地下室和卫生间防水、防潮；高聚物改性沥青类防水涂料具有良好的柔韧性、抗裂性、拉伸强度、温度稳定性和耐久性等性质，广泛应用于各级屋面和地下以及卫生间等防水工程；合成高分子类防水涂料具有弹性高、温度稳定好、耐久性好等优点，适用于防水等级较高的屋面、地下室、水池和卫生间的防水工程。

（三）刚性防水材料

刚性防水材料是指以水泥、砂石为原材料，或其内掺入少量外加剂、高分子聚合物等材料，通过调整配合比，抑制或减少孔隙率，改变孔隙特征，增加各原材料界面间的密实性等方法，配制成具有一定抗渗透能力的水泥砂浆混凝土类防水材料。

刚性防水材料具有较高的抗压强度、拉伸强度及一定的抗渗透能力，是一种既可以防水又可兼做承重、维护结构的多功能材料。适应变形能力差，难以承受干缩、温差及振动等引起的变形，存在随基层开裂而开裂的缺点，采用聚合物混凝土，对混凝土施加预应力，在混凝土结构表面附加各种防水层等方法，可使刚性防水材料性能得到较大的改善。刚性防水材料适用于结构刚度大、建筑物变形小、基础埋深小、抗渗要求不高的工程，不适用于有剧烈振动、处于侵蚀性介质及环境温度高于100℃的工程。

第八节　石材

一、石材的概念

石材是指以天然岩石为主要原材料经加工制作后，用于建筑、装饰、碑石、工艺品或路面等用途的材料。常见石材主要分为天然石材和人造石材。天然石材是指经开采、加工而成的特殊尺寸或形状的天然岩石，按照材质主要分为大理石、花岗石、石灰石、砂岩、板石等。凡是人为采取各种不同方式模仿天然石材的形成、特点以及其物理和化学特性与使用性能而人工制作的材料，统称为人造石材。人造石按工序分为水磨石和合成石：水磨石是以水泥砂浆、混凝土等材料表面磨光而成；合成石是以天然石的碎石为原料，加上粘合剂等经加压、抛光而成。因此，石材的含义也可以统一理解为：以岩石或人工合成性能相当于岩石为原料加工而成的材料。

二、石材的分类

石材的分类方法不统一，按照不同的标准，石材有多种分类，常见的分类如下：

1. 按建筑行业常用石材品种分类

在建材行业中，石材的种类繁多，性能差异较大，使用环境也各不相同，通常将石材分为大理石、花岗岩、板石、砂岩和碎石。大理石是具有装饰性、成块性及可加工性的各类碳酸盐岩或镁质碳酸盐岩以及有关的变质岩，常见的岩石有大理岩、石灰岩、白云岩和矽卡岩等；花岗岩是具有装饰性、成块性及可加工性的各类岩浆岩和以硅酸盐矿物为主的变质岩，常见的岩石有花岗岩、闪长岩、辉长岩、玄武岩、片麻岩和混合岩等；板石是具有板状构造，沿板理面可剥成片，可做装饰材料用的，经过轻微变质作用形成的浅变质岩，常见的岩石有硅质板岩、黏土质板岩、云母质板岩、粉砂质板岩和凝灰质板岩等。

2. 按市场习惯方式分类

按用途将石材分为装饰用石材、工程用石材、电器用石材、耐酸耐碱用石材、雕刻用石材和精密仪器用石材等。

按成因类型石材可分为沉积岩型石材、岩浆岩型石材和变质岩型石材。

按化学成分石材可划分为盐酸盐类石材、硅酸盐类石材。

按石材的工艺商业可分为大理石类、花岗岩类、板石类和砂岩类。

按石材的硬度可分为硬石材、中硬度石材和软石材。

按石材的基本形状可分为规格石材和碎石石材。

3. 按石材在园林工程中使用分类

在我国的园林工程中，自古以来就有“无石不成园”之说，可见石材在园林工程中的使用十分广泛。按园林工程使用将石材分为工程石材和景观石材。应用在工程中起承重和装饰作用的石材，称为工程石材；应用于置石、叠砌假山等，主要展示山石轮廓之美、形成园林景观要素作用的石材，称为景观石材。

三、天然石材的技术性质

天然石材的技术性质包括物理性质、力学性质和工艺性质三个方面。

（一）物理性质

1. 表观密度

石材的表观密度与矿物组成及空隙率有关。致密的石材如花岗岩和大理石等，其表观密度接近于密度，约为 2500 ~ 3100kg/m^3，称为重质石材，可作为建筑物的基础、贴面、地面、房屋外墙、桥梁和水工构筑物等。空隙较大的石材，如火山凝灰岩、浮石凳，其表观密度较小，约为 500 ~ 1700kg/m^3，称为轻质石材，一般用作墙体材料。

2. 吸水性和吸水率

吸水性是石材在水中吸收水分的性质，用质量吸水率或体积吸水率来表示。两者分别是指石材在吸水饱和状态下，所吸水的质量占石材干质量的百分率，或所吸水的体积占材料自然状态体积的百分率。吸水率主要与石材的孔隙率，特别是开口孔隙率有关，并与材料的亲水性和憎水性有关。孔隙率大或体积密度小，特别是开口孔隙率大的亲水性材料具有较大的吸水率。多孔石材的吸水率一般用体积吸水率来表示。石材的吸水率可直接或间接反映石材的部分内部结构及其性质，即可根据材料吸水率的大小对材料的孔隙率、孔隙状态及材料的性质做出粗略的评价。砂岩作为多孔性石材，在使用中应充分考虑它的吸水性和吸水率。

3. 耐水性

石材长期在水的作用下，保持其原有性质的能力称为石材的耐水性。对于结构石材，耐水性主要指强度变化，对装饰石材则主要指颜色的变化，是否起泡、起层等，即石材不同其耐水性的表示方法也不同。石材的耐水性主要与其组成在水中的溶解度和石材的孔隙率有关。溶解度很小或不溶的石材，则软化系数一般较大；若石材所含矿物可微溶于水，且含有较大的孔隙率，则软化系数较小或很小。

4. 抗冻性

抗冻性是石材抵抗冻融循环作用，保持其原有性质的能力。对结构石材主要指保持强度的能力，并多以抗冻标号来表示。抗冻标号用石材在吸水饱和状态下（最不利状态），经冻融循环作用，强度损失和质量损失均不超过规定值时所能抵抗的最多冻融循环次数来表示。如 F25、F50、F100、F150 等，分别表示在经受 25、50、100、150 次的冻融循环后仍可满足使用要求。

5. 耐热性

石材的耐热性与其化学组成和矿物组成有关，不同的化学组成和矿物组成所能承受的温度有很大的差别，如含有石膏的石材，在 100℃以上时就开始破坏；含有碳酸镁的石材，温度高于 725℃会发生破坏；含有碳酸钙的石材，温度高于 827℃时开始破坏。而由石英与其他矿物所组成的结晶石材，如花岗岩等，当温度达到 700℃以上时，石英受热会发生膨胀，其强度迅速下降。

6. 导热性

石材的导热性与表观密度的大小及内部孔隙的状态有关，用导热系数表示，反映传导热量的能力。重度石材的传导系数可达到 2.91 ~ 3.49W/（m·K），轻质石材的导热系数则为 0.23 ~ 0.70 W/（m·K）。

（二）力学性质

天然石材的力学性质主要包括抗压强度、冲击韧性、硬度和耐磨性。

1. 抗压强度

石材的抗压强度以 70mm × 70mm × 70mm 的立方体试块的抗压破坏强度的平均值表示。根据《砌体结构设计规范》GB 50003—2011 规定，按抗压强度的大小，石材共分 9 个等级：MU100、MU80、MU60、MU50、MU40、MU30、MU20、MU15 和 MU10。抗压试件也可采用表 1-8-1 所列各种边长尺寸的立方体，但应对其试验结果乘以相应的换算系数。

石材强度等级的换算系数　　表 1-8-1

立方体边（mm）	200	150	100	70	50
换算系数	1.43	1.28	1.14	1.00	0.86

天然石材是非均质、各向异性材料，抗拉强度比抗压强度小得多，为抗压强度的 1/20 ~ 1/10，是典型的脆性材料，抗剪强度是抗压强度的 1/12 ~ 1/8。

2. 冲击韧性

天然石材为典型的脆性材料，其冲击韧性较差。石材的冲击韧性取决于岩石的矿物组成与构造。石英岩、硅质砂岩脆性较大。含暗色矿物较多的辉长岩、辉绿岩等具有较高的韧性。

一般来说，晶体结构的岩石比非晶体结构的岩石具有较高的韧性。

3. 硬度

硬度是石材抵抗较硬物体压入或刻画的能力。石材的硬度以莫氏硬度表示（表 1-8-2），它主要取决于组成岩石的矿物硬度与构造。凡由致密、坚硬的矿物所组成的岩石，其硬度较高；结晶质结构硬度高于玻璃质结构；构造紧密的岩石硬度也较高。岩石的硬度与抗压强度有很好的相关性，一般抗压强度高的其硬度也大。岩石的硬度越大，其耐磨性和抗刻画性能越好。

石材的莫氏硬度表 表 1-8-2

1 级	2 级	3 级	4 级	5 级	6 级	7 级	8 级	9 级	10 级
滑石	石膏	方解石（大多数大理石）	萤石	磷灰石	长石（花岗岩）	石英（花岗岩）	黄玉	刚玉	金刚石

4. 耐磨性

耐磨性是石材表面抵抗磨损的能力，以磨损前后单位表面的质量损失，即磨损率表示。石材的硬度愈大，则石材的耐磨性愈高。地面、路面、楼梯踏步及其他有较强磨损作用的部位等，需选用具有较高硬度和耐磨性的石材。

（三）工艺性质

石材的工艺性质是指其在开采和加工过程中的难易程度及可能性，主要包括加工性、磨光性和可钻性等。

1. 加工性

石材的加工性是指岩石劈解、破碎与凿琢、抛光等加工工艺的难易程度。凡强度、硬度、韧性较高的石材，不易加工；质脆而粗糙，有颗粒交错结构，含有层状或片状构造以及已风化的岩石，都难以满足加工要求。

2. 磨光性

磨光性是指岩石是否能磨成光滑表面的性质，用磨光值（PSV）表示，磨光值越高表示摩擦系数越大。致密、均匀、细粒的岩石，一般都具有较好的磨光性，可以磨成光滑亮洁的表面。疏松多孔、有鳞片状构造的岩石，磨光性不好。

3. 可钻性

可钻性是指岩石钻孔时其难易程度的性质。可钻性一般与岩石的强度、硬度等性质有关，一般石材的强度越高，硬度越大，越不容易钻孔。

由于用途和使用条件的不同，对石材的性质及其所要求的指标均会有所不同，工程中用于基础、桥梁、隧道及石砌工程的石材，一般规定其抗压强度、抗冻性与耐水性必须达到一定指标。

四、常见石材的应用

大理石、花岗石和板石主要用于加工成饰面板材，主要用作建筑物的墙面、地面、柱面和台面等部位的饰面材料，也可用作家具（如茶几、桌面等）、试验操作台及精密机床平台的台面材料。大理石、花岗岩还常用作纪念性建筑物（如碑、塔等）的材料。大理石可雕成工艺艺术品，以及用做电器方面的绝缘材料。有些大理石（如石灰岩、白云岩、大理岩等）

可作耐碱材料；有些花岗石（如花岗岩、石英岩、辉绿岩、玄武岩等）可作耐酸材料；二者可共同用作建筑物和设备的防腐材料。板石俗称瓦板岩，除用作内饰墙面外，还可用作层面材料、砚台及黑板等。碎石常用作混凝土的粗骨料。天然石材的主要产品及用途见表 1-8-3 所示。

天然石材主要产品及用途　　表 1-8-3

<table>
<tr><th colspan="5">天然石材用途及制品</th><th>具体用途</th></tr>
<tr><td rowspan="17">装饰石材</td><td rowspan="4">饰面石材</td><td>花岗石</td><td colspan="2" rowspan="3">板材、异型制品</td><td rowspan="3">建筑墙面、地面的湿贴、干挂；各种异型制品及异型饰面的装饰</td></tr>
<tr><td>大理石</td></tr>
<tr><td>砂岩</td></tr>
<tr><td>板石</td><td colspan="2">裂分平面板、凸面板</td><td>墙面、地面的湿贴、盖瓦、蘑菇石</td></tr>
<tr><td rowspan="13">文化石材</td><td>花岗石</td><td colspan="2" rowspan="3">片石、毛石、板材、蘑菇石等</td><td rowspan="5">文化墙、背景墙、铺路石、假山、瓦板</td></tr>
<tr><td>大理石</td></tr>
<tr><td>砂岩</td></tr>
<tr><td>板石</td><td colspan="2">片状板石、异型石</td></tr>
<tr><td>砾石</td><td colspan="2">鹅卵石、风化石、冲击石</td></tr>
<tr><td rowspan="7">品石</td><td rowspan="2">抽象石</td><td>灵璧石、红河石、风砺石</td><td>案儿、园林摆设、观赏</td></tr>
<tr><td>太湖石、海蚀石、风蚀石</td><td rowspan="2">园林、公园、街景构景</td></tr>
<tr><td>无象石</td><td>黄山石、泰山石、上水石</td></tr>
<tr><td rowspan="3">象形石</td><td>大型象形山石</td><td>风景园林构景</td></tr>
<tr><td>鱼、鸟、花、草、木等化石</td><td rowspan="2">案儿、工艺品摆设</td></tr>
<tr><td>雨花石、钟乳石</td></tr>
<tr><td>图案石</td><td>石中有近似图案平面板石</td><td>家具、背景墙、屏风</td></tr>
<tr><td>宝石</td><td colspan="2">玉石、宝石、彩石</td><td>首饰、工艺雕刻</td></tr>
<tr><td rowspan="3">建筑石材</td><td colspan="2" rowspan="3">建筑辅料用石</td><td colspan="2">碎石、角石、石米</td><td>人造石材、混凝土原料</td></tr>
<tr><td colspan="2">块石、毛石、整形石</td><td>千基石、基础石、铺路石</td></tr>
<tr><td colspan="2">河海石、砺石、碎石</td><td>建筑混凝土用石</td></tr>
<tr><td rowspan="8">石材用品</td><td colspan="2">陵墓用石</td><td colspan="2">花岗石、大理石</td><td>碑石、雕刻石、环境石</td></tr>
<tr><td colspan="2">雕刻用石</td><td colspan="2">花岗石、大理石、砂石</td><td>各种手法雕刻品</td></tr>
<tr><td colspan="2">工艺用石</td><td colspan="2">滑石、叶蜡石、高菱石、蛇纹石等</td><td>工艺品雕刻</td></tr>
<tr><td colspan="2">生活用石</td><td colspan="2">花岗石、大理石、块石、条石、异型石</td><td>石材家具、日常用石</td></tr>
<tr><td colspan="2">化学工业用石</td><td colspan="2">块石、条石</td><td>酸碱、废水、废油、电镀、电解池槽</td></tr>
<tr><td colspan="2">工业原料用石</td><td colspan="2">海河砂、辉长石、花岗石、大理石、白云石</td><td>铸石、玻璃、铸造、水泥原料</td></tr>
<tr><td colspan="2">农业用石</td><td colspan="2">大部分硬质石类</td><td>水利用石、平衡土壤酸碱</td></tr>
<tr><td colspan="2">轻工业用石</td><td colspan="2">重钙石、轻钙石、超细级碳酸钙粉</td><td>造纸、油漆、涂料填料、制药</td></tr>
</table>

人造石材种类有很多，市场上的人造石材分类非常详细，例如根据原料，可以分为聚酯型、复合型、水泥型和烧结型等，每一种类型使用的原材料不同，其加工工艺也有所差别。使用时，

应根据不同的使用位置，选择合适的人工石材，例如橱柜台面可以选择树脂型的石材。在园林工程中，较常用的几种水泥型人造石材有卡斯特石（cast stone）、仿真石（GFRC）等多个品种。

（1）卡斯特石，英文名 cast stone，主要包括水泥、碾碎石料、各种添加剂以及矿物原料，加水后调成混合物，然后浇铸入预制模具中，经高温蒸汽养护成型，脱模后经酸洗和喷砂处理，在外观上与天然石材几乎没有区别。在园林工程中，卡斯特石可以逼真地模仿自然界多种天然石材的外观，制作石材栏杆、栏板、石凳、古典柱式、花盆、喷泉及雕塑、假山等。

（2）仿真石 GFRC，英文名 glass fiber reinforced concrete，中文名称为玻璃纤维增强混凝土仿真石。它包括水泥、砂石、抗碱玻璃纤维与减水剂、促凝剂、缓凝剂、加气剂等助剂以及矿物颜料等，通过特殊的工艺喷射到模具上，经过一定时间的养护、脱模和表面处理而成。GFRC 石材可用于石材栏杆、栏板、喷泉、雕塑等构件和装饰，还可建造园林小品以及尺寸较大的园林建筑。

（3）压膜艺术地坪，也称压膜地坪或压花地坪，采用特殊耐磨矿物骨料、高标号水泥、无机颜料及聚合物添加剂合成的彩色地坪硬化剂，通过压膜、整理、密封处理等工艺，使混凝土表面产生石质纹理和丰富的色彩。

压膜艺术地坪运用于各类城市园林中的道路、场地铺装，具有较好的装饰艺术效果，远看与天然石材铺地效果很接近，几乎达到了以假乱真的效果。

人造石材具有天然矿物体的某些基本特点，每一种人造石材都有各自不同的成分，使得人造石材在使用中表现出各种不同的效果，且抵御自然破坏的能力也各不相同，科学使用和选择是保证和提高人造石材应用效果的基本前提，只有把握其特点、了解其品性，才能根据相应的应用环境选择不同的人造石材，达到设计的效果。

第九节　木材

一、木材的概述

人类对木材的应用可以追溯到很久远的历史，它一直是最广泛、最常用的传统材料之一。木材是园林中的一种自然造园要素，可以增强庭院的自然感和形式美，能够体现人与自然和谐相融的关系，满足人们对回归自然的追求，而且可以随着时间的推移产生微妙的自然变化。木材处理简单、维护替换方便，作为一种天然材料，在大自然中储蓄量大、分布广、取材方便，有着优良的特性，可涂色、油漆，具有典雅、自然的特性；被广泛运用于踏步、栈道、栅栏、篱笆、木桩、木柱、小品等；经过防腐处理的木材，既不失木材的本质（如木材本身的纹理、节子），使用寿命也大大延长。众多以木材作为材料建成的园林景观，能够与周围的自然环境和谐相融，令人产生亲切感，成为颇受青睐的现代园林景观材料。

二、木材的分类

（一）按树种分类

树种不同，加工成木材的构造、纹理、光泽、颜色、气味也不相同。按树种木材可分为针叶树材和阔叶树材两大类（表 1-9-1）。

树木的分类及特点　表 1-9-1

种　类	特　点	代表树种	用　途
针叶树（软木材）	树叶细长呈针状，树干通直高大，纹理平顺，木质均匀较软，易于加工，表观密度和胀缩变形较小，强度较高，耐腐性好	松树、杉树、柏树等（多为常绿树）	用于承重结构构件和门窗、地面用材及装饰用材
阔叶树（硬木材）	树叶宽大呈片状，树干通直，部分较短，木质较硬，难加工，强度大，胀缩变形较大，易翘曲、开裂	榆树、桦树、水曲柳等（多为落叶树）	次要构件，制作家具、胶合板等

1. 针叶树材

针叶树树干通直高大，表观密度较小，质软，纹理直，易加工。针叶树木材胀缩变形小，强度较高，常含有较多的树脂，较耐腐朽。针叶树木材是主要的建筑用材，广泛用作各种构件和装饰部件。常用松、云杉、冷杉、杉、柏等树种。

2. 阔叶树材

阔叶树树干通直部分一般较短，大部分树种的表观密度大，质硬。这种木材较难加工，胀缩大，易翘曲、开裂，建筑上常用作尺寸较小的零部件。有的硬木经过加工后，会呈现美丽的纹理。常用的树种有栎、柞、水曲柳、榆、桦、椴木等。

（二）按材种分类

材种是指根据不同机械加工程度、加工方法，不同形状和尺寸以及不同用途而进行的分类。按材种可分为原条、原木、锯材和枕木等 4 种类型（表 1-9-2）。

木材的种类和用途　表 1-9-2

分类名称	说　明	主 要 用 途
原条	指去枝、去皮、去根、去梢的木料，但尚未按一定尺寸加工成规定的材类	建筑工程脚手架、小型用材、家具等
原木	指去枝、去皮、去根、去梢的木料，并已按一定尺寸加工成规定的直径和长度的材料	园林建筑的梁、柱、檩条等结构构件；桩木、地梁等基础构件
锯材	指将原条或原木按一定的规格要求加工剧解成材的木料	园林建筑的檩条、椽子、望板、眉檐、门窗等；栏杆、扶手、座椅、木栈道等
枕木	指按枕木断面和长度加工而成的成材	铁道工程、工厂专用线等

原木通常刨去树皮，展现了木材自然的特质，甚至采用暴露木材的自然生长疤结及其榫卯接口等构造做法，来展现其亲切、质朴或粗犷的自然风格。锯材按其宽度和厚度的比例关系又可分为板材、枋材和薄木。板材是指横断面宽度为厚度 3 倍及 3 倍以上的木材；枋材指横断面宽度不足厚度 3 倍的木材；薄木是指厚度小于 1mm 的薄木片，厚度在 0.05 ~ 0.2mm 的称为微薄木。

三、木材的性质

木材的性质主要包括物理性质、力学性质和工艺性质 3 个方面。

（一）木材的物理性质

1. 密度

木材密度，以基本密度和气干密度两种最为常用。

基本密度是木材全干时的质量与木材水分饱和时的体积之比。基本密度因绝干材的重量和生材（或浸渍材）的体积均较为稳定，测定的结果准确，故适合做木材性质比较之用。在木材干燥、防腐工业中，亦具有实用性。

气干密度是在大气自然干燥情况下，气干材质量与气干材体积之比，通常以含水率在8% ~ 20%时的木材密度为气干密度。我国和国际上其他国家一样，规定含水率12%为我国的气干密度，所以一般计算木材的气干密度是以含水率12%的木材质量与含水率12%的木材体积之比。木材气干密度是我国进行木材性质比较和生产使用的基本依据。

木材密度的大小，受多种因素的影响，其主要影响因子为：木材含水率的大小、细胞壁的厚薄、年轮的宽窄、纤维比率的高低、抽提物含量的多少、树干部位、树龄、立地条件以及营林措施等。木材密度是决定木材强度和刚度的物质基础，是判断木材强度的最佳指标。密度增大，木材强度和刚性增高；密度增大，木材的弹性模量呈线性增高；密度增大，木材韧性也成比例地增长。根据气干密度，可将木材分为3等：轻材，密度小于500kg/m^3，如红松、椴木、泡桐等；中等材，密度在500 ~ 800kg/m^{3}之间，如水曲柳、香樟、落叶松等；重材，密度大于800kg/m^3，如紫檀、蚬木、麻栎等。

2. 含水率、吸湿性

木材的含水率是指木材中所含水的质量占干燥木材质量的百分数。含水率的大小对木材的湿胀干缩性能和强度影响很大，新伐木材的含水率常在35%，风干木材的含水率在15% ~ 25%，室内干燥木材的含水率在8% ~ 15%。

当木材中无自由水，而细胞壁内充满吸附水并达到饱和时的含水率为木材的纤维饱和点，纤维饱和点是木材物理力学性质发生变化的转折点，其值随树种而异，一般介于23% ~ 32%，通常取30%。

当木材在某种介质中长时间放置后，木材从介质中吸入的水分和放出的水分相等，即木材的含水率与周围介质的湿度达到了平衡状态，此时的含水率称为平衡含水率。木材的平衡含水率是木材干燥加工的重要控制指标。木材平衡含水率随所在地区不同以及温度和湿度环境变化而不同，我国北方地区约为12%，南方约为18%，长江流域一般为15%。

由于木材中存在大量孔隙，潮湿的木材在干燥的空气中能放出水分，干燥的木材能从周围的空气中吸收水分，这种性能称为木材的吸湿性。木材的吸湿性对木材的性能，特别是木材的湿胀干缩影响很大。因此，木材在使用时其含水率应接近或稍低于平衡含水率。

3. 变形性能（湿胀干缩）

木材细胞壁内吸附水含量的变化会引起木材变形，称为湿胀干缩。当木材含水率在纤维饱和点以上变化时，只有自由水增减变化，木材的体积不发生变化。当木材的含水率在纤维饱和点以下时，随着干燥，细胞壁中的吸附水开始蒸发，体积收缩；反之，干燥木材吸湿后体积将发生膨胀，直到含水率达到纤维饱和点为止。

由于木材为非匀质材料，其胀缩变形各向不同，其中以弦向最大，径向次之，纵向（即顺纤维方向）最小。当木材干燥时，弦向干缩约为6% ~ 12%，径向干缩3% ~ 6%，纵向仅为0.1% ~ 0.35%。木材弦向胀缩变形最大，是因受管胞横向排列的髓线与周围联结较差所致。板材距髓心越远，由于其横向更接近于典型的弦向，因而干燥时收缩愈大，致使板材产生背向髓心的反翘变形。木材的湿胀干缩变形还随树种不同而异，一般来说，表观密度大、夏材含量多的木材，胀缩变形就较大。

木材显著的湿胀干缩变形，给木材的实际应用带来严重影响。干缩会造成木结构拼缝不严、接榫松弛、翘曲开裂，而湿胀又会使木材产生凸起变形。为了避免这种不利影响，最根本的措施是，在木材加工制作前预先将其进行干燥处理，使木材干燥至其含水率与将做成的木构件使用时所处环境的湿度相适应时的含水率平衡。

4. 木材的传导性

木材对热的传导能力较低，所以木材是热的不良导体。木材的燃点低，因此容易燃烧。全干木材是良好的电绝缘体，随着含水率的增加，其绝缘性也在下降。木材中有许多孔隙，这些孔隙成为空气的跑道，空气通过其中并向前传播，因此木材具有传声性质。同时，木材还有共振作用，这是由于木材中管状细胞结构形成了一个个的共鸣箱，很多木质乐器的制作就是利用了木材的这一特性。

（二）木材的力学性质

木材的力学性质是指木材抵抗外力作用的能力。木材力学性质包括各类强度、弹性、硬度和耐磨性。

1. 木材的强度

木材的强度与木材的结构有关，具有各向异性的特征。木材的强度按受力状态分为抗压强度、抗拉强度、抗弯强度和抗剪强度四种。由于木材构造各向不同，其强度呈现出明显的各向异性，因此木材强度分为顺纹和横纹两个方向。顺纹抗压强度、抗拉强度均比相应的横纹强度大得多，这与木材细胞结构及细胞在木材中的排列有关。

木材的抗压强度分为顺纹受压和横纹受压。当作用力的方向与木材纤维方向平行时为顺纹受压，此时木材在压力作用下易失稳破坏而非纤维的断裂，因此木材的顺纹抗压强度较高，我国木材的顺纹抗压强度平均值为45MPa，用作柱子的木材通常为顺纹抗压构件。横纹受压是作用力与木材纤维方向垂直时的抗压强度，相对于顺纹受压，横纹抗压强度比较低，容易产生较大的形变，在实际的建材应用中，也很少有横纹受压的构件。一般针叶树横纹抗压强度约为顺纹抗压强度的10%，阔叶树的比值为15%～20%。

木材的顺纹受拉的受力方式是使纤维纵向受力，在所有受力方式中，顺纹抗拉强度最高，大致为顺纹抗压强度的3～4倍。而横纹抗拉强度则由于纤维之间的横向联系比较疏松，所以横向抗拉强度很低，通常仅为顺纹抗拉强度的1/10～1/65。

木材的受弯构件，其内部应力分布比较复杂，例如建筑的梁就是这种构件。其上部为顺纹受压，下部为顺纹受拉，水平方向上还有剪切力。木材的受弯通常是受压区首先达到极限应力，但不马上破坏，产生微小的裂纹，随着应力增大，裂纹逐渐扩展，然后产生较大的塑性形变。当受拉区内许多纤维达到强度极限时，最后会随着纤维本身的断裂以及纤维间的连结断裂而破坏。所以木材的抗弯强度是比较高的，通常是顺纹抗压强度的1.5～2倍，各树种的平均抗弯强度约为90MPa。

木材的剪切强度有顺纹剪切、横纹剪切和横纹切断三种受力方式。顺纹剪切是指剪切力方向与纤维方向平行，剪切力使木材的纤维之间产生纵向相对滑移，纤维本身不破坏，但由于纤维之间的横向连结很弱，所以木材的顺纹抗剪强度很小。横纹剪切就是剪切力方向与木材的纤维方向垂直，剪切面与纤维方向平行，剪切力使纤维之间产生横向滑移，所以木材的横纹抗剪强度更低。横纹切断是指剪切力方向与木材的纤维方向垂直，同时剪切面与纤维方向也垂直，要使木材破坏，需将木材纤维切断，所以木材的横纹切断强度较大，一般为顺纹剪切强度的 4 ~ 5 倍。以木材顺纹抗压强度为 1，木材各种强度之间的比例关系见表 1-9-3。

木材强度之间的关系　　表 1-9-3

抗压强度		抗拉强度		抗弯强度	抗剪强度	
顺纹	横纹	顺纹	横纹		顺纹	横纹
1	1/10 ~ 1/3	2 ~ 3	1/20 ~ 1/3	1.5 ~ 2.0	1/7 ~ 1/3	1/2 ~ 1

2. 木材的弹性

木材是一种软性材料，具有一定的弹性，能够减弱外力的冲击作用，从而起到一定的缓冲效果。在景观中常见的应用例如木铺装，铺面采用防腐木板，人踩在上面弹性适中，非常舒适，而且铺面下的木龙骨也可以缓冲和分散来自面层的力量。

3. 木材的硬度

硬度是木材抵抗其他物体压入的能力。按硬度的大小可将木材分为：软质木材（如红松、樟子松、云杉、冷杉、椴木等），较硬质材（如落叶松、柏木、水曲柳和栎木等），硬质材（如黄檀、麻栎、青冈等）。

4. 木材的耐磨性

木材的耐磨性是指木材抵抗磨损的能力。在景观木铺装等应用中，木材的耐磨性是选材的重要依据。

木材是具有各向异性的材料，木材的各向异性不仅仅表现在物理性质方面，木材的各项力学性能同样具有方向性。木材的特性还会因不同树种、不同产地、不同砍伐季节、不同树木部位、不同加工方式而各不相同。因此在木材使用中，为了体现木材天然、美丽的材质，要考虑木材的应用形式。如果使用了不恰当的木材或是加工方式，不仅无法体现木材的特色，还会对材料造成浪费。

（三）木材的工艺性质

木材具有良好的加工性，容易进行锯、刨、切割、打孔等操作，易组合加工成型。木材的加工性能常用抗劈性和握钉力来表示。抗劈性是指木材抵抗沿纹理方向劈开的性质。抗劈裂的能力易受到木材异向性、节子、纹理等因素的影响。握钉力是指木材对钉子的握着能力。握钉力与木材的纹理方向、含水率、密度有关。木材还有较好的可塑性，容易在热压等作用下弯曲成型，木材可以用胶、钉、榫眼等方法比较容易和牢固地结合。木材由于其管状细胞吸湿受潮，故对涂料附着能力强，易于着色和涂饰。

四、木材在园林中的应用

木材作为中国传统园林景观工程中的常用材料，具有悠久的历史，在传统的园林工程中，它和石材、钢材并称三大主要景观材料。由于木材资源丰富，具有质朴天然的独特性质，在园林景观中一直得到广泛应用。原木能表现原始质朴、粗犷的环境风格，而木材加工而成的制品，能充分表现木材的色泽、纹理，传统工艺加工的木门、木窗更是具有深厚的文化底蕴。

（一）木质铺装类

此类木材应用形式和场地比较广泛，园林中常见的形式有木铺地、木栈道、木平台、木台阶、木楼梯等。

1. 木质铺地、木踏步

木质铺装能营造雅致、宁静、柔和、温暖和亲切的自然氛围，并且很容易和其他空间风格相融合，是一种极富吸引力的地面铺装材料，所以常用木块、原木桩或木质面板进行铺装。在园林工程中，游人常常需要以某种安全有效的方式从地平面上某一高度迈向另一高度，台阶踏步可以帮助人们完成这种变高度的活动。木材作为踏步的优势是独特的，脚踩在木材铺面上有较适中的弹性，会感到微弱的缓冲，木材在反馈压力的同时，会吸收一部分的力，踩上去的感觉很舒适。人踩在木台阶上发出的声音也自然悦耳，给人以放松闲适的感觉。同时木台阶配合木质铺地，衔接平顺自然，不会让人觉得突兀生硬，能形成自然和谐的景观。

2. 木平台、木栈道

利用木材建造的木栈道、亲水平台，更有大气磅礴之感。在地形坡度较大的地方，木平台搭建可以不破坏原有地面，为游人提供一处可停留的平整场地。在很多生态敏感的风景区，常用架空的木栈道来组织交通，可以减少人类活动对环境的干扰。

（二）园林建筑小品类

现代园林景观建筑大小体量不等、形状各异，包括景观亭、景观廊架、园桥、景墙等，对于丰富景观层次、烘托主景和点明主题都起到举足轻重的作用。以木材为主要原料建造木质景观构筑物，可以凸显它的自然、朴实、生态和高品位特性，创造出美观、生动的景观。木质景观构筑物已在现代园林景观中得到广泛的应用，已成为提升景观环境质量的重要手段。

1. 木屋木亭

在现代园林景观中，木质建筑摆脱了华丽的装饰形式和繁杂的屋顶变化风格，以简洁的造型来突出结构和材质的天然之美。木亭是园林景观中常见的主要元素之一，具有丰富的艺术特征。木亭布置在园林景观中，除了点缀园景，还为游人提供休憩场所，是一处遮阴、避雨的落脚点。木屋，冬暖夏凉、透气性强、亲和自然、低碳环保，还蕴含着浓厚的文化气息。

2. 木廊与花架

在园林景观中作为线性元素，木质廊架联系和点缀了园林空间，木廊与木亭、花架等组合搭配，营造出丰富的景观效果。木廊一般采用防腐木材，固定的方式采用卯榫和五金螺栓、螺母、螺钉等材料安装。

花架起源于栽植葡萄的棚架，最初的用途是保证植物得到充足的阳光，同时又便于人们的采摘，后来逐渐发展成具有休憩功能的庭园构筑物，花架不断吸收融合各地建筑元素与建筑形式，在造型和选材方面进一步丰富和发展，成为具有赏景和点景功能的园林建筑。使用功能方面也不仅局限于遮阴，同时还用于展示美丽藤本植物的花、叶、果。使用木材建造花架还具有特别的优势，木材热导性低，不会因为阳光的暴晒而温度过高导致植物受害。

3. 木桥

木材作为建造桥梁的材料具有很多优点，如施工的方便和轻质，以及具有一定的弹性，舒适美观。木桥作为连接水陆之间的交通，具有组织游览线路、点缀水景、增加水面层次的功能，兼有交通和艺术欣赏双重作用。

（三）木质户外家具类

木质景观设施既具有一定的观赏性又具有较好的实用性能，它们满足了公共空间内的使用功能和装饰功能。在城市广场、休闲公园、居住小区、旅游区或度假村等现代景观环境中，随处可见各类型的木质景观设施，成为景区内不可缺少的重要景观构成。木材良好的可塑性和加工性，易于制作与环境特色相呼应的优美景观设施，如休闲平台、圆凳或长椅、栅栏、棚架、种植器皿、标识系统、垃圾桶等。

园林中的座椅可以使用多种材料建造，但一般使用木材作为座面比较合适，木材以其独特的材性优势，在座椅这种景观构筑物中得到了广泛运用。因为木材低导热性能，给人较温和的触感，相对于石材、金属等更为舒适。石、砖、水泥、金属等材料也用于座面材料，但是经过阳光的暴晒后座面温度很高，而在冬季又非常冰冷。

木质的种植器皿外观造型多种多样，以比较典型的桶状种植器皿来说，通常采用防腐木材，木板与木板用螺栓、螺母连接固定而成。

园林中常见的一种种植形式是将防腐木板铺设在种植池内，一方面是保护种植池内土壤免受行人踩踏；另一方面扩展了人行道的空间，使路面显得更加整洁、干净。还有一种形式是对树皮的再生利用。在树池里加入树皮既可以防止尘土飞散，又可以保持树根附近土壤的含水量，有利于树木的生长。

第十节 陶瓷

一、陶瓷的概念

传统的陶瓷概念是指以黏土类及其他天然矿物类为原料，经过粉碎加工、成型、焙烧等工艺过程所制得的各种制品。广义的陶瓷概念是用陶瓷生产方法制造的无机非金属固体材料和制品的统称。

陶瓷是陶器和瓷器的总称。陶器以陶土为原料，陶土所含杂质较多，烧成温度较低，断面粗糙无光，不透明，吸水率较高。瓷器以纯的高岭土为原料，焙烧温度较高，胚体致密，几乎不吸水，有一定的半透明性。介于陶器和瓷器两者之间的产品称为炻器，也称石胎瓷、半瓷，炻器胚体比陶器致密，吸水率较低，但与瓷器相比，断面多数带有颜色而无透明性，吸水率也高于瓷器。

陶瓷可一次烧成，也可以二次烧成。一次烧成是指将生坯施釉，干燥后入窑经高温一次烧成制品。二次烧成，是指将未上釉的坯体，经干燥后先进行一次素烧，然后施釉，再第二次烧成制品。一次烧成，工艺简单，减少热损失。二次烧成的工艺其优越性更多一些。

二、陶瓷的分类

陶瓷制品的种类繁多，它们之间的化学成分、矿物组成、物理性质及制作方法，常常互相接近交错，无明显的界限，而在应用上却有很大区别，目前国际上还没有一个统一的分类方法，常用的分类方法有以下两种：一是按用途的不同分类；二是按所用原料及坯体的致密程度分类。

（一）按用途分类

（1）日用陶瓷，如餐具、茶具、缸、坛、盆、罐、盘、碟、碗等。

（2）艺术（工艺）陶瓷，如花瓶、雕塑品、园林陶瓷、器皿及陈设品等。

（3）工业陶瓷，指应用于各种工业的陶瓷制品。

工业陶瓷又可分为以下4类：①建筑、卫生陶瓷，如砖瓦、排水管、面砖、外墙砖及卫生洁具等；②化工（化学）陶瓷，用于各种化学工业的耐酸容器、管道，塔、泵、阀以及搪砌反应锅的耐酸砖、灰等；③电瓷，用于电力工业高低压输电线路上的绝缘子、电机用套管、支柱绝缘子、低压电器和照明用绝缘子以及电讯用绝缘子、无线电用绝缘子等；④特种陶瓷，用于各种现代工业和尖端科学技术的特种陶瓷制品，有高铝氧质瓷、镁石质瓷、钛镁石质瓷、锆英、石质瓷、锂质瓷以及磁性瓷、金属陶瓷等。

（二）按所用原料及坯体的致密程度分类

按所用原料及坯体的致密程度陶瓷可分为陶器、炻器和瓷器，原料由粗到精，坯体从粗糙多孔逐步到达致密，烧结程度、烧成温度也逐渐从低趋高。陶瓷制品的分类、主要特征及常见产品见表 1-10-1。

陶瓷制品的分类、主要特征及常见产品　　表 1-10-1

<table>
<tr><th colspan="2">产品种类</th><th>颜色</th><th>质地</th><th>烧结程度</th><th>常见产品</th></tr>
<tr><td rowspan="2">陶器</td><td>粗陶</td><td>有色</td><td rowspan="2">多孔粗糙</td><td rowspan="2">较低</td><td>砖、瓦、陶管、盆、缸</td></tr>
<tr><td>精陶</td><td>白色或象牙色</td><td>釉面砖、艺术（工艺）陶瓷</td></tr>
<tr><td rowspan="2">炻器</td><td>粗炻器</td><td>有色</td><td rowspan="2">致密坚硬</td><td rowspan="2">较充分</td><td>外墙面砖、地砖</td></tr>
<tr><td>细炻器</td><td>白色</td><td>外墙面砖、地砖、锦砖、陈列品</td></tr>
<tr><td colspan="2">瓷器</td><td>白色半透明</td><td>致密坚硬</td><td>充分</td><td>锦砖、茶具、艺术（工艺）陈列品</td></tr>
</table>

三、陶瓷材料的特性

陶瓷材料属于无机非金属材料，这就决定了其性质稳定、质地坚硬、抗腐蚀、耐高温等特点，具有防火、防水功能。陶瓷的抗腐蚀性有利于陶瓷材料在室外露天的环境下使用；耐高温性决定了陶瓷材料可以用于天气比较炎热地区的露天环境，或者其他高温环境。

（一）陶瓷材料的物理特性

1. 防水性

防水性是对建筑陶瓷的根本要求，也是建筑陶瓷的基本属性。最初的建筑陶瓷制品多数是应用于浴室和卫生间的浴盆、洗手盆和地面瓷砖等产品，这就要求这些建筑卫生陶瓷产品具有良好的防水性能，因为防水性差会使陶瓷产品内部积水，从而直接导致陶瓷产品的变色和耐用等问题的出现。

2. 防污性

防污性是建筑陶瓷必备的良好性能。建筑陶瓷产品一经问世，就凭借比其他建筑材料突出的防污性而备受青睐。近年来，随着材料科学的飞速发展和生产技术的不断进步，防污新技术和新产品层出不穷。如在砖体表面制成微小气孔的抛光砖，这些气孔形成有效防污的保护层，其创新性使建筑陶瓷的防污性能进一步提高。防污性使建筑陶瓷产品给人们的生活带来更为便捷和干净的全新改变，使建筑陶瓷产品在室内环境中的应用越来越广泛。

3. 可塑性

材料的可塑性是指在外力移除后，仍能保持不变形的性质。可塑性是黏土在陶瓷坯体中成型的基础，也是主要的工艺技术指标。陶瓷黏土在制作成型的过程中（坯体干燥之前），可以对其进行各种手法的运用，形成层次丰富、变化莫测的不同肌理效果，如通过切割、压印、揉捏、刻画、镂空、刺戳等手法对坯体进行加工，然后施釉，再经过窑火的焙烧，可形成高雅而又朴素的作品。陶瓷黏土这一特点使艺术创作者们可以自由地塑造形体，在艺术表现上有很大的发挥空间。

4. 环保性

陶瓷材料是金属和非金属之间的化合物，它大多是氧化物、氮化物、硼化物和碳化物等。它源于天然的泥土（常用的有高岭土、黏土、氧化铝等），具有无污染、无辐射、绝电、绝热、可持续利用等特点，而且它还能充分地利用工业粉煤灰、高岭矿尾沙等工业废料。与塑料、玻璃、金属等常用的材料相比，更具有环保性。在建筑装饰工程中，它已经成为一种重要的装饰材料。

（二）陶瓷材料的艺术特性

陶瓷造型灵活、釉色美丽、质地细腻，是建筑装饰与工艺造型的极好材料。有人形容景德镇的瓷器“薄如纸，明如镜，白如玉，声如磬”，这里面“薄如纸”指造型的独特；“明如镜，白如玉”便是形容陶瓷的釉色美；“声如磬”说的是瓷器质地，敲击的声音就像“磬”发出的声音一样婉转动听。

1. 陶瓷的造型美

造型的优美是陶瓷艺术的重要因素，造型也称之为“器形”。陶瓷是黏土添加化学物质通过水混合做成的，几乎可以做出任何造型，如各种几何形图案的瓷砖，不规则形状的瓷砖、瓦当、陶瓷装饰品等。

2. 陶瓷的釉色美

陶瓷因釉色而美丽。“釉”在康熙字典解释为“物有光，通作油”，意思是说使陶瓷有光泽的物质，可以理解为“油”。陶瓷表面的釉可以比喻为“衣装”，陶瓷一般都穿着一身华丽的“衣装”，特别是艺术瓷，对“衣装”更为讲究，有的洁白如玉，有的绚丽多彩，十分具有审美性。随着技术的发展，陶瓷的釉色更为丰富，除了有美丽的纹饰、图案外，还可以模仿其他材料，如木材质感的瓷砖、金属质感的陶瓷马赛克等。

3. 陶瓷的质感美

陶瓷细腻、光滑的质感华丽无比，坚硬的质地使其叩之有声，充分体现了陶瓷的质感美。

（三）陶瓷材料的力学特性

陶瓷材料的力学特性主要是指其抗冲击性能，抗冲击性能指的是瓷砖等建筑陶瓷产品的承重和抗压能力。建筑陶瓷产品由最早应用于浴室和厨房的瓷砖、浴盆、洗手盆等简单的生活用具，逐步扩展到整个室内外装修用材，这对建筑陶瓷的抗冲击性提出了越来越高的要求，如何改进工艺、提高生产技术，使建筑陶瓷产品的抗冲击性完全满足建筑环境应用的需要，成为建筑陶瓷是否能具有更广泛的应用性、更好的市场前景的关键一环。

四、常见陶瓷及制品的应用

陶瓷产品在应用时，一般不作为结构材料，而仅作为饰面材料使用。园林景观工程中常用的陶瓷材料及其应用见表 1-10-2。

园林景观工程中常用的陶瓷材料　　表 1-10-2

类型	名称	主要应用
普通陶瓷砖	麻面砖	园林道路广场铺装、水池底装饰铺设、桌凳表面铺设等
	劈离砖	
	渗花砖	

续表

类　型	名　称	主 要 应 用
普通陶瓷砖	无釉砖	建筑、小品、景墙立面装饰的材料和水池底装饰铺设、桌凳表面装饰等
	釉面砖	
	玻化砖	
陶瓷面板	黑瓷装饰板	建筑、小品、景墙立面装饰材料
	大型陶瓷装饰面板	
透水陶瓷砖	环保透水砖	休闲无承重场所铺地以及园林游步道等
	高强度陶瓷透水砖	停车场、人行道、步行街、广场等
琉璃制品	琉璃瓦	园林景观工程中建筑物、构筑物的装饰材料
	琉璃栏杆、花窗等	
陶瓷艺术品	陶瓷壁画	用于墙面等的装饰，兼具绘画、书法、雕刻艺术于一体，具有较高的艺术价值
	陶瓷浮雕	

建筑陶瓷在传统意义上主要侧重于经济、实用的功能，它与景观的历史是源远流长、密不可分的，是传统陶瓷材料在古代园林景观中最为重要的应用形式，常用的建筑陶瓷产品有墙地砖、陶瓷锦砖、琉璃制品和陶瓷壁画等。

1. 墙地砖

墙地砖包括建筑内外墙面砖和室内外地面铺贴用砖，是用于装饰和保护建筑物、构筑物墙面及地面的板状或块状的陶瓷产品，也是目前应用最广泛的建筑陶瓷产品，按使用部位不同可分为内墙砖、外墙砖、室内地砖、室外地砖、广场地砖和配件砖等类型。墙面砖的表面质感多种多样，通过配料和改变制作工艺，可制成颜色不同、表面质感多样的不同墙地砖制品，主要常用的有霹雳砖、彩胎砖与麻面砖等。墙地砖具有耐磨、防水、抗冻、耐污、易清洗、耐腐蚀等特点。墙地砖按其表面是否施釉可分为釉面墙地砖和无釉墙地砖。

釉面墙地砖，是以陶土为主要原料，配料制浆后，经半干压成型、施釉、高温焙烧制成的饰面陶瓷砖。釉面砖在坯体表面形成一层淡玻璃质层，具有结构致密、抗压强度较高、易清洁、防潮、耐污、耐腐蚀、变形小及装饰效果好等性能，而且表面光亮细腻、色彩和图案丰富，具有很好的装饰性。釉面颜色可分为单色（含白色）、花色、彩色和图案色等，具有朴实大方、热稳定性好、防火、防湿、耐酸碱、表面光滑及易于清洗等装饰特点。釉面墙地砖广泛应用于厨房、浴室、厕所、盥洗室、实验室、医院等场所的室内墙面和台面的表面装饰。由于釉面砖吸水率大，其多孔坯体层和表面釉层的膨胀率相差较大，在室外受到日晒雨淋及温度变化时，易发生开裂或剥落，故不宜用于外墙装饰和地面材料使用。

无釉墙地砖，是以优质瓷土为主要原料，添加一种或数种着色喷雾料（单色细颗粒），经混匀、冲压、烧制而成的建筑陶瓷产品。这种产品再加工后分抛光和不抛光两种。抛光后的无釉瓷质砖吸水率较低且非常耐磨，因此，常用于商场、宾馆、饭店、游乐场、会议厅、展览馆等公共空间的地面和墙面装饰。

2. 陶瓷锦砖

陶瓷锦砖俗称马赛克，是由各种颜色、多种几何形状的小块瓷片（长边一般不大于

50mm）铺贴在牛皮纸上形成色彩丰富、图案繁多的装饰砖，故又称纸皮砖。陶瓷锦砖质地坚实、色泽图案多样、吸水率极小、耐酸、耐碱、耐磨、耐水、耐压、耐冲击、易清洗、防滑。陶瓷锦砖色泽美观稳定，可拼出风景、动物、花草及各种图案。在室内装饰中，可用于浴厕、厨房、阳台、客厅、起居室等处的地面，也可用于墙面。在工业及公共建筑装饰工程中，陶瓷锦砖也被广泛用于内墙、地面，亦可用于外墙。陶瓷锦砖除陶瓷质地外，还有金属、玻璃及石材等各种材质，在园林景观工程中也较常见。

3. 琉璃制品

琉璃制品是用难熔黏土为主要原料制成坯泥，制坯成型后经干燥、素烧，施琉璃彩釉、釉烧，经两次烧制成型的建筑陶瓷产品。琉璃制品具有质地细密、表面光滑、不易沾污、坚实耐久、色彩绚丽及外形古朴的特点，富有我国传统建筑的民族特色。琉璃制品主要有琉璃瓦、琉璃砖、琉璃兽以及琉璃花窗、栏杆等各种装饰制件，还有陈设用的建筑工艺品，如琉璃桌、绣墩、鱼缸、花盆、花瓶等。

4. 陶瓷壁画

陶瓷壁画是以陶瓷面砖、陶板、琉璃等建筑块材经镶拼制作，具有较高艺术价值的现代建筑装饰，属新型高档装饰。现代陶瓷壁画具有单块砖面积大、厚度薄、强度高、平整度好、吸水率小、抗冻、抗化学腐蚀、耐急冷急热等特点。陶瓷壁画适于镶嵌在大厦、宾馆、酒楼等高层建筑物外壁上，起到装饰美化建筑和突出主体的作用，也可应用于公共活动场所和室内空间的装饰中。

第十一节　玻璃

一、玻璃的概念

玻璃是经过高温熔融的结晶体，由于黏度在冷却过程中不断增大，而硬化形成的无机非金属材料，是一种比较透明的固体物质。玻璃在日常环境中呈化学惰性，亦不会与生物起作用。普通玻璃的成分主要是二氧化硅，一般不溶于酸，但轻微溶于强碱。

玻璃材质具有神秘的效果与梦幻般的色彩，为园林景观设计提供了丰富的灵感和无限的创意空间，在环境装饰方面的应用越来越广泛。玻璃可以像混凝土、砖、石材那样做成围墙、桥梁、护板、坐凳、台阶、花池、水池等各种受力构件，但它又具有透光、透视的特点，在园林应用中具有特别的艺术效果。

二、玻璃的分类

（一）通常分类方法

玻璃的品种很多，分类方式也很多。通常按化学成分和用途分类如下：

（1）按化学成分可分为硅酸盐玻璃、磷酸盐玻璃、硼酸盐玻璃和铝酸盐玻璃等。其中以硅酸盐玻璃应用最为广泛，它包括钠钙硅酸盐玻璃、钾钙硅酸盐玻璃、铝镁硅酸盐玻璃、硼硅酸盐玻璃、钾铅硅酸盐玻璃，是建筑中常见的玻璃。

（2）按玻璃的用途可分为建筑玻璃、化学玻璃、光学玻璃、电子玻璃、工艺玻璃、玻璃纤维及泡沫玻璃等。

（二）工程应用分类

按玻璃在园林工程中的应用可分为平板玻璃、饰面玻璃、节能玻璃、结构玻璃及其他玻璃等。

1. 平板玻璃

平板玻璃是指未经其他加工的平板状玻璃制品，也称白片玻璃或净片玻璃。按生产方法不同,可分为普通平板玻璃和浮法玻璃。平板玻璃是建筑玻璃中生产量最大、使用最多的一种，主要用于门窗，起采光（可见光透射比 85% ~ 90%）、围护、保温、隔声等作用，也是进一步加工成其他技术玻璃的原片。

平板玻璃的用途有两个方面：3 ~ 5mm 的平板玻璃一般是直接用于门窗的采光，8 ~ 12mm 的平板玻璃可用于隔断。另外的一个重要用途是作为钢化、夹层、镀膜、中空等玻璃的原片。

2. 饰面玻璃

饰面玻璃只能用作面层装饰，需要结构层来承受外力，主要有以下类型：

（1）彩色玻璃：彩色玻璃有透明和不透明两种。透明的彩色玻璃是在玻璃原料中加入一定量的金属氧化物制成。不透明彩色玻璃是经过退火处理的一种饰面玻璃。彩色平板玻璃的颜色有茶色、海洋蓝色、宝石蓝色、翡翠绿等。彩色玻璃可以拼成各种图案，并有耐腐蚀、抗冲刷、易清洗特点，主要用于建筑物的内外墙、门窗装饰、室内隔断及对光线有特殊要求的部位。

（2）压花玻璃：压花玻璃又称为花纹玻璃或是滚花玻璃，是采用压延方法加工制作而成，即将熔融状态的玻璃液体在急速的冷却下，通过一种带着图案或者花纹的辊轴滚压而制成，可以将玻璃材料一面压出图案，也可以将其两面均压出图案。压花玻璃材料具有透光但不透视的特点，因其表面的图案或花纹凹凸不平，所以射入的光线会产生漫反射，不仅能够模糊视线，还可以使建筑室内空间变得柔和而温馨。压花玻璃材料主要应用于建筑的室内隔断、卫生间门窗以及需要光线又需要阻挡视线的部位。

（3）刻花玻璃：刻花玻璃是由平板玻璃经涂漆、雕刻、围蜡与酸蚀、研磨而成。图案的立体感非常强，似浮雕一般，在室内灯光的照射下更是熠熠生辉。刻花玻璃主要用于高档场所的室内隔断或屏风。

（4）冰花玻璃：冰花玻璃是一种利用平板玻璃经特殊处理形成具冰花纹理的玻璃。冰花玻璃对通过的光线有漫射作用，如做门窗玻璃，犹如蒙上一层纱帘，看不清室内的景物，却有着良好的透光性能，具有良好的装饰效果。冰花玻璃可用无色平板玻璃制造，也可用茶色、蓝色、绿色等彩色玻璃制造。其装饰效果优于压花玻璃，给人以清新之感，是一种新型的室内装饰玻璃。可用于宾馆、酒楼等场所的门窗、隔断、屏风和家庭装饰。

（5）七彩变色玻璃：在凹凸不平的压花玻璃表面进行镀膜，使其能在不同的角度、不同的光线下变幻出不同的色彩，不论是阳光还是灯光，都会令玻璃产生五彩缤纷的景象。这种玻璃具有神奇的变色效果，可以比较广泛地应用于宾馆、酒吧、舞厅、卫浴、屏风、幕墙等等。

（6）镭射玻璃：在玻璃或透明有机涤纶薄膜上涂敷一层感光层，利用激光在上面刻画出任意多的几何光栅或全息光栅，当它处于任何光源照射下时，都将因衍射作用而产生色彩的变化。其效果扑朔迷离、似动非动、亦真亦幻，不时出现冷色、暖色交相辉映，五光十色的变幻，给人以神奇、华贵和迷人的感受。

（7）彩绘玻璃：彩绘玻璃是在玻璃表面上运用特殊的颜料绘画，然后经过低温烧制而成。丰富的图案，可以构建热烈、和谐的气氛，增加浪漫气息，且颜色持久不会掉落，便于清洁。

（8）镜面玻璃：其实就是镜子，使用镜面反射形成图像，从而在视觉上使空间延伸，丰富空间的艺术效果。装置在小户型的客厅中可以延伸空间，使得客厅显得更大更饱满。

（9）釉面玻璃：在透明玻璃的表皮上涂敷上一层彩色的易熔性的色釉颜料，接着再通过加热直至彩色釉料完全被熔融在玻璃表皮上，使得玻璃与彩色釉料完全结合成一体，最后经过退火或是钢化等加工处理方式便制成色彩图案丰富的彩色釉面玻璃。釉面玻璃材料具有非常好的化学稳定性能以及装饰效果，图案种类丰富、精美，并且不褪色、易清洁，一般应用于建筑的外墙饰面以及室内门厅等部位。

3. 节能玻璃

节能玻璃具有良好的保温隔热效果，且具有赏心悦目的色彩和图案。主要包括热反射玻璃、吸热玻璃、变色玻璃和中空玻璃等。其中，中空玻璃按玻璃原片的性能又可分为普通中空玻璃、压花中空玻璃、吸热中空玻璃、钢化中空玻璃、夹丝中空玻璃、夹层中空玻璃、热反射中空玻璃和热弯中空玻璃等类型。

（1）热反射玻璃：主要体现在镀膜玻璃，可以有效反射紫外线、红外线、可见光，可以用来避免眩光，而且它的热透射率低，隔热性能较好。

（2）吸热玻璃：又称为着色玻璃，是一种可以吸收自然光线中红外线的辐射能量，同时还可以保持较高的透光率和透射率的玻璃材料。它既可以用来防止眩光，也可以用来降温。

（3）变色玻璃：是一种在光的辐照下会改变颜色，而移去光源时又恢复其原来颜色的玻璃。可以控制来自太阳的辐射热，减少能源消耗和改善自然采光条件，防窥视，防眩光。

（4）中空玻璃：当玻璃的片数增多时，将气体注入里面，这样它们之间就形成了一个密封的、稳定的系统。这样会导致玻璃的厚度增加，但是它的各项性能也随之增强。一般可降耗 20% ~ 30%，降噪 30 ~ 40dB。颜色是无色、绿、黄、金、蓝、灰、棕等。

4. 结构玻璃

结构玻璃也称安全性玻璃，其力学性能好、机械程度高，对园林环境的适应能力强，而且能够由大部分饰面玻璃和节能玻璃经过深加工制作，装饰性能优越，可以通过不同园林组合构成园林景观，也可以独立成景。结构玻璃主要包括钢化玻璃、夹层玻璃、夹丝玻璃和玻璃空心砖等类型。

（1）钢化玻璃：钢化玻璃又称为强化玻璃，通常是采用物理方法或是化学方法，在普通玻璃材料的表面形成一层压应力层，使得建筑玻璃材料在承受外力的时候，首先会抵消玻璃表皮的压应力，从而避免了整个建筑玻璃板材的碎裂。钢化玻璃材料自身的抗风压性能以及抗冲击性能都比普通的玻璃材料强很多。钢化玻璃的强度非常高，即使是在受到重击破碎后也会变成很多蜂窝状的碎小的钝角颗粒，大大降低了对人体的伤害程度。

（2）夹层玻璃：夹层玻璃又称为夹胶玻璃，是在两片或多片的普通玻璃原片之间夹进去一层 PVB（聚乙烯醇丁醛）薄膜，再经过加热、加压以及粘合，最终变成一种平面或者曲面形状的复合型玻璃材料。夹层玻璃材料的抗冲击性能非常好，并且由于玻璃材料中间层的 PVB 薄膜具有粘合效果，当夹层玻璃被击碎时，玻璃碎片只会粘在中间层的薄膜上而不会到处飞溅，大大减低了对人体的危害程度。

（3）夹丝玻璃：夹丝玻璃又称为防碎玻璃或是钢丝玻璃，是将金属钢丝按压入普通的平板玻璃材料中而成的。夹丝玻璃材料的安全性能很高，具有防震、耐冲击的特性，在经受冲击作用之后，破裂或损坏的玻璃碎片仍粘连在一起。由于其在高温燃烧状态下也不会炸裂，故可用于隔绝火源。

（4）玻璃空心砖：透光不透视，表面光滑，可以制成正方形、长方形等不同形状。具有可压缩性、隔热性、隔音性、防水性、阻燃性、耐磨性、抗侵蚀性等诸多性能。可用于墙壁、天花板、地板等的装饰。

5. 其他玻璃制品

其他玻璃制品主要指立体装饰品、玻璃碎片、玻璃屑及玻璃球等。

三、玻璃的特性

根据玻璃自身的性质和在园林工程中的应用特点，玻璃的特性可分为材料基本特性、外观特性和使用特性。

（一）材料基本特性

玻璃材料基本特性包括各向同性、介稳性、无固定熔点、连续性和变化的可逆性，具体详见表 1-11-1。

玻璃的基本特性　　表 1-11-1

基本特性	说　明
各向同性	玻璃材料内部的质点因其无序的排列而呈现出来的一种均质结构的表现，即透明且均质的玻璃材料各方向的性质，诸如折射率、硬度、弹性模数以及导热系数等这些玻璃性质都是相同的
介稳性	当玻璃熔体冷却变成固态的玻璃体时，它能够在较低的温度下保留着高温状态时的原有玻璃结构而不产生任何变化
无固定熔点	由熔融状态的玻璃材料向固态的玻璃体的转变是一种可逆且渐变的过程，其实玻璃材料并没有固定的熔点，而固态的玻璃体经过高温加热后变成熔融状态玻璃的过程也是渐变的
连续性	由熔融态的玻璃向固态的玻璃体的转变过程中，其物理以及化学性质随着温度的变化是连续不断的
变化的可逆性	玻璃的物理化学性质变化在冷却（或加热）过程中是可逆的

（二）玻璃的外观特性

与其他材料相比，玻璃最本质、最独特的地方是其通光性和反射性，玻璃能透过光线，并能将光束折射或反射，从而呈现出不同色彩。因此，玻璃呈现出以下外观特性：

1. 单纯性

玻璃具有透明、纯净、光滑的特性，表面呈现的是简洁、清澈的视觉效果，在形式上往往表现为平板造型或三维造型，形式简单，因此玻璃在装饰上具有单纯性。

2. 模糊性

对于透明玻璃而言，模糊性表现在它的叠合性上，玻璃的透视性使其总是与背景叠合在一起，人们感知它的时候也同时接受了它背景的信息。

对于非透明玻璃而言，如玻璃砖、磨砂玻璃、花纹玻璃等，模糊性表现在它的视觉特性上，它们透光而不透视，视线模糊，用作围合空间的界面时，能使内外既有明确的界限，又具有隐约相通的空间特性。

3. 虚幻性

玻璃的虚幻性使其具有特殊的艺术效果。玻璃本身是一个客观存在的实体界面，具有清晰的界定性，但它相对于不透明的实体界面，视觉上是通透的，呈现出虚空的特性，因而玻璃对空间的界定主要是一种空间的功能分隔，而在视觉与心理上空间是通透的、开敞的，它与周围空间是流通的、一体的。

玻璃通过其透明、轻盈的“虚”的特点与其他“实”的材料共同使用，能形成虚实对比的效果，创造出丰富多变的建筑形象。

4. 反射性

与其他材料不同的是，玻璃的反射方式是镜面反射，在适当的角度有清晰的成像。利用玻璃的反射性来映射天空和周围的景物，可以使建筑与周围的环境融合起来，相互呼应。

5. 多彩性

玻璃可制成各种颜色，着色玻璃有蓝色、红色、绿色、褐色、紫罗兰、橘红色、深绿色等，丰富多彩。玻璃与光的组合也是玻璃具有多彩性的原因之一，玻璃通过折射可以将光分解成多种颜色，经过反射、投射后，玻璃呈现出绚丽的色彩。

（三）玻璃的使用特性

玻璃具有强度高、硬度大的特点。使用时采用全玻璃结构的建筑，厚度薄、质量轻；采用点支式玻璃结构的建筑，金属构件纤细高强，与透明玻璃完美结合，建筑轻盈、飘逸。

玻璃具有柔韧性好、延展性好、可塑性强的特点。玻璃在锻造过程中以液态存在，可以制成各种形态；玻璃工艺丰富，表现力强，利于创造艺术性强的作品。

玻璃耐腐蚀（酸碱）、防水防火，户外使用历久弥新。

四、玻璃及制品的应用

在园林景观工程中，玻璃及其制品可以像混凝土、砖石一样做成围墙、桥面、栏板、台阶、花池和水池等。

1. 玻璃围墙和栏板

随着玻璃生产工艺水平的提高，钢化玻璃等强度和安全性较高的玻璃材料，可以替代传统的砖石和金属等材料建造围墙和栏板。玻璃围墙、栏板通常选用钢化玻璃或夹丝玻璃等安全玻璃，采用的玻璃种类不同，呈现出的效果不同，或透明，或透光不透视等，为围墙景观带来了特有的魅力（图 1-11-1）。玻璃用作栏板，安装方法简单，既可以用点式支撑将其固定在结构构件上，也可以像安装窗户玻璃一样卡在凹槽里。

2. 玻璃建筑

在园林景观工程中，玻璃可代替各种传统的砖瓦材料，用于建造新颖的房屋和亭廊。玻璃的透明、轻盈使得建筑不再厚重，并且造型灵活，使建筑的各种形式皆有可能（图 1-11-2、图 1-11-3）。

3. 玻璃铺装

由于玻璃材料的价格较高，利用玻璃材料做地面铺装时，通常作为人行桥面或小范围的装饰性地面，面积较小，便于节约建设成本。高架的桥梁用玻璃桥面是很有趣的，突破了传统材料铺面后看不见桥面下方景物的问题，如桥架在树林中，走在桥上的人就像在树梢上行走一样。利用玻璃铺装，一个需要注意的问题是排水问题，玻璃本身不吸水、不透水，只有靠面层组织排水的方法来组织排水，因此，玻璃铺装应在保证安全的前提下具有合理的排水坡度。

园林中部分景观追求夜晚的灯光效果，通常在地面设置灯光带或灯管面，将光源埋置在地面以下。这种情况常用玻璃做地面铺装，既能起到保护作用，又能透光。

图 1-11-1 玻璃围墙　　图 1-11-2 玻璃廊架　　图 1-11-3 玻璃房

4. 玻璃水池

利用玻璃的透明特性，可以在湖体做下沉式观光隧道，无论在湖体四周还是廊道内部游览，都会有极强的视觉冲击。

5. 玻璃种植池

如果用透明玻璃做种植池，能将池内土壤情况看得一清二楚。用玻璃做花池，高度不能太高，一般在 40cm 左右，主要是因为太高的花池需要玻璃抵抗更多来自土壤和水的侧压力，对玻璃厚度的要求也会增加。

第二章　饰面工程材料

第一节　饰面石材

饰面石材是指用于建筑物和地面表面起到装饰和保护作用的石材。按其来源有天然石材和人造石材，天然石材中花岗石、大理石是饰面石材中最主要的两个种类，花岗石主要用于室外园林景观，而大理石主要用于建筑的室内装饰。天然石材是一种高档饰面材料，成本较高。它具有蕴藏量丰富、结构致密、耐水性好、耐磨性好、耐久性好、装饰性好等优点，又具有质地较脆，抗拉强度低，自重大，开采、加工和运输不方便等缺点。人造石材是以不饱和聚酯树脂为粘结剂，配以天然大理石等无机物粉料以及适量的阻燃剂、颜色等，经配料混合、瓷铸、振动压缩、挤压等方法成型固化制成的。人造石材具有与天然石材类似的结构和装饰性能特点，并且在色泽、防潮、防酸、抗压、耐磨、坚固耐用、无放射性等方面都有进一步的改善，是名副其实的环保型建材产品，已成为应用极为广泛的饰面工程材料。

一、天然石材总述

（一）天然石材的分类与命名

由于行业关注的重点不同，目前国内存在多种石材的分类方式。不仅有以石材的岩石类型、成因分类的，也有以石材的商品类型、使用用途及特征等来分类的。石材是用适当的天然岩石加工而成的，故岩石是石材之母。因此石材的分类与岩石类型有千丝万缕的联系。了解石材的分类与岩石之间的联系，有助于更清楚地掌握所选石材的材料性质，使石材能恰当地运用于园林景观中。

园林中应用石材主要关注它的颜色、纹理和质地，因此也常按照这些材料性质进行分类。从色彩的深浅程度来分类，可分为红、绿、黑青、棕啡、紫、蓝、深灰色等深色系列和白、黄、米黄、粉红、浅灰色等浅色系列及杂花花色系列、闪光幻彩系列，并还能细分为更多的系列。一直以来，我国商品石材根据颜色和形象形成了几种常见的命名方法：（1）地名加颜色命名，即石材产地加颜色，如印度红、卡拉拉白（意大利）、莱阳绿、天山蓝、石棉红。（2）物体加颜色命名，即以与石材颜色和质感类似的物体加上颜色来命名，如琥珀红、松香红、黄金玉、绿金玉、玛瑙红、菊花白、芝麻白、孔雀绿。（3）人名（身份）加颜色命名，即以人的名字或身份加上颜色组成，如关羽红、贵妃红、状元红、将军红、关帝红。（4）形象命名，即以石材颜色、花纹的特征比喻出自然界里的实物形象，如木纹、雪花、螺丝转、碧波、浪花、虎皮。

随着石材工业的迅速发展，石材品种日益增多，我国目前已探明的天然石材品种有1000多种，它们被广泛用于建筑、装饰装修、雕刻、工艺品领域。其中已成规模的品种有大理石400多种，花岗石200多种，板石30多种。石材品种按上述简单的命名易于混淆，有的一种石材几个名字，甚至几个省的几个品种叫同一个名字，例如：山东省有“中国蓝”，四川省有“中国蓝”，河北省也有“中国蓝”，给国内外市场往往造成混乱。为了避免这种同名不同石、同石不同名现象出现，维护石材市场有序流通，我国制定了国家标准《天然石材统一编号》

GB/T 17670—2008，对石材品种统一命名与编号。

《天然石材统一编号》GB/T 17670—2008 规定了天然石材的分类与命名、编号原则、名称与编号。

天然石材按商业用途主要分为花岗石、大理石、石灰石、板石、砂岩 5 个大类。中文名称依据产地名称、花纹色调、石材种类等可区分的特征确定，如济南青花岗石、房山桃红大理石等。英文名称采用习惯用法或外贸名称。

天然石材编号的原则是：编号由“1 个英文字母 + 2 位数字 + 2 位数字或 2 个英文字母”三部分组成。如济南青花岗石编号为“G3701”，房山桃红大理石为“M1107”，霞云岭青板石为“S1115”等。其中：

第一部分为 1 个英文大写字母，是“石材种类代码”。用石材英文名称的首位代表，如“G”指花岗石（granite），“M”指大理石（marble），“L”指石灰石（limeston），“S”指板石（slate），“Q”指砂岩（sandstone）。

第二部分为 2 位数字，是“石材产地代码”。用《中华人民共和国行政区域代码》GB/T 2260—2002 规定的各省、自治区、直辖市行政区划代码，例如北京为“11”、福建省为“35”、云南省“53”等。

第三部分为 2 位数字或 2 个大写的英文字母（A ~ F），是“产地石材顺序代码”。对各省、自治区、直辖市产区所属的石材品种编的序号。

国产石材的名称与编号按上述原则统一规定，如北京的“密云桃花（G1152）”、“延庆青灰（G1153）”，福建的“泉州白（G3506）”、“安溪红（G3535）”，云南的“贡山白玉（M5322）”、“河口白玉（M5323）”。

（二）天然石材表面加工类型

天然石材是指从天然岩石中开采出来，并经加工成块状或板状材料的总称，具有强度高、装饰性好、耐久性高、来源广等特点。天然石材因成因和组成成分，呈现出各种不同的色彩、纹理和质地，通过不同的加工工艺，又可以形成多种不同的表面效果。

天然石板面层的加工方法多样。当一块石材从大荒料上切割下来以后，它的面层就是机割面。这是石材最普通的一种面层，但其远远满足不了园林中的使用要求。目前，石材面层的加工方法有十多种，石材用哪种方式来加工和石材本身的强度有关。花岗石等硬度高的石材可以用锤击、凿、火烧和磨光等方法来加工；而大理石这类质地稍软、颗粒细的石材，最好的加工方法就是磨光，大多数大理石都有美丽的纹理，如果用凿、锤等方法加工成粗糙表面，反而看不出其纹理图案，起不到装饰效果；至于砂岩等硬度低、颗粒较松散的石材一般加工成机割的平整表面，只有某些很少品种的砂岩可以进行磨光。无论是机割还是磨光，砂岩的平整表面都能充分显示其美丽的花纹，起到很好的装饰效果。

总体而言，无论哪种石材，光滑表面都比粗糙表面更能展现石材的色彩和纹理。如石材在加工成光滑表面后颜色更深，且纹理清晰，而加工成粗糙表面时颜色会浅；同一种石材加工成细凿毛面时颜色会比相似粗糙程度的火烧面更浅一些。粗糙的石材表面往往很难显现出石材本来的色彩和纹理，但是这类板材表面防滑性较好，因而在室外也常使用。

石材表面加工的类型主要有：

（1）抛光面：板材表面经高度研磨抛光，非常平滑，有高光泽的镜面效果（彩图 1）。一般的石材光度可以做到 80 度、90 度，一些石种的光度甚至可以做到 100 度以上。其特点是光度高，对光的反射强，能充分展示石材本身丰富艳丽的色彩和天然的纹理，最适合用于墙面、水景、花坛等的装饰。如作为铺地使用时，一般应用于室内，如果使用在室外的地面铺装中，特别是在下雨天，行人走在上面易滑倒。通常花岗石、大理石适宜这种表面处理。

（2）亚光面：亚光就是板材在抛光时，控制好光亮度，使板材表面平整，光度很低（彩图2）。亚光面属低度研磨，产生漫反射，无光泽，其光度较磨光面低，一般为30度～60度，不产生镜面效果。它既能使石材的质地美（其纹路、晶粒体及色彩）基本上表露出来，又可以达到表面平而不滑的效果。而且它易于清洗，也更加耐摩擦，防滑性好，因而这类石材在室外装饰中是较合适的。

（3）粗磨面：表面简单磨光，把毛板切割过程中形成的机切纹磨没即可，比亚光面要粗糙一些的加工。

（4）火烧面：用高温气体火焰喷烧板材表面加工而成的粗糙饰面（彩图3）。经过火烧处理，石材中因不同矿物颗粒热胀系数存在差异，当火焰喷烧时其表面部分颗粒热胀松动脱落，形成自然、凹凸度不超过1～1.5mm的粗糙表面。火烧面加工对石材的厚度有一定的要求，以防止加工过程中石材破裂，一般要求厚度最少要2cm，有一些石材厚度要求会更高。火烧面的特点是表面粗糙自然、不反光，加工快，价格相对便宜，是花岗石独有也最常见的表面处理方法。因其表面防滑又不影响清洁，是园林铺装最常用的饰面种类。为了消除火烧面表面刺手的特点，在石材用火烧之后，可进一步用钢刷刷3～6遍，或火烧后用水冲、酸蚀等处理，这样既有火烧面的凹凸感，摸起来又光滑不刺手，是一种非常好的表面处理方法。

（5）荔枝面：用形如荔枝皮的锤在石材表面敲击而成，从而在石材表面形成密密麻麻的小洞，外观如荔枝皮（彩图4）。分为机荔面（机器）和手荔面（手工）两种，一般而言，手荔面比机荔面更细密一些，但费工费时。这种板材面板凹凸不平，不管是空气中的灰尘还是安装时不小心留下来的砂浆都很容易粘到面板上，较难清洗。

（6）龙眼面：用一字形锤在石材表面交错敲击而成，从而在石材表面形成非常密集的条状纹理，外观如龙眼皮（彩图5）。它是花岗石雕刻品表面处理的最常见方式之一，和荔枝面一样，也分为机器和手工两种。加工时可选择粗糙程度，一般只有花岗石和砂岩才能做出这种饰面，是中式园林中常用的饰面。

（7）菠萝面：用凿子和锤子敲击而成，在石材表面形成外观如菠萝皮的粗糙表面（彩图6）。菠萝面比荔枝面和龙眼面更加得凹凸不平，细分还可分为粗菠萝面和细菠萝面两种。花岗石和砂岩都能做出这种饰面。

（8）蘑菇面：在石材表面用凿子和锤子敲击形成中间突起四周低陷的高原状的形状（彩图7）。花岗石、砂岩和板石皆可做出这种饰面。蘑菇面的加工方法对石材的厚度有一定的要求，一般底部厚最少要2cm，凸起部分可根据实际要求在3cm及以上。

（9）机切面：直接由圆盘锯、砂锯或桥切机等设备切割成型，表面较粗糙，带有明显规则的机切条状纹路（彩图8）。花岗石和板石皆可做出这种饰面。

（10）拉沟面：也称拉丝面，指在平整的石材表面上开一定深度和宽度的沟槽（彩图9）。拉丝面沟纹清晰明显，大小、深度、相隔都可以根据需要确定，切割的纹理除具有装饰效果外，主要是起到防滑作用。沟纹可通过手工或机械切割，手工切割的纹理不如机刨面规则，但更为自然。花岗石和砂岩常做出这种饰面。

（11）自然面：也称劈裂面。将石材自然分裂开来，未经处理表面呈现出的是一种很自然的凹凸不平的效果（彩图10）。这种石材表面不平整，不适合作为地面铺设，可做花槽、挡墙等应用。花岗石的劈裂面粗糙程度相差较大，分为深裂面和浅裂面，而板石劈裂面粗糙程度则较浅，这与石材性能、质地有关。

除了上述基本方法外还有一些特殊的加工方法，如用翻滚加工使石材具有古旧沧桑的面貌；用高压水直接冲击石材表面，剥离质地较软的成分，形成独特的毛面装饰效果；用普通河沙或是金刚砂代替高压水来冲刷石材的表面，形成有平整的磨砂效果的装饰面。

二、花岗石板材

（一）花岗石材料特性

石材概念上的花岗岩和地质概念上的花岗岩有不同的含义。作为商品石材名称的花岗岩通常应称作花岗石，指以花岗岩为代表的一类石材，包括岩浆岩和各种硅酸盐类变质岩（《天然石材术语》GB/T 13890—2008）。而作为岩石学中的岩石分类名称的花岗岩特指岩浆岩中的二氧化硅含量超过66%的侵入岩。我国花岗石类型复杂、品种繁多，有岩浆岩型，也有变质岩型，还有少量呈火山岩、沉积岩型，其中岩浆岩型占80%。

花岗石主要成分是长石、石英和较少量的云母。常能形成发育良好、肉眼可辨的矿物颗粒，呈细粒、中粒、粗粒的粒状结构，或似斑状结构，其颗粒均匀细密、间隙小。花岗石的语源是拉丁文的granum，意思是谷粒或颗粒。花岗石的质地纹路均匀，因含有一些有颜色的矿物质而呈现丰富的外观色彩。颜色虽然以淡色系为主，但也具有很多其他的颜色，有红色、白色、黄色、绿色、黑色、灰色、紫色、棕色、蓝色等，而且同种石材色彩较为一致，适合大面积使用。花岗石中常见的矿物成分有十几种，而对石材的颜色起主要作用的矿物也不过六七种。岩石学上，根据矿物颜色的深浅，把这些矿物分成两类，一类是浅色矿物，如石英、长石类；另一类是深色矿物，如辉石、角闪石、橄榄石、黑云母等。钾长石也称正长石，通常呈肉红、黄白等色，花岗石呈现深浅不一的红色，主要是钾长石在起作用。石英在大多数花岗石中都有出现，为无色或乳白色晶体，也有其他杂色。由于石英透光性好、反光性差，故呈无色或乳白色，石英对石材表面的光泽度有一定的影响。花岗石中矿物颜色灰白者均为斜长石。岩石学上把由浅色石英和斜长石组成整体白色调，且颜色非常均匀的岩石叫白岗岩，如江西的“莲花白”，只是这种石材在国内比较少见。辉石、角闪石、橄榄石属于暗色矿物，花岗石呈不同色调的黑色、黑绿即源于此。辉石和角闪石都以绿黑色为主，橄榄石则呈暗色调的橄榄绿色，黑云母为黑色和深褐色。其实大多数花岗石的颜色在灰白、灰黑之间变化，称为“芝麻黑”、“芝麻白”或“黑白花”等，由浅色矿物长石、石英和少量的暗色矿物组成，矿物颗粒较细，大小均匀。

花岗石在园林景观中得到广泛的应用，不仅仅是因为其装饰性好，具有丰富的色彩和美丽的花纹，更重要的是其具有强度高、耐久性好的理化性质。虽然花岗石与其他硬质景观材料相比更为昂贵，但是，对于户外环境来说，花岗石具有其他材料无法比拟的优越性。它性质稳定，几乎不会被风化，耐腐蚀、抗污染，也不受冰冻影响；它密度非常高，其吸水率显著低于其他材料，并且高密度的另一个优点就是极小的膨胀和收缩率，甚至在工程中可以忽略其胀缩变化的影响。花岗石开采方便，易出大料，并且其节理发育有规律，有利于开采形状规则的石料。另外，花岗石成荒率高，能进行各种加工，板材可拼性良好，适合大面积使用。

（二）花岗石花色品种分类

花岗石花色品种较好的有红、黑、白、蓝、绿、灰、彩色等七大系列700多个品种。七大系列中以黑色、红色和彩色三大系列的产品为最多，约占总品种的80%。七大系列分别是：

1. 红色系列花岗石

这一系列花岗石颜色主要以粉红、暗红、浅红、肉红、灰红为主（彩图 11）。该系列品种的岩石主要为钾化花岗岩，花岗岩强烈钾化后形成艳红的独特的红色花岗石矿床。其形成时代一般都较早，经受过多期的构造运动，具强烈的混合岩化或钾化。矿物成分以钾长石、钠长石及石英为主，暗色矿物较少。所以，颜色呈鲜肉红色或紫红色，装饰性能好，但开采的成荒率低。该系列花岗石深受东南亚各国的喜爱，产品大量销往日本、韩国等国和中国台湾地区。国内外市场大，供不应求。以芦山红、四川红为代表的红色系列有 150 ~ 160 个品种，目前国内开发的主要品种有四川的四川红、中国红、新庙红、芦山红、三合红、石棉红、泸定红、巨星红、荥经红、喜德红；广西的岑溪红、三堡红；山西灵邱的贵妃红、橘红；福建的鹤塘红（桃花红）、番茄红、罗源红、虾红、集美红、安溪红、溪东红、漳浦红；山东的乳山红、将军红、泰山红、石岛红、石榴红、柳埠红、沂蒙红、齐鲁红；广东的阳江红、西丽红、揭阳红；新疆的新疆红（天山红）；广西的枫叶红、桂林红；河南的玫瑰红、云里梅；浙江的东方红等。

2. 黑色系列花岗石

这一系列花岗石颜色主要以黑色、黑绿色为主（彩图 12）。该系列品种的岩石主要是中性、基性、超基性侵入岩，如辉长闪长岩、辉绿岩、辉石岩、辉长岩、橄榄辉长岩等，形成于各个时代。矿物成分以橄榄石、辉石、角闪石、黑云母等深色矿物为主，浅色矿物有长石及少量石英组成，所以颜色为黑或黑绿，硬度中等。黑色花岗石不仅可做高档的装饰板材，又是石雕、墓碑的高档原料，备受消费者青睐，货紧价高。该系列以济南青、牦山黑为代表的有 140 多个品种。较常用的品种有内蒙古的丰镇黑、黑金刚、赤峰黑、鱼鳞黑；山东的济南青、泰山青；河北的阜平黑、万年青；福建的芝麻黑、福鼎黑、漳浦黑、福建青；北京的燕山黑；山西的太白青；河南的菊花青、五龙青；浙江的嵊州墨玉（剡溪墨玉）等。

市场上经常出现蒙古黑、山西黑和中国黑等叫法。其实中国黑是一个统称，大多数石材业者喜欢把丰镇黑、蒙古黑、山西黑、河北黑及其他一些纯黑色石材笼统地称之为中国黑。中国黑比较规范的是指河北黑，产于河北平山、阜平和山西浑源一带，属于辉绿岩，晶体颗粒较大，带有墨绿色的晶体，磨光后，颜色主要是黑色但有些偏蓝绿色。河北黑是河北石材最有名也是产量最大的石种，1990 年开始开采并出口，当时命名为中国黑，英文 China black。后随着中国其他黑色石种的开采出口，尤其是山西和丰镇近似黑色石种的开采，为做区别，又以产地命名为河北黑、阜平黑，山西矿命名为山西黑，丰镇矿命名为丰镇黑。蒙古黑最早产于内蒙古赤峰、辽宁建平，后来内蒙古集宁等地的玄武岩也陆续开采，都叫蒙古黑，其颗粒较细密，磨光后板面颜色是黑色但有一点点偏黄的感觉，板面也有带一些白点。丰镇黑产于内蒙古丰镇市，起初属于蒙古黑，后因其质量好，故单独出来被人们称为丰镇黑。丰镇黑、山西黑、济南青等属于辉长岩，这几种黑矿皆为硬质花岗石，其质地较玄武岩的赤峰黑、福鼎黑、漳浦黑等石种更为坚硬，且磨光后亮度更好；河北黑和福建青属于辉绿岩，光亮度也比辉长岩的低。

黑色花岗石石材有一种叫作“黑金沙”的，属于辉长岩，其中的金沙是古铜辉石。黑色中泛出金点，非常美观。有细粒、中粒、粗粒之分，又有大金沙和小金沙之分，原产于印度。户外园林很少大面积用黑金沙，仅用于水池、花坛压顶以及铺装中的深色点缀和镶边等重要部位。

3. 蓝绿系列花岗石

蓝绿系列花岗石主要是一些橄榄岩、绿泥石化基性岩、绿帘石化的二长花岗岩及碱性的霓石石英正长岩等（彩图13）。矿物成分以蚀变矿物绿泥石、绿帘石及深色矿物为主。该系列花岗石分布少、产量低，以中花绿为代表的绿色系列有50～60个品种；以星星蓝、攀西蓝为代表的蓝色系列有近10个品种。目前国内开发的主要品种有山东的豆绿、泰安绿、高明绿；江西的豆绿、浅绿、菊花绿；安徽宿县的青底绿花；浙江的孔雀绿；贵州的罗甸绿；北京的豆绿色；湖北的靳春绿；河南的浙川绿、森林绿；四川的中华绿、攀西蓝、蓝珍珠；新疆的天山蓝；河北的宝石蓝等。该系列花岗石因其颜色独特而备受欢迎。

4. 纯白系列花岗石

纯白花岗石属于白岗岩类，矿物成分以石英、钠长石、白云母为主，极少或无暗色矿物，颜色白而亮，硬度大，可与汉白玉相媲美，在花岗石系列中独树一帜，货少价高。以宜春白、华山白为代表的白色系列有近50个品种，目前国内开发的主要品种是江西的"宜春白"。

5. 黄色系列花岗石

这一系列花岗石颜色主要以金黄、暗黄为主，与浅色或深色相间形成斑点状花纹（彩图14）。该系列品种的岩石类型与红色系列花岗石类似，矿物成分主要为钾长石、石英、斜长石、黑云母等。目前国内开发的主要品种有福建的黄锈石、虎皮黄、丁香黄；新疆的卡拉麦里金、天山黄；江西上饶的菊花黄、金钻麻；湖北随州的黄金麻；山东莱州、平度的黄金麻等。黄色天然石材之所以流行，是因为黄色透明度高，色性暖，通常代表着高贵、豪华与光明。

黄金麻（黄麻）原产地山东，是国内用得最多的石材。外观为金黄色（或暗黄）与白色相间，呈色泽深浅不同的美丽斑点状花纹，花纹晶粒细小均匀，并分布着繁星般的云母亮点与闪闪发光的石英结晶，硬度较高，含铁量高，无放射性。黄金麻有一种黄灰的品种，散布灰麻点，且花色比较黄。黄金麻的花色分为大花、中花、小花，一般光面用得较少，大多使用荔枝面用于整座外墙，效果很好。黄锈石表面的光洁度比较高，在黄色的板底上分布着像铁锈一样的斑点。其花色基本为小花，花色密集。缺点是板材色差较大，大批量使用时可能会出现色彩不均匀的现象，影响景观的整体效果，用锈石做墙面装饰时尤其要注意这点。卡拉麦里金（又名奇台黄），产自新疆，光面效果较好，虽有色差但效果依然很美。金钻麻原产巴西，在黑色、红色底色上有黄色斑点，花色有大花和小花之分，材质细腻、均匀。江西井冈山的金钻麻金黄色，属于粗花花岗石。金钻麻气质华贵、整洁、高雅，在质地上具有密度高、色泽恒久鲜艳、底色均匀、亮度高等特点。菊花黄表面为淡黄色，中细粒结构，颗粒均匀，块状构造，是难得的黄色石材珍品。

6. 灰色系列花岗石

颜色浅灰、灰白、杂花等，是由细密的深浅不一的矿物颗粒交织成麻花状，或灰白颜色斑块状交织成黑白花、浪花状（彩图15）。属于灰白色花岗岩及闪长岩类，矿物成分以长石、石英、黑云母为主，中等硬度，易加工，成材率高。以G3503、崂山灰为代表的灰色、灰白色有160多个品种，目前国内开发的主要品种灰色的有福建的芝麻灰、珍珠灰，山东的鲁灰、章丘灰，台湾的台湾灰等；灰白色的有福建的芝麻白，湖北白麻，山东白麻，江西的珍珠白等；杂花的有广西的海浪花，河南偃师的菊花青、雪花青、云里梅，山东海阳的白底黑花等。

该系列板材浅灰、灰白等色调不够亮丽，故多用于地面铺装、桌椅台面、花坛、路沿石等部位的材料，地面和路沿石应用多采用火烧板的加工方式。但杂花系列的各种黑白花、浪花图案板材，乃是岩石受构造挤压形成的片麻花岗岩类，由于其图案别致，黑白对比分明，其素雅的风格也颇受一些消费者喜爱。

7. 幻彩系列花岗石

以夜里雪、五彩石、五莲花为代表的幻彩、彩色系列有100多个品种（彩图16）。

（三）花岗石在园林中的应用

花岗石饰面包括建筑墙面、屋顶和小品表面的贴面装饰以及铺装地面的表面装饰。对于装饰材料，墙面和地面的要求不同，室内和室外的要求也不同。在使用中，应综合考虑园林景观空间的特点、氛围和使用要求，根据不同场合要求选择合适的材料进行贴面，使石材与空间景观协调，能有效烘托环境气氛。

1. 花岗石表观特性的应用

石材因类型、产地和加工方法不同而有不同的质感、色彩和花纹，利用不同石材的天然差别，再辅以不同的表面加工方法，就可以创造出外观多变的饰面石板，形成丰富的景观效果。

（1）表面质感

花岗石板材的表面加工方法不同，能形成不同的表面质感，如细面板材和粗面板材。

细面板材表面磨平但无光泽，能给人以庄重华贵之感；在细面板材的基础上经过抛光处理，形成镜面板材，熠熠生辉，有华丽高贵的装饰效果。对于以观赏性为主要目的的石材饰面，其目的是增强视觉美观效果，因此应突出石材的纹理和色泽。花岗石晶格均匀细致，经磨光处理后表面富有光泽，质感细腻，能够很好地表现出石材固有的色彩、纹理，而且其镜面般的表面光影闪烁，顿生富丽堂皇之感。镜面板材和细面板材由于表面光滑、细腻，多用于室内外柱面、墙面和水池的表面。彩图17中水池用光面黄锈石做背景墙面，柱子位置镶嵌花纹浮雕，再用自然面石块做线条，增添其变化；彩图18中的花瓣形水池用光面黄锈石贴面，典雅庄重。镜面花岗石也适宜做景观小品，如水池中的风水球和园林地面浮雕图案（彩图19）以及美国波士顿街头绿地中纪念消防员的雕塑景观（彩图20）。石材表面越光滑，镜面效果越强，除了可以充分展现石材本身的纹理、质感外，还可以反射出周围环境色彩、形影，使铺装与整个空间环境氛围取得呼应。

粗面板材保留有锤击、斧剁等加工条纹，给人以坚固、古朴、自然的亲切感，在景观中常用做建筑墙体，或是如水池、花坛等景观小品的饰面。由于其表面质感粗犷、防滑，也宜做室外铺地，但因质感粗糙，不利于清扫，故较少用于室内地面。

室内地面铺装可以使用光面类型的花岗石，一方面可以反射光线，达到增强空间亮度的作用，弥补室内光线不足的缺点；另一方面光面花岗石易于清洁、维护方便。但是，光面花岗石由于过分光滑，在地面潮湿时抗滑性极低，因此仅用于室内地面装饰，且要保持地面的干燥。室外受降水等外部因素影响较多，很难保持地面干燥，故不宜使用光面花岗石铺地。不过，光面花岗石可以通过切割、凿坑、局部打磨和喷砂等方法处理表面，使之呈现出美观的凹纹或图案，这样既保留了花岗石表面的亮丽质感，又可以起到一定的防滑作用，能用于室外铺地（彩图21）。为了兼顾装饰与实用效果，室外铺地也可以局部线条、色带采用光面花岗岩，而主要部分仍采用粗面。

室外地面的铺装要求安全、稳固，便于行走，应选择耐侵蚀、耐磨、经久耐用的材料，并要考虑防滑性，故应采用烧面、荔枝面、龙眼面、自然面等表面粗糙、整体平整的石材。日本建筑师隈研吾设计的“竹屋”位于长城脚下，为了顺应周边风景的粗犷，他使用竹子作为建造房子的材料，将建筑粗犷化，通向竹屋的山路也采用了自然面石材，从而保持了这种粗犷的魅力（彩图22）。火烧面能够赋予花岗石表面适度的粗糙质感，从而为行人提供保证安全的摩擦力，加工成本还较低，是室外最为常用的铺装石材。荔枝面、龙眼面虽然从质感的角度来说也很适宜室外地面，但却因凹孔和细纹容易积存灰尘，且成本略高于火烧面，故用得相对较少。自然面似石材自然崩落，充分体现了石材天然粗犷的质感，自然面用做地面铺贴时，需注意表面要保证一定的平整度，凹凸太大的自然面不适宜人在其上行走。

（2）表面色彩与花纹

天然的花岗石颜色非常丰富，而且表面加工方式不同也会使石材的颜色发生变化。不同颜色的石材可给人带来不同的视觉效果和心理感受，如蓝色给人以宁静、清凉之感，而红色给人以热烈、温暖之感。要根据园林区域的功能特点和景观氛围，选用相应颜色的石材。园林跌水多选用光泽度好的黑色花岗石进行饰面铺装，有利于达到高雅深沉的效果（彩图 23）。水盘式欧式喷泉宜选用红色系或黄色系花岗石，显得庄重富丽（彩图 24）。表面过于粗糙的石材是不宜用来建造坐凳、靠背、扶手等这些人体需要触摸的东西的，这类设施一般均用光面花岗石，或者至少保持上面坐的部分是平滑的。

2. 花岗石用石要点

（1）根据场所特点用石

在花岗石石材的选用中，应根据场所的功能特点，选用质地、颜色、花纹与园林空间整体风格协调的石材。

在生活居住区，宜使用高亮度、浅色彩、暖色调的石材，形成亲切感和归属感（彩图 25）；在公共商业区或庄重的纪念场所，宜选用粗犷厚重、色调沉稳的石材，如美国 911 纪念园，为了纪念这一悲惨事件，设计师利用原有建筑基坑建造了两个巨大的水池，水池采用黑色花岗岩贴面，犹如两个巨大的黑洞，瀑布泻入池底，消失于地下，表达了“缺失”这一主题（彩图 26）。一般大面积铺装宜用浅色调石材,使用整体感强的简洁图案,不至于过于沉闷；园林道路则应根据周边景观环境，选用各色石材，进行小巧、精致的搭配，与所处区域主题氛围相统一。如园林步石可用浅色石材与绿地形成对比，也可使用质地粗犷、色彩较暗的厚重大石板与环境相融。

在休闲型的园林绿地中，石材选用要兼顾不同年龄人群的需求。在老年人活动区，石材颜色应自然、柔和、庄重；儿童活动区，石材颜色宜艳丽、明快，各种色彩石材进行交叉拼接，形成不同的图案，增强趣味性，营造热情、活泼的氛围。

（2）材料组合

花岗石板材在园林中应用时，铺贴形式可根据环境要求多做变化，如不同色彩、多种材质组合；除此以外，还可考虑花岗石与其他铺地材料的组合，如石材与金属、玻璃、砖、卵石等组合使用具有特别的效果。石材坚固、粗犷的特点与金属特有的光泽、玻璃透明的质感、砖柔和的色彩以及卵石细密的肌理图案形成对比，使景观变得生动起来（彩图 27）。

（3）质量鉴定

在成品板材的挑选上，由于石材原料是天然的，不可能质地完全相同，在开采加工中工艺的水平也有差别，故石材是有等级之分的。花岗石石材多数只有彩色斑点，有的还是纯色，一般来说，其中矿物颗粒越细越好。加工好的成品饰面石材，其质量好坏可以从以下四方面来鉴别：

一观，即肉眼观察石材的表面结构。一般说来，均匀的细料结构的石材具有细腻的质感，为石材之佳品；粗粒及不等粒结构的石材其外观效果较差，力学性能也不均匀，质量稍差。另外天然石材中由于地质作用的影响，常在其中产生一些细脉和微裂隙，石材最易沿这些部位发生破裂，应注意剔除。至于缺棱少角更是影响美观，选择时尤应注意。

二量，即量石材的尺寸规格。以免影响拼接或造成拼接后的图案、花纹、线条变形，影响装饰效果。

三听，即听石材的敲击声音。一般而言，质量好的、内部致密均匀且无显微裂隙的石材，其敲击声清脆悦耳；相反若石材内部存在显微裂隙或细脉，或因风化导致颗粒间接触变松，则敲击声粗哑。

四试，即用简单的试验方法来检验石材质量好坏。通常在石材的背面滴上一小滴墨水，如墨水很快四处分散浸出，即表示石材内部颗粒较松或存在显微裂隙，石材质量不好；反之则说明石材致密，质地好。

三、大理石板材

（一）大理石特性

大理石指以大理岩为代表岩石加工而成的装饰石材。大理岩（marble）是一种变质岩，因在中国云南省大理县盛产这种岩石而得名。大理岩是由石灰岩、白云质灰岩、白云岩等碳酸盐岩石经区域变质作用和接触变质作用形成，它们在高温、高压作用下矿物重新结晶，具有致密的隐晶结构，属于中硬石材。主要由方解石和白云石组成，二者的含量一般大于50%，有的可达99%，此外含有硅灰石、滑石、透闪石、透辉石、斜长石、石英、方镁石等其他变质矿物。大理岩具粒状变晶结构，块状（有时为条带状）构造。大理岩的构造多为块状构造，也有不少大理岩具有大小不等的条带、条纹、斑块或斑点等构造，它们经加工后便成为具有不同颜色和花纹图案的装饰材料。大理岩具有典型的粒状变晶结构，粒度一般为中、细粒，有时为粗粒，岩石中的方解石和白云石颗粒之间成紧密镶嵌结构。在某些区域变质作用形成的大理岩中，由于方解石的光轴成定向排列，使大理岩具有较强的透光性，如有的大理岩可透光2cm，个别大理岩的透光性可达3 ~ 4cm，所以它们可用做雕刻灯具的材料。

我国《天然石材术语》GB/T 13890—2008对大理石的定义是：商业上指以大理岩为代表的一类装饰石材，包括结晶的碳酸盐类岩石和质地较软的其他变质岩类石材。这一定义概括了大理石的3个属性：装饰性，即石材美观性要好，加工面光亮，图案或色泽美观；较软性，即石质易于加工，但相对花岗石来说，其耐久性较差；矿物专有性，指以方解石、白云石、蛇纹石等为主要矿物组成的岩石，包括不同成因的碳酸盐岩类岩石和钙镁硅酸盐岩类岩石。

随着大理石加工业的发展，大理石产品也在不断地延伸。大理石早期因采用大理岩加工成材而得其名，但后期用的岩石范围扩大，不仅用变质的大理岩加工成大理石板材，而且也普遍应用未变质的石灰岩、白云岩加工成大理石板材，还有应用岩浆成因的碳酸岩、超基性岩和镁质碳酸盐岩变质而成的蛇纹岩加工大理石板材，更为美观。上述各种岩石因硬度较低，易于加工，在石材行业不论其岩性统称为大理石。

大理石有以下特点：

（1）物理性稳定，组织缜密，受撞击晶粒脱落，表面不起毛边，不影响其平面精度，材质稳定，能够保证长期不变形，线膨胀系数小，机械精度高，防锈、防磁、绝缘。属于中硬度石材，有较高的抗压强度和良好的物理化学性能。

（2）石材颗粒细腻均匀，质感柔和，美观庄重，格调高雅；颜色众多，有白色、灰色、黑色、红色、米色、黄色、绿色、蓝色、紫色、棕色等等；纹理清晰可见，图案丰富，有山水型、云雾型、图案型（螺纹、柳叶、文像、古生物等）、雪花型等。大理石的花色繁多，含杂质较少，能进行各种加工，是一种豪华的装饰材料，也是艺术雕刻的传统材料。

（3）属于变质岩，其形成过程复杂多样，且矿物种类繁多，所以不同的大理石其材质性能差别很大，像摩氏硬度就从 2.5 到 5，相差一倍。

（4）石资源分布广泛，便于大规模开采和工业化加工。

（5）大理石也有明显的缺陷，一是石质地比花岗石软，硬度较低，如在地面上使用，磨光面易损坏，所以尽可能不将大理石板材用于地面；二是材质的间隙较大，同时伴有裂纹裂缝，容易断裂；三是易风化，且当受到酸雨侵蚀后，表面会变得粗糙不平，暗淡无光，所以除了汉白玉等少数纯正品种外，多数大理石常用于室内装饰，而不宜用于室外景观工程。

（二）大理石按颜色分类

颜色是反映天然大理石特性与装饰效果的一个重要方面。大理石的颜色取决于它们的矿物成分和集合体组成形式、杂质掺和程度，往往因为掺和少量矿物而引起大理石颜色的显著变化。大理岩通常白色和灰色居多，其中质地均匀、细粒、白色者，又称汉白玉。另外，常见的颜色还有红色、黄色、绿色、褐色、黑色等，有的还具有多种颜色和美丽的花纹。

大理石产生不同颜色和花纹的原因主要是其含有不同的有色矿物和杂质。浅灰色到近于黑色的大理石，乃是岩石中含有不等量的有机质及通常与其伴生的分散的重金属（多半是铁，其次是铜、铝等）的硫化物所致，如广西“桂林黑”、贵州织金“晶黑”、江苏“苏州黑”、河北获鹿“墨玉”、辽宁“大连黑”等。

深浅不同的红色、褐红色、紫红色、棕色、黄色大理石，通常是其中含有氧化铁的水化物（水赤铁矿、赤铁矿、水针铁矿、褐铁矿等）所造成，如安徽灵璧的“红皖螺”大理石。石材的紫色一般是因氧化铁和氧化锰达到一定程度所致，如河北获鹿的“紫豆瓣”大理石。

绿色、草绿色多半是由于大理石中存在铁的低价氧化物和硅镁化合物等矿物（海绿石、绿泥石、蛇纹石，其次为角闪石、透辉石、橄榄石，石榴石、阳起石、绿帘石）所致，如北京昌平“金玉”、河北获鹿“云彩”、辽宁“丹东绿”、山东“莱阳绿”、福建政和“叠翠”等。绿色大理石一般为含蛇纹石的岩石，包括蛇纹石化大理岩、蛇纹石化白云岩、蛇纹石化橄榄岩等，它们的颜色为各种色调的绿色：如深绿、墨绿、黄绿、浅绿色，并呈蛇皮状青、绿的斑纹，因此而得名。

大理石按颜色可分为七类：

（1）白色系列大理石

以白云石大理岩为主，所含矿物着色元素低，呈白色含少量灰白色。主要品种有汉白玉、小雪花白、大雪花白、雪浪、珍珠白等（彩图 28）。

汉白玉既包括白云石大理岩，也包括钙质大理岩。汉白玉在中国古典园林中普遍使用，是制作石桥、石亭、石栏杆、石雕等的主要材料。汉白玉产自北京房山，为细粒结构的白色大理岩，质地均匀致密，呈玉白色，略带有灰色的杂点和纹脉。产自四川宝兴锅巴岩矿床的“蜀白玉”，也称“四川汉白玉”、“宝兴白”，为纯白色品种，中小颗粒，石英含量较高。其享有“天下第一白”的美誉，高纯度、高白度的独有特性，在自然界中实属少见，其品质在国内胜过北京房山的“汉白玉”和山东的“雪花白”。

雪花白为白底色，表面多有暗黑色花纹，且纹路分布不均或灰线纵贯板面，质地细腻，光泽度高。国产雪花白产地较多，有产自山东掖县（现莱州市）和平度的，颜色为雪白色带有淡灰色细纹，颗粒为均匀中晶颗粒，不过板面有较多黄色杂点；有产自四川宝兴的东方白和青花白，东方白为纯白底色，有灰黑色细纹路，不过板面遍布裂纹（结晶线），青花白也是白色底色，带有更为明显的灰黑色纹理，根据花纹可分为中花白、细花白；有产自广西贺州的广西白，细小颗粒，板面为乳白底色，带有灰色或黑色斑纹；还有产自云南的白海棠，为石灰石质大理石，颗粒细小致密，底色为米白色，板面密布灰色月牙状花纹，似海棠花状排列。

水晶白产地四川、湖北、云南，呈水晶状白色，有时颜色略暗，偏浅灰色系，颗粒为均匀大结晶颗粒，不过不同产地矿山的水晶白颗粒差异较大，有的直径 2 ~ 3mm，有的可达 5 ~ 6mm。

还有一种乳白底带斑纹的大理石。如红奶油：产自江苏宜兴，细密均匀颗粒，花色为暗乳白底色，有红色斑纹，板面遍布暗灰色裂纹和裂线；青奶油：产自江苏宜兴，细密均匀颗粒，板面为暗乳白底色，有青灰色斑纹，遍布青蓝或灰蓝色的裂纹或裂线；青红奶油：产自江苏宜兴，细密均匀颗粒，为暗乳白底色，间有青灰色或浅红色斑纹，遍布青蓝或灰蓝色的裂纹或裂线，也有少量红筋。

归纳起来，中国白色大理石资源丰富，已形成了几大著名矿区：以四川宝兴“东方白”、“青花白”、“宝兴白”，四川小金山“蜀金白”，云南陆良“白海棠”、河口“雪花白”为代表的西南矿区；以河北曲阳“曲阳玉”、“雪花白”，北京房山“汉白玉”为代表的华北矿区；以山东莱州“雪花白”、江苏赣榆“雪花白”为代表的华东矿区等。

（2）黄色系列大理石

以蛇纹石大理岩为主，少量泥质白云质大理石，含黄色蛇纹石和少量泥质，呈深浅不同黄色。主要品种有松香黄、松香玉、木纹黄、米黄、晚霞等（彩图 29）。

松香黄，又名米黄玉，产自河南南阳和其他省份，因其色如黄米而得名。石质细腻柔润、半透明，具有非常润泽的油脂光泽和蜡状光泽。其主要成分为方解石晶体，因含有金属铬而呈黄色。因花纹不同，又分为波纹黄：花纹像波浪，层叠排列；闪电黄：石面有形似闪电的曲折白线、黄线或红线；冰凌黄：石中有块状的冰花形态；小米黄：颜色如浅黄色小米。

松香玉产自湖北省，金黄色，晶体细腻，光度很好，适宜做工艺雕塑。而松香黄为浅黄色，相比而言晶体较粗，不适宜做工艺雕塑，只能做板材，光度较差。

木纹黄产自贵州和湖北，黄色或黄褐底色，有木纹状纹理，中小颗粒，颗粒部分结晶，呈齿牙状交错结构。

米黄产地也较多。贵州米黄产自贵州省，石灰石质大理石，细小均匀颗粒，质地细密，为米黄底色，带灰褐色花纹，部分有红筋。江西米黄产自江西省，石灰石质大理石，细小均匀颗粒，质地细密，板面为黄褐色或是浅褐乱纹，颜色较贵州米黄深，带有灰白色或红色的裂纹。

广黄产自江苏省，细密均匀颗粒，黄色或黄白底色，有土黄或黄色斑纹，板面遍布红色或锈红色裂线，少部分是黑线。

铜黄大理石也叫帝王金、黄金天龙，产自安徽省，中小颗粒，板面为黄色或土黄底色，有黄色或是深黄色纹理（直纹或乱纹）。

（3）灰色系列大理石

以灰岩、大理岩为主，少量白云岩，含少量有机质和分散硫化铁，呈深浅不同灰色。主要品种有北京房山的艾叶青、浙江杭州的杭灰、云南大理的云灰等（彩图 30）。

艾叶青产自北京房山，为中细粒结构的浅灰色大理岩，主要是青灰底色，也有些是灰白底的，带白色叶状斑纹，间有片状纹缕。

杭灰大理石产自浙江省，细密均匀颗粒，板面为深褐灰、黑灰底色，带有黑灰色斑点，密布白色细纹，同时带有红色或是白色粗筋，根据其筋线颜色又可分为红筋杭灰和白筋杭灰。

云灰大理石产自云南大理，颗粒为细小的均匀颗粒，颜色主要是白色底色，有些会偏浅灰底，带有烟状或云状黑灰纹带。

还有些灰色大理石带有各色纹理，如玛瑙红、灰木纹等。玛瑙红产自广西，细小均匀颗粒致密结构，灰白底色带有青色斑纹，板面密布红色细筋。灰木纹产地是贵州省，为灰白底色，带有深灰色直木纹状纹理，其中颜色偏白的灰木纹也叫作白木纹。

（4）红色系列大理石

以大理岩和灰岩为主，含氧化铁和氧化锰较高，呈深浅不同红色。主要品种有安徽灵璧的红皖螺、云南的紫罗红、辽宁金县螺红、河南南阳晚霞红，以及各地产的如辽宁铁岭的东北红，湖北的通山红，四川的南江红，河北的曲阳桃红、涞水红和阜平红，江苏的广红等（彩图 31）。

红皖螺产自安徽灵璧县，颜色主要为褐红色，有红、白相间的螺纹形和牛眼圈形图案，图案明显，色彩艳丽雅致。

紫罗红产自云南省，底色为深红或绛紫红，遍布粗网状白色条纹，有大小数量不等的黑胆。有些石料是鲜红底色或粉红玫瑰色，此类料少黑胆但白条纹不明显，往往是碎红花呈网状。

螺红，为绛红底夹有红灰相间的螺纹，产地辽宁金县。

晚霞红产自河南南阳，颜色主要是橘红色或是晚霞红色，带有随意的黑色斑纹。

通山红也叫雨山红，产自湖北通山，颗粒细小均匀，质地细密，为暗红底色，带有深红或白色的裂纹或裂线，同时有粗一点的白筋。

桃红产自河北曲阳，桃红色粗晶，有黑色缕纹或斑点。

广红产自江苏省，颗粒细密均匀，红色或红白底色，有红色斑纹，板面遍布裂线，主要是红色裂线，少部分是黑灰色水晶线。

（5）绿色系列大理石

以蛇纹石化大理岩和蛇纹石化橄榄岩为主，含绿色蛇纹石和橄榄石，呈深浅不同绿色。主要品种有大花绿、丹东绿、荷花绿、莱阳绿、海浪玉、鲁山绿等（彩图 32）。

大花绿主产地为陕西，板材面呈深绿色，有白色条纹。

丹东绿产自辽宁丹东，颗粒为细小颗粒，结构致密，底色为嫩绿色，带有绿色或深绿色纹理，部分少量的白色斑纹。

荷花绿产自湖北通州，为白色偏泛黄底色，带有鱼网状绿色密纹。

莱阳绿产自山东莱阳，主要是灰白底色或是浅绿白底色，带绿色或是深草绿色斑纹和斑点。

海浪玉产自山东栖霞，又名山水玉、山水绿、碧绿玉，是一种白底色带有绿色和黄色黄纹的大理石，其纹路常常能构成一幅天然的山水画。

鲁山绿产自河南鲁山，墨绿底色，白色斑纹，常用于制作花瓶、印石、保健球等工艺品。

（6）黑色系列大理石

以灰岩为主，大理岩次之，含有较高有机质、沥青质、分散硫化铁，呈深浅不同的黑色。品种有墨玉、莱阳黑、大连黑、桂林黑、苏州黑、湖南邵阳黑、河南安阳墨豫黑等（彩图 33）。

墨玉是纯黑色的大理石，不透明或半透明，玻璃光泽，有玉感，细小均匀颗粒，产地较广，云南、贵州、广西、湖北、河北都有出产，如随州墨玉、山东苍山墨玉、河北获鹿墨玉等。

莱阳黑：也叫莱阳墨，产自山东莱阳，细小均匀颗粒，花色为黑灰底色，间有黑色斑纹和灰白色的斑点。

苏州黑：石相为黑色间有白纹和白斑，产地苏州。

其他如黑白根是黑色致密结构大理石，带有白色筋络，非常容易从筋络处断裂，产地为广西和湖北，其中广西黑白根白筋较少，湖北黑白根白筋繁多。皇家金檀也叫黑木纹或黑檀木纹，产自湖南，细小均匀颗粒，致密结构，为黑色底色，顺切的话板面呈黑灰色直木纹状纹理，纵切则呈密云状乱纹。

（7）褐色系列大理石

以灰岩与大理岩为主，含较高氧化铁，呈红褐色或褐色花纹。主要品种有紫豆瓣、咖啡、国产啡网等（彩图 34）。

紫豆瓣产自河北磁县、获鹿，一种暗紫色砾状或竹叶状泥质灰岩。砾石边缘因风化而呈深紫棕色氧化铁外壳，抛光后在闪亮的紫红色背景上，定向排列着紫色的竹叶状砾石。

虎纹大理石，原名咖啡，产自江苏宜兴，细密均匀颗粒，赭色底，布有流纹状石黄色经络，部分带有白筋。

国产啡网：致密的细小颗粒，棕褐底色带黄色网状细筋，部分有白色粗筋，国产啡网主要产自广西、湖北和江西，分为浅啡网和深啡网。

金镶玉产自江苏省，为细密均匀颗粒，棕褐底色，遍布细筋，主要是白色，也有土黄色，同时带有白色或是红色的粗筋。

黄田玉，浅褐底色，遍布纵横交错的白色裂纹，纹线杂乱无章，但石质却具玉石感。

（三）大理石在园林中的应用

大理石的颜色丰富多彩、色彩斑斓，很多石材还具有各种美丽的花纹、图案。大理石以其丰富的色彩、天然的纹理，形成美丽的外观，充分展现了石材的自然之美。大理石有单色带细纹的，如金丝米黄色调均匀柔和，雅致清新，但更多的是带有各种图案纹理的，如啡金花，深咖啡色中有云状的金色纹理，凸显高贵。大理石最具观赏价值的也正是其变化无穷的纹理，如山水画大理石的纹理具有中国水墨画的效果，可构成一幅天然的山水画，其纹路具有“似与不似”的艺术效果，这种天然艺术是绘画和摄影作品所不能及的，令人产生诸多遐想，体验到无限美感（彩图 35）。

大理石主要成分是碳酸盐类，空气中的二氧化硫遇水后，对大理石中的方解石有腐蚀作用，即生成易溶的石膏，从而使表面变得粗糙多孔，并失去光泽。和花岗石相比，大理石表面硬度不大，抗风化性能较差，只有汉白玉、艾叶青等少数品种可用于室外，其余多用于室内。由于其石质细密、光洁度高、色泽美观，通过精致的拼花工艺，无论是用于墙面还是地面，均能取得华丽的装饰效果。斯坦福大学艺术馆大堂采用浪花纹样的灰色大理石装饰墙面，格调素雅稳重（彩图 36）；我国贵阳贵安新区云漫湖休闲旅游度假区餐厅大堂的米黄色大理石饰面精美高贵（彩图 37）；彩图 38 为贵安新区一五星级酒店的大堂，黑白花大理石地面晶莹透亮，具有镜面般的反射效果，前台采用漂亮的玛瑙红装饰，并镶嵌汉白玉石雕花板，具有贵州地方风格；美国国家图书馆用色彩鲜艳的大理石，配以古典式的陶瓷人物画，形成华丽典雅的装饰效果（彩图 39）；云漫湖瑞士小镇建筑室内墙面的大理石欧式壁炉装饰，颇具异国情调（彩图 40）；拉斯维加斯赌城某酒店的地面，用色彩鲜明的大理石碎片拼成美丽精致的花篮，表现了酒店的豪华与奢侈（彩图 41）；大理石地面风格多样，既有简单的几何图案铺地，也有精致美观的拼花图案，犹如美丽的刺绣地毯（彩图 42）。

大理石选材应注意以下方面：

（1）检查外观质量：不同等级大理石板材的外观有所不同。因为大理石是天然形成的，纹理结构缺陷在所难免，同时加工也会造成板材的缺陷。大理石板材的缺陷表现为：板体规格不统一、板体不正，有翘曲或凹陷；板体有裂纹、砂眼、缺棱角、局部色斑等。按照国家标准，各等级的大理石板材允许有一定的缺陷，只不过允许缺陷程度标准不同。

（2）挑选花纹色调：大理石板材色彩斑斓，色调多样，花纹无一相同，这正是大理石板材名贵的魅力所在。一般对单色大理石要求颜色均匀；彩花大理石要求颜色、纹理组合协调，过渡自然；图案型大理石要求花色鲜明、图案清晰、花纹具有典型特征。优良石材要求同一批次材料色调基本一致、色差较小。

（3）检测表面光泽度：大理石板材表面光泽度的高低对装饰效果影响很大，一般来说优质大理石板材的抛光面应具有镜面一样的光泽，具有清晰的镜面映射效果。不同材质的大理石由于化学成分不同，光泽度的差异会很大；当然，同一材质不同等级的板材表面光泽度也会有一定差异。

四、板石

（一）板石的特性

板石是板岩的商品名称，商业上指易沿流片理产生的劈理面裂开成薄片的一类变质岩类石材（《天然石材术语》GB/T 13890—2008）。由于自古以来，不少地方民间多有用其作为屋顶瓦片，故又称其为瓦板岩（石）。板岩是泥质、粉砂质、钙质、凝灰质岩的低级变质岩石。主要由绢云母、石英、绿泥石等矿物组成，含有机物残核、炭质和碳酸钙。板岩结构致密，易于劈成薄片，硬度较大，耐火、耐水、耐寒；但脆性大，不易磨光。板岩纹面清晰美观，质地细腻，加工成的板石常用于地面铺装或立面铺贴，具有返璞归真的自然感。

板石一般以单色为主，颜色有很多种，可以根据人们的喜爱和环境的要求，随意选用。板石最大的优势是它具有板理——一种板状构造。沿着板理易于劈开，且劈开后单层厚薄均匀，表面十分平滑，可直接应用于装饰物的表面，免去了如花岗石、大理石荒料切割和磨平、抛光的加工程序。板石的板理特征，决定了它易开采、易加工的特点，从而大大降低了它的加工成本。

锈板石也是板岩产品中的一种类型，它品质坚硬，具有良好的抗压、耐磨、耐腐蚀等特性，能保持若干年不变色、不变质，而且品种多样、色泽丰富。其天然纹理古朴自然、别具韵味；其色彩具有暖色的亲和力，在悠然轻松的氛围中给人一种自然、浪漫的感觉。锈板石自身含有的铁质成分与水和空气接触后，发生氧化反应形成锈斑，因而每块板材的锈斑纹理都不相同，视觉效果极佳。锈板有粉锈、水镇、玉锈、紫锈等类型，色彩绚丽，图案多变，每一块都是独特的。

板石沿板理劈开可有多种等级的自然厚度，常见厚度为：超薄板 2 ~ 4mm；薄板 4 ~ 8mm；厚板 8 ~ 15mm；超厚板大于 15mm。这个自然厚度范围完全可以适应园林与建筑装饰中不同类型、不同场合对使用板石的厚度要求。

（二）板石按颜色分类

板石的颜色很多，以黑色、淡绿色、粉红色和锈色者居多，其他尚有黄色、淡灰色、褐色等（彩图 43），可以归为以下 6 类：

（1）黑板石：深灰 ~ 黑色，各产区产品色调基本一致。

（2）灰板石：灰 ~ 浅灰色，有的产区带自生条纹。

（3）青板石：青～浅蓝色，各地产品色调基本一致，少数产区带自生条纹。

（4）绿板石：草绿、黄绿、灰绿色，常带深、浅色相间的平行自生条纹。

（5）黄板石：板面呈黄、黄褐色为主的天然山水或流云晕彩，十分美观。

（6）红板石：砖红～棕红色，有带条纹者。

（三）板石在园林中的应用

1. 板石的应用形式

板石具有色彩自然、质感细腻、材质坚硬、拼接简单的特点，并且其纹理自然朴实，风格古朴典雅，还具有开采和加工容易、价格低廉等优点，因而在园林中得到广泛应用。近年来，无论东方的日、韩还是西方的欧、美等国，需求均在增加。

（1）表面装饰

板石装饰风格、效果及艺术表现力极其独特、丰富，所透出的文化韵味和自然气息是任何其他装饰材料所不能替代的，是建筑墙面及景观小品表面装饰的好材料（彩图44、彩图45）。板石虽然富丽豪华不如花岗石，晶莹亮丽难比大理石，但其本身具有多变的色彩，色调均匀柔和，花纹自然，花色品种较多，有的还带有天然晕彩，或具条带和条纹状图案，装饰效果独特，形态自然生动，色彩变幻莫测，它保留了久远沧桑的历史痕迹，具有原始粗犷的风格。板石能够在众多的高档天然或人造石材中脱颖而出，得到大量使用，除了其本身的特色之外，在很大程度上与人们追求自然的心理偏好有着密切关系，它能给人以质朴、轻松的原始视觉感受，使景观在自然沧桑之中尽显古朴之韵味。

（2）地面铺装

板石可以制成各种形状的铺装石块，用于道路、广场、露台等，其天然的片状结构能在一定程度上起到防滑作用。规则形的铺块和自然形的铺块均可，且可多种材料搭配，形成不同的铺装效果（彩图46、彩图47）。不同品种的板石风化速度不同，性质稳定的板石能够长期保持色调，被称为永不褪色的石头，其他易风化的板石，色彩会随时间的流逝慢慢蜕变成褐色，能显现出铺装材料久远沧桑的历史感。

（3）屋顶瓦板石

瓦板石是板岩产品中的一种主要产品，主要是用于屋顶覆料的板石。瓦板石的使用在国内外均有，在欧美国家中传统屋顶使用瓦板石比较普遍（彩图48、彩图49），近年来国内别墅屋顶使用瓦板石的越来越多，我国山区村民用瓦板石当瓦片盖房历史悠久，如陕西紫阳用瓦板石覆盖屋面有2000年的历史（彩图50），为体现地方风格，一些新建的旅游建筑也喜用瓦板顶（彩图51）。板石覆盖的屋顶，盛夏既可隔热阻雨，又可防止暴雨狂风和冰雹的袭击，冬天可以保温御寒，大雪也不会渗入屋内，其庇护功能是普通瓦无法达到的。园林中瓦板石用于屋顶，以不同形状、规格配以不同的铺叠方式，能使屋顶具有丰富的立体视觉冲击力，形成别具一格的景观效果。

2. 装饰板石的铺贴方法

（1）规则法：以形状、规格一致的规则几何形平板面石块贴面，表面根据加工不同可分为粗面、细面、波浪面等。主要用于内外墙面的装饰，形态也较为规整。目前以锈黄板石和带锈黄灰绿色板石最为流行。

（2）乱形法：有规则和不规则的平面乱形法。规则乱形为大小不一的规则几何形状石块，如三角形、长方形、正方形、菱形等拼贴，用于地面装饰的也有六边形等多边形；不规则乱形多为大小不一的直边乱形（如任意三角形、任意四边形及任意多边形等）和随意边乱形（如自然边、曲边、齿边等）石块拼贴。乱形石的色彩可以单色，也可以多色。乱形石表面可粗面或自然面，也可以是磨光面。多用于墙面、地面、广场路面等的装饰。

（3）层叠法：以各种形状、厚度、大小不一的石板层层交错叠垒，叠垒方向可水平、竖直或倾斜，同时可组合成各种粗犷、简单的图案和线条，其断面可平整，也可参差不齐，其特点就是随意层叠而不拘一格，多用于内外墙体、墙柱。

3. 瓦板石的铺贴方法

用瓦板石来覆盖屋顶时，通常是在密集的木拱架上，与屋檐平行一排一排地往上铺。第一排沿屋檐来铺盖，最后一排沿屋脊铺盖，上边每一排瓦板石与下边的每一排瓦板石要错开，错动的距离等于瓦板石宽的一半，上一排瓦板石要盖在下面的瓦板石上，盖上的距离要超过瓦板石长度的一半。这样能保证铺盖层不透水，因为板石接合处的裂缝大都分布在底下一排瓦板石的中间。每块板石上部用两个钉子固定在木拱架上，或者下部用金属挂钩挂住。这种铺盖方法要求板石的形状规整并且尺寸一致（彩图 52）。

4. 板石质量鉴别方法

（1）听敲击声音。由于板石较薄，可以通过敲击发出的声音情况辨别质量。内部致密均匀且无裂隙的板石受到敲击后会发出清脆悦耳的声音；相反，内部存在裂隙或细脉或因风化导致颗粒间结构变松的板石，敲击后所发出的声音听起来沉闷粗哑。

（2）看表面结构。对板石外部进行仔细查看能鉴别出天然板石的优劣。一般来说，质地好的板石表面没有矿物杂质，表面平整，厚度均匀，有丝状纹路，颜色纯正自然。粗糙及不平整的板石其外观效果较差，机械力学性能也不均匀，质量较差。板石上的白斑、矿线不仅仅影响美观，更重要的是会出现穿孔、生锈、断裂，必须要剔除。至于缺棱少角的板石要根据其出现的部位来判断，即便根据标准认定为不影响安装效果可以使用的，也必须控制在一定比例之内。

（3）化学法。用 10% 的稀释盐酸或硫酸滴在板石表面，如有小泡冒出并伴随冒烟，则说明板石含钙高、不耐酸，表面容易被腐蚀风化。

（4）吸水检验法。拿几块板石放到水里浸泡，同时拿出来放在同样的环境下晾干，优质的板石吸水率低所以表面干得快，而低吸水率说明板石具有良好的抗冻性、耐候性。

五、砂岩

（一）砂岩概述

砂岩商业上指矿物成分以石英和长石为主，含有岩屑和其他副矿物机械沉积岩类石材（《天然石材术语》GB/T 13890—2008）。砂岩是由砂粒（石英、长石颗粒）与胶结物（硅质物、碳酸钙、黏土、氧化铁、硫酸钙等）经长期巨大压力压缩粘结而形成的一种沉积岩，其石英、长石等碎屑成分占 50% 以上，通常呈淡褐色或红色。

砂岩按岩石（矿物）类型可划分为石英砂岩、长石砂岩和岩屑砂岩三大类。

石英砂岩（净砂岩）的石英和各种硅质岩屑的含量占砂级岩屑总量的 95% 以上，胶结物常为硅质，品质稳定。石英砂岩富集石英，一般在构造稳定、温暖潮湿气候条件下，由富含石英的母岩（花岗岩、花岗片麻岩、变质石英岩等），遭受强烈的化学风化，并经过地壳运动长距离搬运至滨海或浅海地区沉积而成。目前市面这类砂岩有澳升砂岩、澳洲砂岩等。

长石砂岩的碎屑成分主要是石英和长石，其中石英含量低于 75%、长石超过 18.75%。长石砂岩中的长石多为正长石、微斜长石和酸性斜长石，颜色常为红色或黄色。其形成很大程度上取决于母岩成分，首先要有富含长石的母岩，如花岗岩、花岗片麻岩。另外还需要有利的古构造、古地理和古气候条件。在构造运动强烈的地区，地形起伏也大，花岗岩基底隆起遭受强烈侵蚀，侵蚀产物迅速堆积，从而形成很厚的长石砂岩。

岩屑砂岩是以石英和岩屑为主的砂岩，其碎屑中石英含量低于75%，岩屑含量一般大于18.75%，岩屑/长石比值大于3。岩屑砂岩中岩屑成分多种多样，随母岩而异。长石以斜长石为常见，也有钾长石，还可出现不稳定的基性斜长石。岩屑砂岩颜色较深，为灰、灰绿、灰黑色，浅色者少见。岩屑砂岩多形成于强烈构造隆起区附近的构陷带或拗陷盆地中，由母岩迅速剥蚀、快速堆积而成。岩屑砂岩可以是陆相的或海相的。

砂岩按其沉积环境分海相沉积和陆相沉积。“海相”是海洋环境中形成的沉积相的总称，根据形成的海水深度与在海洋中的位置可以分为滨岸相、浅海陆棚相、半深海相和深海相。“陆相”是在陆地的自然地理环境下形成的沉积相的总称，包括湖泊相、河流相、河湖过渡相、沼泽相以及火山沉积相。由此产生“海砂岩”和“泥砂岩”两种砂岩。由于沉积环境的差别，各种砂岩具有不同的节理、粒径、颜色和性质。在砂岩尚未形成时，水的冲击以及冲击后留下的痕迹和其他矿物形态变化，使砂岩形成了各种美丽的花纹。

海砂岩包括印度砂岩、澳洲砂岩、昆明黄砂岩，均源于海岸，是百分之百海砂沉积岩。海砂岩有别于湖砂、河砂形成的砂岩，与花岗岩相近，故而密度好，抗破损及耐污性佳，硬度要比泥砂岩硬。海砂岩孔隙率比较大，较脆硬，作为石材工程板材就不可能很薄，装饰用板的厚度规格一般是15 ~ 25mm。海砂岩有隔热、隔音、吸潮、户外不风化、水中不溶化、不长青苔、易于清理等特性。图案的线条呈现出木纹和山水纹两大系，既有石材的特点，又有木纹的质感，给人一种温暖柔和之感。

泥砂岩包括湖砂和河砂沉积岩，其成分相对复杂，颗粒比较细腻，纹理繁杂多变，硬度稍软于海砂岩，花纹变化奇特，如同自然界里树木年轮、木纹、山水画，有着优异的雕刻性能，是墙面、地面装饰和异型材的上好品种。泥砂岩还具有类似塑料的塑变性，更适合雕刻和切出10mm厚的薄板。

（二）砂岩特性

（1）从环保性方面来看，砂岩是一种亚光石材，不会出现因光反射而引起的光污染，同时它也是一种天然的防滑材料。砂岩也是一种零放射性石材，对人体无伤害。我国《建筑材料放射性核素限量》GB 6566—2010中明确规定，砂岩的放射性不列入放射性检验范围，这是基于常年的监测以及编制标准时所做的大量抽查得出的结论。

（2）从功能性方面来看，砂岩因其内部构造空隙率大的特性，具有吸声、吸潮、隔热、防火的特性，这类品种应用到具有吸声要求的影剧院、体育馆、会议室等公共场所墙面装饰效果十分理想，甚至可省去吸声板和拉毛墙。同时，砂岩的吸水率很大，一些品种几乎是将水倒上即渗入石材内，砂岩也有一定的透气能力，是一种能呼吸的石头。

（3）从耐用性方面来看，砂岩具有良好的抗压、耐磨特性，它不风化、不褪色，是一种绝佳的户外石材。许多在几百年前用砂岩建成的建筑，至今仍然风采依旧、风韵犹存。

（4）从装饰性方面来看，砂岩的颜色以及纹路繁杂多变，或似木纹，或似山水画，图案清晰、颜色淡雅、条纹流畅，有着极佳的装饰性能。砂岩表面颗粒细密、底色清纯、质感细腻、朴素大方、自然，有一种原始的气息，似起伏的沙丘，似平缓的沙滩，能给人以返璞归真、纵情于山野田园的悠然之感。砂岩的色彩分明，红、黄、紫、绿、白、黑等各显风采，大多数砂岩的颜色都是偏暖色系的，显得十分素雅、温馨又不失华贵大气。砂岩还有着优异的雕刻性能，能使用各种各样的雕刻手法，雕刻成形式各异的雕刻品。

（三）砂岩按颜色分类

砂岩按颜色分为黄砂岩、红砂岩、紫砂岩、绿砂岩、白砂岩、黑砂岩六大类（彩图 53），较常见的是前三类。

（1）黄砂岩是一种原岩沉积型石粉砂岩，岩体完整、纹理独特，主要品种有纯色黄砂岩和带纹理的黄砂岩。石材基底呈浅黄色、深黄色和紫色，纹理为流线状条纹，图案清晰、淡雅，变化多样，有的似黄河浊浪，波涛翻滚；有的如千年古树，圈圈年轮；还有的像一幅幅山水画，引人入胜（彩图 54）。

（2）红砂岩主要集中在我国南部省区，该区域广泛存在的泥岩、砂质泥岩、泥质砂岩、砂岩及页岩等沉积岩类的岩石中，因含有丰富的氧化物而呈红色、深红色或褐色，这类岩石统称为红砂岩。红砂岩主要呈粒状碎屑结构和泥状胶结结构两种典型结构形式，因胶结物质和风化程度的差异，其强度的变化大。多数红砂岩在挖掘或爆破出来后，受大气环境的作用可崩解破碎，甚至泥化，故其岩块的大小及颗粒级配将随干湿循环的时间过程而变化，其物理力学性质也将产生变化。

（3）紫砂岩主要的产区有印度、中国、澳大利亚、西班牙等国，其中印度的储量和产量是最高的，我国紫砂岩开发较晚，但储量非常可观。国内紫砂岩开采主要是山东、四川、云南等地。山东紫砂岩为海相砂岩，颗粒较粗，主要是紫色底带细微白色颗粒纹路的砂岩，颜色均匀稳定，色调显得庄重富贵，纹理和谐，色差不大，其中少部分颜色偏紫红色或是浅褐色。山东紫砂岩硬度高，接近花岗岩的硬度，风化的耐受力较强，能进行磨光、亚光、荔枝、斧凿、喷砂、自然面等表面加工，也可以进行雕刻。四川、云南紫砂岩为陆相砂岩，颗粒细腻，雕刻性能非常好。

主要品种有：①纯色紫砂岩，主产地四川。该品种储量可观，矿山已探明储量超过 5 亿 m^3，非常适合大规模工业化开采。②山水纹紫砂岩和直木纹紫砂岩，主产地山东、云南。这两种纹路的紫砂岩原料为同一种荒料，采用不同加工方式而呈现出不同的效果（彩图 54），纹理朴素典雅，可媲美澳洲紫砂。③红桃木紫砂岩，与天然红桃木几乎无法分辨，条纹自然流畅，是继云南木纹石之后又一砂岩新品种。

（4）绿砂岩颗粒均匀，质地细腻，自然效果理想。绿砂岩中含有很丰富的氧化物，一般都是呈绿色的。

（5）白砂岩是白色底，含芝麻黑点的细粒结构砂岩。纯白色砂岩俗称白玉石，可用作雕刻及装饰材料。

（6）黑砂岩是产于四川的一种微细粒结构的黑色砂岩。

（四）砂岩在园林中的应用

砂岩是使用极为广泛的一种建筑装饰石材，具有良好的抗压、耐磨特性，是墙面、地面装饰和异型材的上好品种。建筑使用砂岩装饰历史悠久，几百年前用砂岩装饰而成的建筑至今仍风韵犹存（彩图 55），如巴黎圣母院、罗浮宫、英伦皇宫、美国国会大厦、哈佛大学等，砂岩高贵典雅的气质及耐久性成就了世界建筑史上一朵朵奇葩。砂岩也广泛地应用于现代大型公共建筑、别墅住宅和酒店宾馆装饰（彩图 56、彩图 57），园林及城市景观装饰更是常见。在耐用性上，砂岩绝对可以比拟大理石、花岗石，它耐风化，不变色。

砂岩材质适宜加工，常用做浮雕、圆雕，也可加工成雕刻花板、艺术花盆、风格壁炉、罗马柱、门窗套、花瓶、灯饰、线条、镜框等艺术饰品（彩图 58）。砂岩浮雕是在平面上雕刻出凹凸起伏形象的一种雕塑，是一种介于圆雕和绘画之间的艺术表现形式。园林中很多景墙、挡土墙都用砂岩浮雕装饰。砂岩圆雕主要用于园林和城市雕塑等，具有极好的表现空间主题的作用。从装饰风格来说，砂岩雕刻品的暖色调具有素雅、温馨气氛，其表面可以通过技术处理呈现粗犷、细腻、龟裂、自然缝隙等石材质感和肌理效果。

青石作为砂岩的一个品种，因其独特的色调深受人们喜爱，青石易于劈制成面积不大的薄板，在景观中常作为铺地材料以及屋面瓦等。由于其形态颜色给人清雅古朴的感觉，装饰风格具有返璞归真的效果。青石也适用于雕刻，制成独特的景观细部。

砂岩的缺点是石材孔隙大、吸水率较高、容易吸污、易滋生微生物，用于墙面装饰要做好防护处理；同时砂岩质地较软、易磨损，因而在园林铺地中较少大面积使用，多用于局部装饰点缀，车行道更不可使用。

六、国内石材产地及主要加工基地

中国 34 个省、市、自治区，均有石材资源且已经被开发。从出产丰镇黑的内蒙古到出产崖州红的海南省，从出产丹东绿的辽宁到出产天山兰的新疆和出产汉白玉的西藏，南北东西，全国已建有石材矿（点）3000 余座，开发大理石 400 余种，花岗石 600 余种。

从目前已经开发和已经做过初步地质工作的情况看，石材资源主要分布在长白山区、燕山山脉；山东丘陵，尤其胶莱谷地、崂山、泰山一带资源极其丰富；东南丘陵，北起杭州湾，西至云贵高原，包括仙霞岭、戴云山、南岭山、云开大山等，海拔在 500m 以下，花岗石、大理石资源，按目前掌握的资料预计占全国现估储量和品种的 1/2；而太行山区，吕梁山区的五台山、恒山一带集中了一批上等花岗石资源；秦岭山地和四川盆地西侧、云贵高原之北川西、攀西地区的大雪山以及大凉山大量出露品质极好的红色、绿色、黑色系列花岗石与大理石；云贵高原的丽江、怒江、大理等地盛产名优品种大理石；新疆的天山山脉和海南岛的五指山区亦分布不同品种的石材资源，例如天山兰花岗石享誉国内外。另外我国的板石资源分布面积很广，北京房山、门头沟地区的铁锈色、翠绿色及绿色的各种变色板石；保定地区易县、满城、徐山等地的乳白、乳黄色板石；陕西汉中、安康及榆林地区的镇巴、紫阳等地出产的各种颜色的板石；湖北十堰，山西五台、定襄，浙江萧县亦生产颜色各异的板石。

（一）石材产地分布

1. 花岗石产地

作为饰面石材的花岗石，包括花岗岩和其他岩浆岩、变质岩、火山岩及少量沉积岩，其矿点遍及全国。我国花岗岩类岩石出露面积约 85 万 km^2，花岗岩的储量估计达 240 亿 m^3。

花岗石资源大部分集中在沿海各省区，山东、浙江、福建、广东、广西五省区的生产量占到全国花岗石产量的大部分。这些地区花岗石岩体由于长期的风化侵蚀，呈大面积出露，开采条件比较好。从品种上分析，沿海省区虽有上等名优产品，但主要还是中档传统产品居多。如辽宁的杜鹃红、墨玉、大连黑；京津冀地区的易县黑、平山黑、昌平黑、万年青、燕山兰、承德绿；山东的济南青、沂南青、乳山黑、莱芜黑、石岛红、将军红、平邑红、孔雀绿、芙蓉绿、文登白、珍珠花、樱花、五莲花、锈石等，有 40 多个品种；江苏的赣榆黑、大芦花、苏州金山石；浙江的玫瑰红、安吉红、云花红、东方红、一品红、樱花红、龙泉红、红玉、樱花、芙蓉花、一品梅、临海黑、墨玉、孔雀绿、仕阳青等，有 30 多个品种；福建的福鼎黑、甫回黑、海仓白、洪塘白、田中石、砻石、古山红、安溪红等，有 80 多个品种；广东的翡翠绿、黑白花、西丽红、连州红、穗青花玉、翠竹花玉、龙红花等，有 30 多个品种；海南的散花黄、芝麻黑、黑金刚、崖州红、四彩花等；广西的岑溪红、黑花岗等。

在内陆各省区，花岗石资源亦较为丰富，分布面积甚广，且名特优品居多。如内蒙古的丰镇黑、诺尔红、咖啡；吉林的和龙黑、和龙红、樱花红、团山黑、双辽黑、伊通黑；山西的贵妃红、冰花、太白青、北岳黑、虎皮青、淡黄、墨绿、夜玫瑰；河南的少林红、太行红、雪枫红、少林黑、少林绿、高山花；安徽的岳西墨、虎斑、芙蓉、黄山绿、墨彩兰、天堂玉；陕西的黑雪花、黑冰花、黑珍珠、黑纹玉及板石；新疆的天山兰、天山红、双井红、托里红、博乐红、乌苏红、天池红；天府之国四川的红色、绿色、黑色花岗岩名扬天下，如芦山红、中华红、三合红、荥经红、石棉红、泸定红、阳江红、汉源红、南江红等红色花岗石，天全绿、攀西兰、米易绿、宝兴绿等绿色花岗石；湖南湖北地区亦有许多上好品种，红色系列有宜昌红、三峡红、西陵红、玫瑰红、湘红、咖啡红、映山红、大悟红等，绿色系列有三峡绿、宜昌绿、瑰宝绿、墨绿等，另有白色与黑色花岗石；云贵地区亦盛产花岗石，著名的有杜鹊红、高粱红、珍珠红、云南黑、紫黛及罗甸绿；西藏高原也产有黑白花品种花岗石。

2. 大理石产地

我国大理石储量居世界前列，总储量达 500 亿 m^3 之多。主要分布在云南、广西、山东、安徽、江苏、四川、贵州、辽宁、山西、陕西、北京、河北、河南、浙江、江西、湖北、湖南、广东、新疆、内蒙古等 20 多个省（区、市）400 余县。我国大理石矿山主要分布在：北京房山、昌平、顺义，天津蓟县，河北曲阳、易县、平山、涞水、阜平、涿鹿、怀来，辽宁丹东、铁岭、大连、连山关，山东莱州、平度、莱阳，河南镇平、淅川，江苏镇江、宜兴，浙江杭州，安徽灵璧，湖北大冶、铁山、下陆，云南大理，贵州安顺、关岭，广东云浮，福建屏南，广西桂林，湖南双峰，四川宝兴、南江，甘肃武山、成县、和政、漳县，山西广灵、五台，内蒙古右后旗及乌拉特前旗等。中国大理岩的产地中以云南省大理县点苍山最为著名，点苍山大理岩具有各种颜色的山水画花纹，是名贵的装饰材料。

我国大理石品种数量很多，较为著名的品种有北京房山的“汉白玉”、“艾叶青”，辽宁的“丹东绿”、“岭红”，云南的“彩花”、“云灰”、“苍白玉”，贵州的“纹脂奶油”、“残雪”、“米黄”，河南的“松香花”，浙江的“杭灰”，江苏的“红奶油”、“白奶油”、“咖啡”，山东的“雪花白”、“莱阳绿 ”，四川的“宝兴白”，广西的“墨玉”，湖南的“双峰黑”、“邵阳黑”，湖北的“虎皮”、“秋景”等。近年来各地又新添了许多好的品种，如云南的“黄玛瑙”、“翡翠”，新疆哈密的“天山白玉”等稀有珍品。

3. 板石产地

我国板石资源比较丰富，产地较多，辽宁、河北、北京、天津、山西、陕西、山东、浙江、湖北、湖南、贵州、四川等省（区、市）均有产出。但十几年来，已开采应用者，以北京郊区、河北易县、陕西紫阳县（以及镇巴、平利等县）与四川、贵州部分地区为主。陕西紫阳是亚洲板石矿藏的中心地带和板石加工贸易中心，从 20 世纪 70 年代末开始生产瓦板石出口西欧，全县板石矿储量约 100 亿 m^3，现在年产板石产品 150 万 m^2。紫阳是截至 21 世纪初中国探明的世界上蓝黑板石储量最大、分布最集中的一个县。陕西镇巴的观音、碾子二区板岩贮藏量相当丰富，共计 750 万 m^3，居全国之冠。翡翠、墨绿、青紫、深黑、浅红，五颜六色，品种繁多，应有尽有。

北京地区的二叠系地层中有紫色板岩、千枚岩。在震旦系地层中有浅灰、灰绿、银灰、灰黑等多种颜色的板岩、千枚岩，而且出露的厚度较大，如怀柔区和房山区均有厚度 170 ~ 200m 的千枚岩。房山、门头沟地区出产铁锈色、翠绿色及绿色的各种变色板石，长期以来畅销不衰。

河北保定地区的易县、满城、徐山等出产深锈色、乳白色、乳黄色板石。

陕西板石资源非常丰富。其中陕北板岩北起神木、佳县，经米脂、绥德、靖涧、延川、宜川，转向西南，过洛川、黄龙、黄陵，到渭北的淳化、旬邑、彬县、麟浉等县。陕南地区的板岩西起汉中专区的镇巴，经安康专区的石泉、汉阳、紫阳、岗皋、安康、平利，直至东到镇坪。陕西板石颜色丰富齐全，有黑色、绿色、灰色、灰绿色、铁锈色、黄色、银灰色、银黑色等。如紫阳、镇坪的绿色、黄绿色板石、镇坪的灰色板石都很有名。

湖北也是我国板石很重要的产地，鄂西板石分为两大片。一是鄂西长江两岸的黑色含炭质钙质板岩、炭质板岩、黑色硅化板岩等，主要分布在长阳县、宜昌市、兴山县和神农架林区；另一片是十堰地区的竹山、竹溪、房县一带，有黑色、灰黑色炭质板岩，灰色、绿豆色、绿色泥质板岩，黄色千枚岩，含炭质硅质板岩等。其中，以黑色炭质板岩、硅质板岩和绿色泥质板岩三种质量最佳，出口数量最大。鄂西北板石以竹溪资源最丰富，竹山县次之，房县较少。板石质量自西向东逐渐变差。陕南和鄂西北地区出露广泛的板岩，长度有 300 多千米，是我国板石出口基地。

四川东北部与陕西、湖北接壤的地区也有板石出露。以大巴山断层为界分为南北两产区，北区板石产于万源市、城口县，该区板石颜色品种较多，有浅灰至深灰、黄色、纯黑色、灰黑色等，有的还呈现褐黄色、晕色或出现深、浅颜色相间排列的条带，美观大方，古朴素雅。川北南区的板石产在城口县、巫溪县境内，多为黑色、灰黑以及深灰色。

山西省五台县、定襄县出产紫色、银灰色板石；太行山区的左权县、黎城县、平顺县出产以铺地石板为主的粉红、黑色板石。浙江安吉出产“黑大王”板石。此外，江西南部广泛分布着紫红色千枚岩、黑色板岩、草绿色千枚岩等；湖南的元古界板溪群地层中也有紫色、灰绿、绿、暗灰、灰黑和黑色千枚岩、板岩；在广西、贵州等省（区）也有良好的板岩、千枚岩分布。

4. 砂岩产地

世界上已被开采利用的有澳洲砂岩、印度砂岩、西班牙砂岩、中国砂岩等。其中色彩、花纹最受欢迎的是澳洲砂岩。

中国砂岩的品种非常多，但是主要集中在四川、云南和山东，这是中国砂岩的三大产区，同时河北、河南、山西和陕西等地也有，但是产品知名度不高，影响力较小。

四川砂岩属于泥砂岩，其颗粒细腻，质地较软，非常适合作为建筑装饰用材，特别是用作雕刻用石。而且因为四川的地舆地质前提比较复杂，所以四川的砂岩品种非常多。四川砂岩的颜色可以说是全中国最丰富的，有红色、绿色、灰色、白色、玄色、紫色、黄色、青色等等。但是因为其材质相对较软，并且交通不便，矿区开采方式也比较落后，所以四川砂岩基本供给的是条板，无法提供 1m 以上的大板，有的矿区可采用圆盘锯翻切的方式，少量供给大板，只是因为破损率较高，价格较贵。四川也有些砂岩的材质较硬能做火烧加工。

云南砂岩同四川砂岩一样同属泥砂岩，同样颗粒细腻，质地较软。但是因为形成的地质地域环境不同，云南砂岩相对四川砂岩而言，纹理更漂亮，有自己的风格特点。云南砂岩的颜色也很丰富，常见的有黄木纹砂岩、山水纹砂岩、红砂岩、黄砂岩、白砂岩和青砂岩。因为云南的砂岩行业起步较早，开采加工技术相对较高，能供给 1m 以上的大板，不过因为泥砂岩质地较软，应用上受到限制，一般也以规格板为主。

山东砂岩属于海砂岩，颗粒相对粗糙，硬度较大，但质地较脆。山东砂岩基本都能切成

1.2m 以上的大板，有些甚至被用做台面板，很多都可以做成 1cm 厚的薄板。由于其硬度够，所以能进行几乎所有的表面加工。山东砂岩的颜色相对较少，主要有红色、黄色、绿色、紫色、咖啡色、白色。但是山东砂岩基本都是带纹路的，就连所谓的白砂岩和紫砂岩也并非全是纯色，白砂岩带有暗纹，紫砂岩带有白点。

河南、河北砂岩和山东砂岩比较接近，也属于海砂岩，颗粒粗，硬度大，但是颜色较少，以木纹砂岩为主。

（二）石材加工基地

我国已建成的较具规模的有数十个石材工贸基地，简单介绍如下：

1. 山东莱州石材工贸基地

以莱州市为中心，包括烟台、平度、威海、荣成、青岛等地区，拥有进口板材生产线 8 条，年产板材 600 万 m^2。

2. 广东云浮石材工贸基地

当地仅出产云灰大理石，但通过发展石材加工业，使之成为中国最大的石材加工贸易基地，加工国内知名的花岗石和大理石，年产量约 1500 万 m^2。

3. 广东深圳石材工贸基地

为了深圳建设的需要，1985 年建成深圳市花岗石厂。发展至今，已形成了包括东莞、顺德等地区的石材加工贸易基地，并辐射到汕头一带，主要进口荒料和毛光板大板，经加工后销往内地。当地的花岗石资源非常丰富，产品畅销国内外，总产量约 1000 万 m^2。

4. 福建厦门石材工贸基地

包括厦门、泉州、福鼎等广大地区。这一带花岗石资源丰富，开发历史悠久，著名的惠安石雕享誉海内外，老百姓的民居也多用石条、石板构筑。十几年前的作坊式小加工厂如今已改换成进口的流水线，产量、质量均大幅度提升，产品畅销国内外，仅板材产量就超过 1000 万 m^2。另外，还有石雕加工、石材机械制造、石材磨料磨具制造等。

5. 广西岑溪石材工贸基地

主要开采和加工当地产的岑溪红（又名枫叶红）花岗石，年产量 1000 万 m^2 左右。

6. 四川雅安石材工贸基地

在雅安—宝兴地区，分布着丰富的大理石、花岗石资源，且中高档品种居多，年产量约 900 万 m^2。

7. 河南南阳石材工贸基地

以大理石的开采、加工为主。当地大理石资源丰富，花色品种多，但批量小，加工能力相对较弱。年产约 35 万 m^2。另外，大理石雕刻工艺较为发达。

8. 新疆石材工贸基地

包括南疆和北疆，是我国建立最晚（20 世纪 90 年代初）、起点最高（进口生产线）、发展最快的石材工贸基地。

新疆石材花色多、储量大，矿山分布于戈壁上，大规模开采对环境影响不大。故而有条件成为我国最大的石材原料生产基地。矿山分布于托里、哈密、鄯善、和硕等地。进口生产线多集中在乌鲁木齐和哈密。

9. 北京板石工贸基地

20 世纪 90 年代后期，国内板石的需求量激增，板石以其特有的天然性，深受人们喜爱，家庭中的文化墙多用它来装饰。北京的板石分布于房山、门头沟一带，并包括河北保定地区的满城、易县。开采和加工都较落后，年产量 50 万 m^2 左右。

10. 赞皇板石工贸基地

包括河北赞皇、邢台，山西的左权、和顺、黎城，以产砂质板石为主，储量巨大，年产量 20 万 m^2 左右。

11. 陕西紫阳板石工贸基地

包括紫阳附近的镇巴、岚皋以及湖北的竹山、竹溪。主要是泥质板石，储量大，花色品种多，年产量 100 多万 m^2，产品大量出口。

12. 河北曲阳石雕工贸基地

曲阳石雕已有 2000 年的历史，被誉为石雕之乡。其雕塑风格古朴、劲拙、大气，为北派石雕的代表。但在 20 世纪 80 年代前主要雕刻石狮子，产品单一，真正的发展是近 20 年。除了传统的石狮子，还雕刻大量的西洋仕女、人物以及壁炉等工艺品，产品行销国内外。

13. 内蒙古、山西、河北黑花岗石工贸基地

从内蒙古的丰镇向东南延伸，经山西省的浑源到河北省的阜平，绵延几百公里，断续分布着黑色花岗石的矿山。这一带的黑色花岗石，是世界上品质最好的，是加工高档墓碑的原料。矿山规模最大的是浑源，其次为丰镇和阜平，荒料年产量约 10 万 m^3，产品多出口。

第二节　铺地砖材

一、铺地砖类型

对于园林铺地来说砖块是一种自然、典雅、坚固、耐用的材料。在样式、形态、纹理、视觉趣味等方面具有丰富多样性。早期的砖以自然的黏土为原料经焙烧而成，颜色主体为红黄色或青色，用这种红砖和青砖铺地具有朴素、雅致的效果。随着砖的制造材料与工艺的发展，目前铺地砖主要指以水泥和集料为主要原材料，经加工、振动加压或其他成型工艺制成的块状材料，用于铺设城市人行道、城市广场、园林硬质地面等。其表面可以是有面层（料）的或无面层（料）的，颜色可以是本色的或彩色的。

1. 烧结路面砖

烧结路面砖指以页岩、煤矸石、黏土或其他天然矿物质等为主要原料，经窑炉高温烧结制成，用做车行道、人行道、广场、公园园路等表面铺地材料的砖制品。烧结路面砖产品早在古代就已经使用，一种是用于宫殿地面的方形青砖，其质地极硬、掷地有声，这种做法古时称作“金砖墁地”，如北京故宫的地面；另一种是用于园林庭院地面的普通青砖，如苏州园林的庭院路面和室内地面。这些砖主要是用黏土质材料做原料，经充分搅拌后长时间闷泡，再精细加工处理，通过窑炉烧结制成。20 世纪 90 年代初期，国内引进了一些先进的制砖设备，一些企业在生产烧结墙体材料产品的同时，也生产烧结路面砖。主要在经济发达地区如深圳、珠海、广州、上海、北京、天津、大连等地方的高档别墅区，用于区内道路铺设材料。烧结路面砖美观大方、透水性和耐磨性好、强度高。随着我国经济的发展，其使用范围逐渐扩大，全国许多地方城市人行道、公园道路都已广泛使用，生产企业的数量也大量增加。

烧结砖性能优良，具有较高的强度、较好的耐久性及较低的价格等优点，加之原料广泛、生产工艺简单，所以应用极为广泛，其外观古朴典雅，是提高景观档次的关键材料。

烧结路面砖具有多种尺寸、颜色和形状。规格尺寸为：长或宽 100、150、200、250、

300mm；厚度 50、60、80、100、120mm。

2. 混凝土路面砖

混凝土路面砖指以水泥、集料和水为主要原料，经搅拌、成型、养护等工艺在工厂生产的、未配置钢筋的、主要用于路面和地面铺装的混凝土砖。

混凝土路面砖免蒸、免烧，一次成型，强度比烧结砖差，但其可以添加色料做成各种颜色，色彩丰富，透水性好，表面质感好，式样与造型自由度大，容易营造出欢快、华丽的气氛，已经成为国内比较高档的园林铺地材料。荷兰砖是混凝土路面砖在国内的统称，因为混凝土路面砖中最普通的规格 200mm×100mm×60mm 是最早源于荷兰这个国家的产品，后来发展出很多种规格，但业内还是习惯统称为荷兰砖。

混凝土路面砖可具有多种尺寸、颜色和形状。其长度、宽度和形状可根据用户要求定制；厚度规格尺寸为 60、70、80、90、100、120、150mm。

3. 透水砖

透水砖具有良好的透水性和透气性，可使雨水迅速渗入地下，使得地面不积水，有效减轻城市排水压力。透水砖的表面有微小的凹凸颗粒，雨雪后地面不打滑，行走安全；同时砖体表面的凹凸颗粒还可以防止路面反光，观感舒适。透水砖色彩比较丰富，可供选择性种类多，铺设效果自然朴实。透水砖的类型有：

（1）普通透水砖：材质为普通碎石、水泥和胶性外加剂等经压制成形的多孔混凝土材料，用于普通街区人行步道、广场，是一般化的铺装产品。雨水会从砖体中的微小孔洞流向地下，其透水速度和强度能满足城市路面的需要。

（2）聚合物纤维混凝土透水砖：材质为花岗岩骨料、高强水泥和水泥聚合物增强剂，并掺和聚丙烯纤维，搅拌后经压制成形，主要用于市政、重要工程和住宅小区的人行步道、广场、停车场等场地的铺装。

（3）彩石复合混凝土透水砖：材质面层为天然彩色花岗岩、大理石与改性环氧树脂胶合，再与底层聚合物纤维多孔混凝土经压制复合成形，此产品面层华丽，色彩天然，有同石材一般的质感，与混凝土复合后，强度高于石材，且价格是石材地砖的 1/2，是一种经济、高档的铺地产品，其成本略高于混凝土透水砖。主要用于豪华商业区、大型广场、酒店停车场和高档别墅小区等场所。

（4）彩石环氧通体透水砖：材质骨料为天然彩石与进口改性环氧树脂胶合，经特殊工艺加工成形，此产品可预制，还可以现场浇制，并可拼出各种艺术图形和彩色线条，给人以赏心悦目的感受。主要用于园林景观工程和高档别墅小区。

二、铺装样式

园林道路、广场铺装图案的设计，除了观赏性方面的考虑之外，还要考虑结构的稳固性和安装费用。砖块作为铺地的表层材料，其耐久性和稳定性除与砖块自身材质有关，还与砖块的铺装样式有关，不同的铺装样式使砖块之间的互相牵制作用不同。在普通的直形铺装中，如果砖块的接缝连成一条长而笔直的直线，贯通整块铺装，那么这种铺装形式沿接缝产生位移的可能性就比错缝铺装要大得多。尤其是在车辆交通路段，长直缝和交通方向平行时，更易造成路面沿缝开裂和位移。所以，将车辆交通路段的砖铺装的最长接缝与交通方向垂直，可以增强其稳定性。或者将连续铺装的图案旋转 45° 角度，那么在增加视觉趣味性的同时，还能够避免接缝方向与交通方向平行，以增强砖铺装道路的稳定性。但是 45° 角度的铺装要对周边的砖块进行切割，所以会增加工作量，浪费材料。在设计露台、园路等只需要承担人行交通的铺装时，荷载不足以引起砖块的位移，所以接缝的稳定性就不是主要考虑的因素了。这时，影响铺装图案选择的主要因素还是视觉特性和美观程度。

下面介绍几种经典砖块铺砌样式（图 2-2-1）。

1. 联结子图案

最常见的图案无疑就是连续的联结子，这种图案只在一个方向产生连续的直缝线条，另一个方向的砖块错缝铺设，因而在砖块之间提供了合适的牵制力。铺设时长的接缝线条方向要垂直于主要交通方向，以减低砖块移动的可能性。

2. 席纹图案

席纹图案是非常流行的式样，它在两个方向形成了长而笔直的接缝，单个砖块之间牵制力极小。但它基本不需要对砖块进行切割，可以有效利用材料，很少产生浪费，并且铺设速度快。这种图案如果在由稳定边饰镶边的相对较小的区域中使用效果很好，当应用在较长的铺设区域中时，就必须考虑将图案转动，与道路方向形成角度。

3. 人字形图案

人字形图案是一种极为稳固的形状，这种铺装在任何方向都没有连续的长的接缝，它的砖块相互咬合，稳定性最好，并且在视觉上相当美观。这种图案经常被推荐使用在承受机动车交通荷载的柔性砖块人行道中。人字形可以被摆放成与边缘平行或与边缘成一定角度。

4. 堆叠图案

堆叠图案铺装稳定性最差，长而笔直的线条贯穿了图案的两个方向，在材料彼此之间基本不产生牵制力，因而在纵向和横向里都有可能产生砖块的位移。这种图案与席纹图案一样，如果在有稳定边饰镶边的相对较小的区域中使用的话是很好的，当应用在较长的铺设区域中时，与席纹图案一样，必须考虑将图案与道路方向转动形成斜交。

以上四种基本形式还会产生多种变体，形成更为丰富和稳定性更好的铺装形式。

三、砖铺路面结构

砖铺装系统分为刚性铺装系统和柔性铺装系统。有砂浆砌缝的被称为刚性铺装系统，在一个刚性的铺路材料系统中，每块砖之间的缝隙是用砂浆来进行填充的，所有的刚性铺装系统都必须配套使用刚性混凝土基础，砖块通过砂浆结合层与刚性基础连接成一个整体。无砂浆砌缝的铺装被称为柔性铺装系统，在柔性铺装系统中，砖块之间由手工紧合在一起，不使用砂浆，通常仅将沙子填塞到人工压紧的缝隙中以紧固砖块，所以水流可以渗透下去。柔性铺装的砖块与基础之间铺设沙子做结合层。柔性铺装系统可以安置在刚性的或者是柔性的路基材料上面。对于高密度交通条件下的商业设施，一般使用柔性铺装加上刚性混凝土基础；对于住宅区步行路面，一般使用柔性铺装加上骨料和沙建造的柔性基础；介于这两者之间的情况，则可以使用半刚性沥青混凝土基础。

刚性铺装系统表面密闭，所有降水都由路面流向路旁沟渠排走，或汇聚到地形低洼处。在砂浆砌缝破坏前，刚性系统可以很好地工作。但一旦砂浆破坏后，水会渗过面层，并积蓄在面层下，其冻融变化会对整个铺装系统造成毁灭性的破坏。所以刚性系统适宜在有遮蔽、不受气候影响的情况下使用，例如在门廊处，或者在不受频繁和重复的冻融过程影响的南方地区，在更为苛刻的气候条件下，刚性系统在能够进行快速有效的排水的合适斜坡上就可以延长其使用寿命。

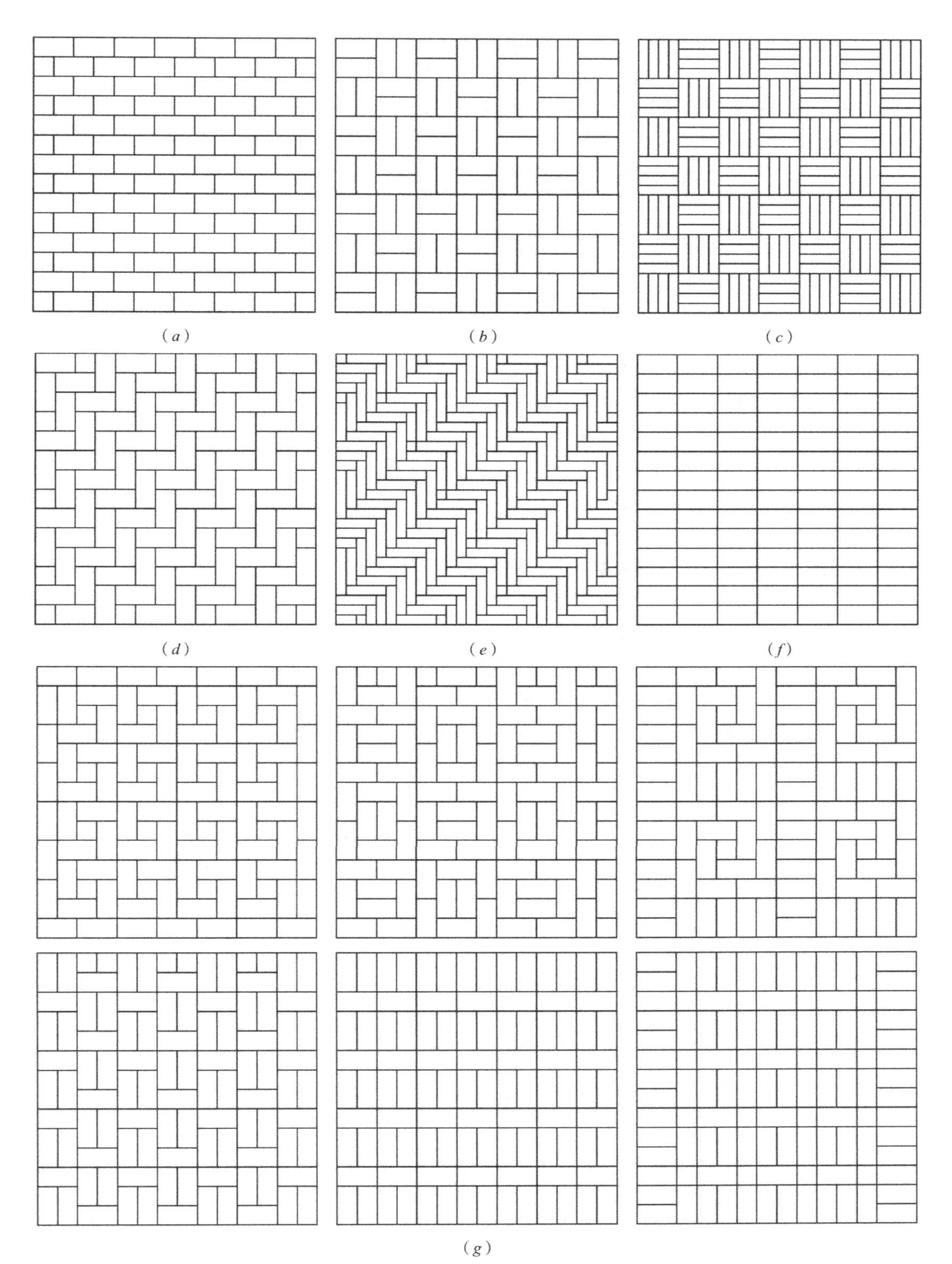

图 2-2-1 经典砖块铺砌样式

(a) 联结子图案；(b) 席纹图案；(c) 席纹图案（竖铺）；(d) 人字形图案；(e) 人字形图案（竖铺）；(f) 堆叠图案；(g) 图案综合

柔性铺装的砖块之间没有砂浆或者其他任何胶结材料，每块砖可以单独移动。环绕着砖铺地一般布置稳固的、刚性的边缘或外围布置稳固的路牙，可以防止砖块水平方向的移动。柔性铺装路面上的水流能够渗透到铺装层下面并被排走。对于柔性铺装和不透水基础的组合，排水过程在地面和不透水基础层表面同时进行，由表面和路基共同进行排水，从而最大程度地减少水的滞留；而柔性铺装与柔性基础的组合则有利于水流直接穿过整个铺装系统渗入地下。

第三节　饰面陶瓷砖

一、陶瓷砖的分类

陶瓷砖是由黏土和其他无机非金属原料，经成型、烧结等工艺生产的板状或块状陶瓷制品，用于装饰与保护建筑物、构筑物的墙面和地面。通常在室温下通过干压、挤压或其他成型方法成型，然后干燥，在一定温度下烧成。

陶瓷砖有多种分类方式：依据用途的不同可将陶瓷砖分为外墙砖、内墙砖、地砖、广场砖等；依据成型方法的不同可将陶瓷砖分为干压成型砖、挤压成型砖、其他方法成型的砖；依据烧成过程的不同可将陶瓷砖分为氧化性陶瓷砖、还原性陶瓷砖；依据施釉情况可将陶瓷砖分为有釉砖、无釉砖；依据吸水率的不同可将陶瓷砖分为瓷质砖、炻瓷砖、细炻砖、炻质砖、陶质砖等；依据工艺外观的不同可将陶瓷砖分为釉面砖、通体砖、抛光砖、玻化砖、马赛克等。

（一）依据吸水率的不同分类

国家标准《陶瓷砖》GB/T 4100—2015 依据成型方法和吸水率对陶瓷砖作出分类。在干压砖中，吸水率不超过 0.5%的陶瓷砖称为瓷质砖；吸水率大于 0.5%、不超过 3%的陶瓷砖称为炻瓷砖；吸水率大于 3%、不超过 6%的陶瓷砖称为细炻砖；吸水率大于 6%、不超过 10%的陶瓷砖称为炻质砖；吸水率大于 10%的陶瓷砖称为陶质砖。瓷质砖因其吸水率低、强度高、坚硬耐磨的特点而广泛应用于各类建筑物的地面装饰；炻瓷砖、细炻砖、炻质砖有较低的吸水率和较好的强度，主要应用于外墙装饰和室内地面装饰；釉面陶质砖因其吸水率高、耐污性好、易清洗等特点，广泛应用于建筑物内部墙面装饰。

（二）依据工艺外观的不同分类

按照工艺外观的不同，陶瓷砖分为：釉面砖、通体砖、抛光砖、玻化砖、马赛克。

1. 釉面砖

指砖表面烧有釉层的砖。基于原材料的不同釉面砖分为下面两种：陶制釉面砖，即由陶土烧制而成，其吸水率较高，强度相对较低，容易裂缝，现在很少使用，这种瓷砖因吸水率较高而必须烧釉；瓷制釉面砖，即由瓷土烧制而成，吸水率低，强度高，这种瓷砖为了追求装饰效果也烧了釉。釉面做成仿古效果的瓷质釉面砖通常被称为“仿古砖”。根据光泽的不同，釉面砖分为下面两种：亮光釉面砖，适合于制造“干净”的效果；哑光釉面砖，适合于制造“时尚”的效果。陶制釉面砖背面是棕褐色，而瓷制釉面砖背面是灰白色。瓷制釉面砖目前广泛使用于园林景观与建筑装饰，抗污、光滑、绚丽，装饰性很强，可以随心所欲拼装图案，形成风格独特的装饰效果。釉面砖通常尺寸为 152mm × 152mm、200mm × 200mm、152mm × 200mm、200mm × 300mm 等，常用厚度为 5 ～ 6mm。

2. 通体砖

又叫无釉砖，这是一种无表面釉层、通体材质色泽一致的瓷质砖。通体砖表面不施釉，样式虽不如釉面砖丰富，但装饰效果高雅别致、纯朴自然、古香古色，同时由于其表面粗糙，光线照射后产生漫反射，质感柔和不刺眼，对周边环境不会造成光污染。通体砖有很好的防滑性和耐磨性，因而广泛用于地面铺装，一般所说的“防滑地砖”大部分是通体砖。通体砖通常尺寸为 300mm × 300mm、400mm × 400mm、500mm × 500mm、600mm × 600mm、800mm × 800mm 等。通体砖经工艺改良后还可制成抛光砖和玻化砖。

3. 抛光砖

抛光砖是通体砖坯体的表面经抛光后而成的一种光亮的砖，属通体砖的一种。相对通体砖而言，抛光砖表面要光洁得多，但抛光后产生的表面气孔易藏污纳垢，因而适合在除洗手间、厨房以外的室内空间中使用。在运用渗花技术的基础上，抛光砖可以做出各种仿石、仿木效果。抛光砖通常尺寸为 400mm × 400mm、500mm × 500mm、600mm × 600mm、800mm × 800mm、900mm × 900mmm、1000mm × 1000mm 等。

4. 玻化砖

玻化砖比抛光砖的生产工艺要求更高，它的压制密度和烧制的温度都更高，能够达到全瓷化，是所有瓷砖中最硬的一种。玻化砖也可以说是强化的抛光砖，两者都很漂亮，耐磨性高，吸水率低于 0.5%的陶瓷砖称为玻化砖，吸水率高于 0.5%就只能是抛光砖而不是玻化砖。玻化砖色调高贵、质感优雅、性能稳定，强度高、耐磨、吸水率低、耐腐蚀、抗污性强、色差小，硬度和耐磨性优于抛光砖，因而主要用于地面装饰。市场中常见的“微晶玉”、“微晶石”、“微晶钻”、“超炫石”、“聚晶玉”等称谓都属于玻化砖。玻化砖常用尺寸与抛光砖相同。

5. 马赛克

又名陶瓷锦砖，是以优质瓷土烧制的小块瓷砖，有挂釉和不挂釉两种，目前各地产品多不挂釉。其规格多，薄而小，质地坚硬，耐酸、耐碱、耐磨、不渗水、永不褪色。马赛克通常尺寸为 20mm × 20mm、25mm × 25mm、30mm × 30mm 等，常用厚度为 4 ~ 4.3mm。产品出厂前已按各种图案粘贴在牛皮纸上，每张牛皮纸制品为一联，每张大小约 300mm × 300mm。陶瓷锦砖按联分为单色、拼花两种，图案美观，彩色丰富，由于其单颗的单位面积小，色彩种类繁多，具有无穷的组合方式，可以拼成陶瓷壁画，尽情展现出其独特的艺术魅力和个性气质。

马赛克按材质的不同又可分为陶瓷马赛克、大理石马赛克和玻璃马赛克等。陶瓷马赛克式样较为单调，在市场中也属较低档次。现今陶瓷马赛克的工艺有很大改进，特别是出现了窑变工艺后，陶瓷马赛克的表面质感和观感有了很大的提升。大理石马赛克耐酸碱性较差，防水性能不好，但成本价格相对便宜，易于加工。其中米色、白色系列大理石的硬度较低、易切割，而蓝色、绿色等系列品种大理石则因含金属元素而硬度较高。玻璃马赛克使用较为广泛，具有晶莹剔透、不褪色、耐酸碱、易安装、易清洁等特点。

二、陶瓷砖的特性

饰面陶瓷砖指用于墙面、柱面、地面等表面装饰的陶质或瓷质板状或块状制品，包括内外墙用贴面砖和室内外地面铺贴用砖，其特点是强度高、耐磨耐久性好、化学稳定性好、易清洗、吸水率低。

在材料性能上，陶瓷砖具有诸多其他天然装饰材料不具备的优点。第一，陶瓷砖产品尺寸统一，表面平整，施工技术简单，施工后整体表面平坦，宜于做大面积饰面。第二，陶瓷砖强度高，耐磨、耐压、耐高温、抗冲击，对墙地面能起到很好的保护作用。第三，陶瓷砖具有防水、耐腐蚀、抗老化的特点，表面易清洁保养，维护成本低廉。此外，陶瓷砖还具有无有害气体挥发、无辐射等优点。

在材料装饰性上，陶瓷砖也因其式样繁多、外观整洁、美观大方等特点成为雅俗共赏、高低档次均宜的建筑材料。第一，陶瓷砖产品通常采用批量化生产，因而其同批次产品品相统一，与天然材料相比，施工后视觉效果更为整齐划一。第二，陶瓷砖材料规格灵活多变，表观品种多样，易搭配使用，在视觉上可形成有强烈秩序感的构图和丰富多样的图案。形状上有矩形砖、条形砖、大块锦砖、小方砖以及三角形砖、菱形砖、异型砖等;色彩上有单色釉面砖、彩花彩纹砖;质感上有仿古砖、仿木纹砖、仿皮革砖、仿布纹砖、仿金属砖等。陶瓷砖的美学装饰效果已经突破了自身的材料限制，模仿天然材料的质感几可乱真。随着技术进步，新的加工工艺使陶瓷砖表面质感有了丰富的变化，创造出不同的风格。某些特殊的表面处理，使瓷砖表面质感细腻，没有了强烈的反光，而是泛着柔和的光泽，显得更为高雅。一些表面处理为粗质感的瓷砖带来了复古风格，这类瓷砖表面完全不反光，并带有些微凹凸。如果再加上不均匀的着色，更能加强这种古朴的感觉。有的饰线和花片，还可以做成浮雕效果，相当精美。

总之，陶瓷砖低成本、多用途、性能好、外观美，加上铺贴样式丰富，形成美观丰富的视觉效果，使其在众多墙地面装饰材料中得到广泛应用。

三、饰面陶瓷在园林中的应用

（一）应用形式

1. 美观耐用的陶瓷砖铺地

陶瓷砖在园林铺装中能起到装饰保护地面和引导人流方向的作用，园林铺地陶瓷砖通常表面粗糙、釉色丰富雅致，视觉效果柔和、凝重、温馨，兼具沉稳粗犷和精雅细致为一体，让人倍感朴实、亲切。铺地陶瓷砖规格多样、色彩纹理丰富，在视觉、触觉和感知方面与石块、砖块、砂砾等铺装材料的效果不同，尤其是其丰富的釉色使得组合图案容易，且色彩极为鲜艳，因此，主要应用于装饰性强的道路、广场等地面铺装。美国赫斯古堡室外场地铺装以红色陶砖和灰色水洗石交织构成网状图案，方形水洗石外圈以蓝色瓷砖围边，既达到美观的效果，又保证了地面的防滑性能，红色线条相交处镶嵌蓝色浮雕瓷片，增添了铺地的精致感（彩图 59）；而其室内的一块铺地则以金色和蓝色的彩色陶瓷砖拼成图案，具有华丽的装饰效果（彩图 60）。

2. 绚丽多彩的陶瓷砖饰面

墙用陶瓷砖釉色丰富、质感细腻，它以独特的色泽和材质肌理效果，给人以自然清新的享受。由于其产品多样、大批量生产，可以满足立面装饰中的不同风格要求，又由于其防水、耐腐蚀、抗老化，具有很长的使用寿命，因此陶瓷成为现代园林装饰中极为常用的材料之一，如建筑、景墙、水池、花坛等的装饰（彩图 61 ~ 彩图 64），兼具实用和审美价值。园林中除了应用瓷砖装饰小水景的池壁和池底外，大面积的人工泳池也常利用陶瓷砖进行装饰，一般常用蓝色陶瓷砖饰面，使水池与蓝天大海遥相呼应，浑然天成。有些在泳池底用瓷砖拼花装饰成鱼和波浪等图案，大大增强了泳池的艺术表现力。在池中戏水，既可体验水之欢乐，又可欣赏艺术之美。

瓷砖的色彩变化十分丰富，在瓷砖的颜色使用上，一般黑色、深蓝、暗红等深色的使用能使景观的风格显得凝重沉稳。浅色的瓷砖，则有扩大空间的效果。耐看的纯白色，只要配以各色饰线和花片加以点缀，便能带出明快、时尚的感觉。而浅蓝、苹果绿、浅紫色等冷色调瓷砖，则可以跟白色瓷砖搭配，在盛夏给人带来一抹清凉。对于一些特殊风格的表达，陶瓷的艳丽色彩具有特别的效果，如西班牙风格和意大利风格的庭院中，瓷砖装饰台阶能体现地中海风格园林的绚丽效果（彩图 65），美国赫斯古堡利用白蓝相间的瓷砖墙面做深色雕塑的背景，既通过色彩对比突出了雕塑，又起到一种特别的装饰效果，表现了古典山庄的豪华感（彩图 66）。陶瓷砖还应用于园林小品装饰，借助钢筋混凝土或其他材料作为造型艺术的骨架，然后在其表层拼贴瓷片，可以形成很好的艺术作品，如新加坡圣淘沙岛深绿与白色瓷片铺贴的章鱼小品，生动形象（彩图 67）；美国洛杉矶迪斯尼音乐厅的后庭院中，利用青花碎瓷片装饰，形成雅致的抽象雕塑（彩图 68）；高迪在巴塞罗那古埃尔公园中大量运用陶瓷饰面，丰富的色彩和夸张的曲线形体形成艺术性很强的景观作品（彩图 69）。

3. 精巧美丽的陶瓷砖壁画

陶瓷砖壁画在园林设计中一般是以景墙和建筑外立面装饰墙的形式存在，精巧的陶瓷壁画墙是装饰园林的神来之笔，它作为环境艺术的一个组成部分，以其大胆的想象、丰富奇特的色釉变化、独特的材质肌理、灵活多变的表现手法为园林添彩。在表现形式上丰富多样，有以不同色彩的碎小瓷片拼接而成的壁画，通过色彩、质感的对比变化构成点线面组合的几何抽象图案或人物、动植物等具象图案（彩图 70）；有通过陶瓷彩绘构成的主题性陶艺壁画，如西方反映田园生活的壁画（彩图 71）和北京元大都城垣遗址公园反映元朝历史的壁画（彩图 72）；还有借助于浮雕语言表现的陶瓷浮雕，具有立体感和肌理效果（彩图 73）。

现代陶瓷砖拼接壁画作为环境艺术的一个重要组成部分，可以根据设计图案现场拼接，设计灵活，制作简单。不仅增加了景观墙的情趣，使单调乏味的墙面丰富生动，还在潜移默化中提升了人们的审美水平和艺术品位。而传统的彩绘瓷砖壁画则具有强大的艺术表现力，其表面图案通常选用多种颜料先行绘制，然后入窑烧制成块状瓷片，最后现场组装成完整的壁画。陶瓷彩绘壁画色彩丰富，其表现形式有五彩、新彩和粉彩。画面用色鲜艳，色彩对比强烈，线条雄健有力，质感光亮、坚硬，是一种视觉冲击力强烈的陶艺壁画，在园林中能起到极好的装饰美化作用。

（二）铺砌方法

陶瓷砖最常见的铺砌法是对缝直铺，斜铺也是一种惯用技巧，效果很好，但只适用于正方形陶瓷砖。长方形的陶瓷砖可以打竖或打横来铺。也有人喜欢将陶瓷砖铺成特别的工字纹。直铺法和斜铺法，常常被组合起来使用。

陶瓷砖既可单色铺贴，也可进行拼色处理。无论是地面还是墙面，通常可在某种基调色彩的基础上，通过构图搭配其他色彩或仅点缀一些其他色调的陶瓷片。根据瓷砖颜色、花式、尺寸的不同，通过搭配可以铺砌出无穷花样。如在大块浅色铺装的周边衬另一种稍微深的颜色，也可用两色砖块打格子，或者是单一色调中稀落地点缀一些色点，起到丰富视觉的作用。瓷砖色彩的对比能给人深刻的第一印象，故拼贴时以对比色为好，如白色或其他浅色为基调的铺装，用于拼色的瓷砖颜色则要稍微深点，且色泽相协调，如白衬蓝、米黄衬浅褐色。

第四节 饰面木材

木材指树木经砍伐、初步加工后形成的可应用于工程建设及制造器物用的材料。木材是大自然赐予人类的天然造园材料，它可以增强景观的自然、朴素和温馨气氛，而且可以随着时间的推移产生微妙的变化。木材因特有的结构特性、环境效益以及独特的美学价值而备受瞩目，在园林中得到广泛应用。

一、木材类型

木材既有实用性又兼具观赏性，应用于园林中的木材类产品主要有实木和人造复合材料两类，人造复合材料产品很多，但应用在室外园林工程中的主要是塑木复合材料。

（一）实木

实木指天然木材加工成的各种木料。天然木材的种类很多，且地域不同、环境不同，木材的质地、纹理、吸水性也不同。根据木材特性可以将木材分为硬木和软木两类。

1. 硬木

硬木取自阔叶树，树干通直部分一般较短，材质硬且重，强度大，纹理自然美观，质地坚实、经久耐用，但胀缩变形较大，易翘曲和干裂。硬木是家具框架结构和面饰的主要用材，常用的有榆木、水曲柳、柞木、橡木、胡桃木、桦木、樟木、楠木、黄杨木、泡桐、紫檀、花梨木、桃花心木、色木等，这类木材较贵，使用期也长。其中，易加工的有水曲柳、桃花心木、橡木、胡桃木，不易加工的有色木、花梨木、紫檀，易开裂的有花木、椴木，质地坚硬的有色木、樟木、紫檀、榆木。

2. 软木

软木取自针叶树，树干通直高大，纹理平顺，材质均匀，木质较软而易于加工，故又称为软木材。表观密度和胀缩变形小，耐腐蚀性强，一般不变形不开裂。软木在园林中常加工成各种板材用于铺地板和墙面饰面。常用软木有红松、白松、杉木、冷杉、云杉、柳桉、马尾松、柏木、油杉、落叶松、银杏、柚木、红檀木等。其中易于加工的有冷杉、红松、银杏、柳桉、白松。

需要说明的是，硬木不一定是坚硬的材料，软木也不一定是松软的材料。事实上硬木和软木主要根据木材树种划分，硬木表示由被子植物门的树（即阔叶树）所生成的木材，软木表示由裸子植物门（即针叶树）的树所生成的木材。但一般而言，大多数阔叶树的密度往往比针叶树大，因此硬木一般材质往往更加致密，较为硬实，而软木一般质地比硬木为软。但硬木和软木的硬度差异很大，有时硬木（如轻木）比大部分软木更软，而软木（如紫杉）却比大部分硬木还要坚硬。

木材供应的形式主要有原条、原木和板枋三种。饰面木材多为板材，实木板材坚固耐用、纹路天然，但因造价高，而且施工工艺要求高，所以使用受到限制。实木板材一般按照板材实质名称分类，没有统一的尺度规格。木材是天然材料，在室外环境使用过程中都需进行防腐处理，经过防腐处理的木材，既不失木材的本质，使用寿命也大大延长。

（二）塑木

塑木复合材料（wood-plastic composites，缩写为 WPC），又称木塑、塑木、环保木等，是一种利用聚乙烯（PE）、聚氯乙烯（PVC）以及聚丙烯（PP）等塑料与超过 50%以上的木屑、竹屑、稻壳、秸秆等植物纤维混合，再经过一系列的挤压、模压、注塑成型等加工工艺生成的复合型材料。塑木复合材料作为一种新型的环境友好型材料，保持了木材和塑料的特性，易于切割、固定、粘接，具天然质感；密度高、强度高、抗酸碱性、耐腐蚀性、不易老化、不吸水、热膨胀和收缩系数小、防虫防湿等环保性能显著。

国内现研发出的塑木复合材料制品有结构类、装饰类、包装类和特型类等几大类型，包括线材、型材、板材、片材和异型材等多种系列，其适用范围几乎可以涵盖所有原木、塑料、塑钢、铝合金及其他相似复合材料现在的使用领域。在园林景观中，塑木良好的外观性能不仅可以使其自然地代替木材，防水防腐的良好性还能使其更适宜使用在一些特殊环境，如滨水地带、户外广场等。

塑木最常用的形式是作为铺地板使用，包括室内和户外塑木铺板。户外铺板与室内铺板因使用环境差异大，采用的塑料基质不同，因而呈现的性能也不一样。室内铺板多采用PVC、PP为原材料，户外铺板目前主要使用PP及PE材质，不同的塑料基质赋予WPC型材不同的性能。外形的区别主要是产品的厚度不一样，室外铺板的厚度大于室内地板。目前室外铺板常见的规格常有140mm×25mm、140mm×35mm、145mm×25mm、145mm×35mm等多种。由于行业发展的不成熟以及生产设备、生产工艺的多样化，目前塑木铺板的规格只有厂方标准，暂无行业的统一标准。木塑户外铺板不仅形式多样，颜色也十分丰富，产品常见的有仿黑胡、红缨、白橡、金檀、紫檀、胡桃、红木、雪松（乳白色）、樱桃色（粉红色）等，还可根据用户的具体需求进行定制。

二、木材特性

（一）天然木材装饰特性

木材是最富有人情味的材料，让人感到亲近温暖。它拉近了人与自然的距离，实现了人类情感与文化的传递。木材使用要考虑到材料的纹理美观、色彩和谐、质感肌理自然。铺地和立面装饰木材更要注意细部清晰、整体协调、衔接自如、质地坚硬等。使园林景观构造坚固、外观美丽，具有实用性与观赏性。

1. 纹理之美

木材纹理是指木材体内轴向细胞（如木纤维、管胞、导管）排列方向的表现形式。因为木材的天然性，大自然赋予了木材生动的纹理变化。木材通过年轮、髓线等的交错组织在切面上呈现出深浅不同、回环蜿蜒、变化万千的美丽纹理。木材的切割方式包括横切面、径切面、弦切面三种。横切面看到的是木材宽窄不一的年轮，形态近似同心圆；径切面看到的是树木年轮结构在纵向上形成的平行线，为平行条纹；弦切面则为抛物线状条纹，规律中带着写意。

木材人工锯切面按纹样走向可分为直纹和斜纹。直纹是指木材锯切面中轴向细胞与树干轴线平行或近似平行的排列状态，如杉木、榆木等。这些木材易加工，切面较光滑。斜纹是指木材锯切面中轴向细胞与树干轴线呈现各种偏斜的排列状态，如柏木、香樟等。这些木材不易加工，切面不光滑，但能锯切出特殊花纹。木材纹理因树种相异，一般针叶树纹理细、材质软、木纹精致，会呈现出如丝缎般的光泽和绢画般的静态美；阔叶树因组织复杂，木纹富于变化，材质较硬，材面较粗，而具有油画般的动态粗犷之美，经刨削、磨光加工、表面涂装后花纹美丽、光可鉴人，装饰效果较好。此外，树木生长的姿态、树皮、树根、树丫、树瘤，以及树木的早晚材更替变化、木射线类型、轴向薄壁细胞组织分布和导管排列组合等，包括木材细胞壁上的纹孔和树脂道等微观或超微观结构特征，都增添了木材表面纹理的偶然性和情趣感，使木材呈现出不同的图案与纹理变化。

2. 色彩和光泽之美

园林中使用的木材具有多样的色彩，其色相、明度和纯度的多种层次会产生不同的感觉和联想。木材的色彩具有强烈的视觉控制性，在园林造景中，直接运用木材富于变化的色彩和光泽，能够达到良好的视觉效果。木材的色相丰富，以暖色为基调，给人以温软感；木材色彩的明度高时，给人明快整洁的印象，明度低则形成宁静深沉的氛围；木材色彩的纯度高时，具有华丽清纯之感，纯度低的木材则显凝重端庄。不同的树种具有不同的材色与明度，如云杉、白蜡、刺楸、白柳桉等木材色彩浅、明度高，能够营造出明亮、清新、现代的氛围，而柚木、核桃木、樱桃木等深色、明度低的木材则能形成宁静、优雅的印象。

木材的光泽指木材反射光的性能。如果表面正反射量大，光泽度高，木材表面显得光亮；反之，粗糙的木材表面漫反射多，光泽度低，木材就显得暗淡。木材具有漫反射的特点，它可以减弱和吸收光线，使材料看起来自然素雅。木材光泽高低因树种而异，导管粗大的木材纵切面多发光泽，在木射线部分发光尤强。木材结构细致、含蜡质，则光线较强，如槭木、桦木等。光泽还与木材切面有关，木材多数细胞为纵向排列，所以纵切面有较好的光泽，而横切面不易显现光泽。用清漆涂饰木材可以增强其亮度，还可加深其本身的色彩对比。

在园林应用时应考虑木材色彩和光泽与环境的协调，同时呈现木材本身的色泽之美。根据木材在色泽上的不同，木材在色彩和光泽上应强调协调统一，但也要有别于环境色，突显出景观小品的美感。

3. 质感之美

木材的质感是由材料的自然属性所显示的表面效果，如带皮的木材显得野性粗糙，去皮的原木则洁净光滑。

木材是暖性材料，外观朴实、触感良好，具有独特的质感，它是材料中最有人情味的一种，易使人亲近。木材的温暖感与自身材料结构有关，它是一种多孔性材料，内部孔隙虽不完全封闭，但也不自由相通，所以具有良好的隔热保温性。同时木材可吸收紫外线而反射红外线，因此会给人们带来温暖、柔和、细腻的触觉和视觉效应，即便在寒冷的冬季也可以给人温暖的感觉。

木材表面有微小的凹凸，因而产生粗滑的触摸感。木材表面的粗滑感一方面和木材导管的粗细有关，另一方面在很大程度上取决于刨削、研磨、涂饰等加工效果。两者共同作用，使木材加工表面粗糙程度不同。

（二）塑木的性能特点

塑木主要是由塑料和木质纤维混合而成的，所以兼具了木材和塑料的特性。塑木的外观和加工性能与木材相似，外观上它保留了木材富有生命力的质感和纹理，加工方面它和木材一样方便，可锯、可钉、可刨。塑木接近天然木材的颜色和花纹几乎可以乱真，能够满足人们在心理上亲近自然的需求。塑木在制备过程中可以根据需求来添加色粉以改变材料的颜色，制品颜色丰富，装饰性强。相较于木材，塑木产品具有以下性能优势：

（1）利用废料生产，可回收，是环保产品。塑木利用废旧塑料和木质纤维循环再生产，变废为宝，能节约森林资源、保护生态环境。并且可100%回收再生产，可以分解，不会造成环境污染，是真正的绿色环保产品。

（2）加工性能强。塑木因内含塑料和纤维，具有同木材相类似的加工性能，可锯、可钉、可刨，使用木工器具即可完成，且握钉力明显优于其他合成材料，用钉子和螺栓固定，施工方便。机械性能优于木质材料。

（3）硬度高，抗弯抗压性能强。塑木内含塑料，因而具有较好的弹性模量。此外，由于内含纤维并经与塑料充分混合，因而具有与硬木相当的抗压、抗弯曲等物理机械性能，表面硬度高，一般是木材的2 ~ 5倍，并且其耐用性明显优于普通木质材料。

（4）耐水、耐腐性能好，使用寿命长。塑木与木材相比，可抗强酸碱、耐水、耐腐蚀，并且不繁殖细菌，不易被虫蛀、不长真菌。使用寿命长，可达50年以上。

（5）稳定性好。塑木不易变形，不会产生裂缝、翘曲等缺陷，无须进行打砂和上漆等后期维护工作。具有紫外线光稳定性、着色性良好等优点。

三、饰面木材在景观中的应用

木材具有多样的颜色和光泽，其色彩温和，可以很融洽地融入周围环境，易与不同的园林景观协调，创造不同的意境；木材的天然材质感给人一种古朴、自然的感受，由其构成的景观使人感到亲切；木材质地较柔软，易于加工，组装方便快速。木材在园林中的运用比较多样灵活，构成的景观会产生十分和谐、舒适的视觉感受。木质铺地在园林中的应用形式多样，适用范围广泛，如码头、园路、庭院铺地以及观景、游憩用木质平台、栈道等。

（一）饰面木材在园林中的应用形式

1. 木质铺地

木材是一种软性材料，富于弹性，舒适性是它的最大特点。木质铺装能营造雅致、柔和、温暖和亲切的景观效果，并且很容易和其他园林要素相融合，是种极富吸引力的地面铺装材料，所以园林中常用木块、木桩或木板来代替各种坚硬的石材和砖等材料进行铺装，创造自然、宜人、舒适的空间（图 2-4-1）。与坚硬冰冷的石质材料相比，木材体现了柔和温馨的优势，木质铺地更容易让人感觉亲切，愿意停留。

（*a*）　　（*b*）　　（*c*）

图 2-4-1　木质铺地

（*a*）枕木铺地；（*b*）桩木园路；（*c*）木板铺地

2. 木平台、木栈道

由于木材受潮易腐烂，在园林户外空间中，木材直接铺在地面上耐久性较差，所以园林木质铺地更多的应用形式是木平台和木栈道（图 2-4-2、图 2-4-3）。木平台的柔软和富有弹性的质地使人愿意在上面停留，形成极好的休息场所。地上架空的木栈道不破坏地面生态环境，在很多生态敏感的旅游区中，常使用架空的木栈道来组织交通，可以减少人类活动对环境的干扰，并且木栈道能很好地与环境融合，在自然环境中并不突兀，可营造出一种与自然环境相得益彰的意境美。水上木栈道能让人进入水面，满足人们亲水的心理，同时又营造出一种别致的景观。木栈道配合水上观景平台，虽由人作，但极近自然，能很好地融入环境中，创造出一种自然优雅的景观。

3. 建筑小品饰面

木材质地柔软、体轻，材料易于加工和施工，这些优势使得木材在景观建筑和户外家具类构筑物中应用广泛，如小型木建筑、栏杆、座凳等。使用未经加工的原木和废弃的枕木做挡土墙，具有自然野趣的效果（图 2-4-4、图 2-4-5）。日本松本市郊区一农户家用简单的木板做围墙，极富自然之趣（图 2-4-6）。木材对人有着与生俱来的亲和力，虽然石材、金属凳面耐久性更好，但使用效果不佳。石材、金属等用于凳面材料，经过阳光的暴晒后温度很高，使人难以就坐，而在冬季又冰冷，令人难以忍受。而木材的低导热性能，使材料的触感温和。因此，座凳的表面更宜用木材饰面。结合工艺造型，将雕塑艺术应用于实用的座凳中，可达到造景与功能的结合（图 2-4-7）。

图 2-4-2 海岸木平台

图 2-4-3 木质栈道

图 2-4-4 原木挡土墙

图 2-4-5 枕木挡土墙

图 2-4-6 木板围墙

图 2-4-7 造型木质座凳

手工业时代，木材的特性与当时的工艺水平促成了以精致生动的木雕来装饰建筑的工艺之美。工业革命使工业制造工艺代替手工技艺，工业制造工艺与手工相比，更擅长简单几何形体的高精度加工，平直、光洁、准确复制，这都极大地推动了有规律的几何图案木饰形式的发展。

（二）塑木与天然实木使用比较

塑木铺板在园林中的应用与实木类似，形式多样，广泛应用于园路、广场、平台、栈道等铺面。

1. 使用比较

实木板材更具亲和力，能够满足人们亲近自然的心理需求，一直是园林建设中铺板材料的首选，应用范围十分广泛。然而木材常年暴露在户外，受自然环境中天气的晴雨变化、空气湿度的高低以及一些有害生物和昆虫的毁坏，很容易发生变形开裂、霉变腐烂、虫蛀、掉漆、褪色等不良后果，后期维护的成本高。虽然经防腐防蛀处理的木质板材在防腐、耐久性能方面有很大改善，但使用时仍然存在以上问题。

相比之下，塑木铺板不易开裂，不易受到虫蚁破坏，防水性好，耐磨损，具有良好的抗老化性，力学性质稳定，且外观具有逼真的天然木材视觉效果，形式丰富多样，可以根据需要定制花纹，在园林建设中的应用越来越多。与实木相比，塑木铺板具有较高的实用性和耐用性，易于维护，室外塑木铺板代替天然木板已成为一种发展趋势。

2. 性价比比较

（1）塑木复合材料的损耗是最低的。塑木复合型材、板材等，可以根据场地的需要，按客户要求生产合适长度的材料，因此可以最大限度地降低损耗。而木材的长度是统一规定的，损耗量势必大于塑木复合材料。

（2）塑木复合铺板只需要大约是普通木材一半的厚度，就能达到同样的强度，甚至更高。因而在面积相同的情况下，塑木复合材料可以以少胜多。一般铺装户外地板，在选用木材的情况下，应选用 45mm 左右厚度的木材。而塑木室外铺板，只需要 25mm 厚度的材料，就能满足需要，其强度超过 45mm 的防腐木。换言之，假使铺设一块场地需要使用木材量为 $1m^3$，那么使用塑木铺板就只需要 $0.5m^3$ 左右。

（3）为了节约材料、降低成本，大多数塑木复合材料做成了中空的规格。这种中空规格形式不仅可以减少重量、增加强度，而且减少了塑木材料的消耗量。

（4）塑木铺板表面是不需要做油漆处理的，在施工上更是便捷、快速。而一般木材需要做表面油漆或者水性涂料处理，尤其是防腐防蛀处理，这些会对环境造成破坏。

（5）塑木复合材料基本可以做到免维护。而木材在 1 年里面一般需要做维护或者涂刷油漆等。从长远上看，塑木复合材料的维护成本远远低于木制品。

（6）据资料显示塑木复合材料的使用寿命一般可以达到普通木材的 3 ~ 4 倍，一般可以使用 10 ~ 50 年，而木材则很难达到这个使用年限。

总体来看，虽然塑木复合材料的价格比天然木材高，但其使用性能远远优于木材，从性价比的综合比较而言，使用塑木产品更为恰当。

第三章　砌筑工程材料

砌筑工程是指用砂浆等胶结材料将砖、石、砌块等块材垒砌成坚固砌体的施工过程。建筑砌筑有着悠久的历史，人类脱离洞穴巢居的时期就开始用土和石头建造房屋，那就是最初的砌筑材料，后来很长时期黏土砖成为我国墙体主要材料。目前，我国大力开发节土、节能、利渣、利废、多功能的各类砌筑材料，新型的节能、环保砌筑材料不断出现，其类型多样、应用广泛。常见的砌筑材料有砖类、砌块类、石材类等。

第一节　砌筑砖材

一、砌筑砖材的分类

砖是砌筑用的小型块材，是建筑常用的砌筑材料之一。不同类型的砖都有其自身的密度、坚硬程度等性能特性以及形、色、质等外观特性（图 3-1-1），这些不同特性决定了砖在园林中的使用情况。

砖按生产工艺可分为烧结砖和非烧结砖。按所用原材料分为黏土砖、页岩砖、煤矸石砖、粉煤灰砖、灰砂砖和炉渣砖等。按砖的规格孔洞率、孔的尺寸大小和数量又可分为普通砖（指无孔洞或者孔洞率小于 25%的砖）、多孔砖（孔洞率在 25%以上）和空心砖（孔洞率大于等于 40%）。实心砖和空心砖一般用于承重部位，多孔砖孔少但孔尺寸大，主要用于非承重的部位与隔墙填充墙中。

（a）　（b）　（c）

图 3-1-1　砖的类型

（a）烧结砖；（b）蒸养、蒸压砖；（c）多孔砖和空心砖

（一）烧结砖

凡以黏土、页岩、煤矸石或粉煤灰为原料，经成型和高温焙烧而制得的用于砌筑承重和非承重墙体的砖统称为烧结砖。烧结砖主要包括：烧结普通砖、烧结多孔砖和烧结空心砖。

1. 烧结普通砖（fired common bricks）

凡通过焙烧而得的普通砖均属于烧结普通砖。烧结普通砖是以黏土、页岩、煤矸石和粉煤灰为主要原料，经过焙烧而成的实心或孔洞率不大于 15%的砖。烧结普通砖按主要原料分为黏土砖（N）、页岩砖（Y）、煤矸砖（M）和粉煤灰砖（F），其形状为矩形体，标准尺寸为 240mm × 115mm × 53mm。考虑 10mm 灰缝，则 4 块砖长、8 块砖宽或 16 块砖厚（简称 4 顺、8 丁、16 线）均为 1m，$1m^3$ 砌体需用 512 块。强度等级可以划分为 5 个等级：MU30、MU25、MU20、MU15、MU10，分别指砖块的抗压强度达到 30、25、20、15、10MPa。

长期以来，砌筑用砖主要是黏土砖，其价格低廉、工艺简单。普通黏土砖的生产和使用，在我国已有 3000 多年历史。但黏土砖耗用大量农田，且生产中会逸放氟、硫等有害气体，能耗高，现已被限制生产并逐步淘汰，不少城市已经禁止使用。我国传统常用的红砖和青砖属于普通黏土砖，由于制作工艺的不同而带来颜色的变化。如果在煅烧过程中保证充足的氧气，氧化反应进行充分，烧制出来的砖呈红色；如果在煅烧过程中，采用水密封的方式，减少氧气含量，材料中的氧化铁发生还原反应，烧制出来的砖呈青色。

2. 烧结多孔砖（fired perforated bricks）

烧结多孔砖是以黏土、页岩、煤矸石、粉煤灰、淤泥及其他固体废弃物等为主要原料，经过焙烧而成，孔洞率不小于 25%。孔洞为矩形孔或矩形条孔，垂直于受压面，孔洞尺寸小而数量多，内径不大于 22mm。主要用于建筑物承重部位，简称多孔砖。多孔砖规格尺寸为：290、240、190、180、140、115 和 90mm。根据抗压强度、抗折荷重分为：30、25、20、15、10 及 7.5 六个等级，分别指砖块的抗压强度达到 30、25、20、15、10、7.5MPa。

3. 烧结空心砖（ fired hollow bricks ）

生产及原料与烧结多孔砖相同，孔洞的尺寸大而数量少，孔洞平行于受力面，孔洞率不小于 40%，主要用于建筑物非承重部位，常应用于多层结构内隔墙和框架结构的填充墙等。

（二）非烧结砖

非烧结砖指生产过程不需要进行焙烧的砖，主要有蒸养砖、蒸压砖和双免砖等。

1. 蒸养（压）砖

蒸养（压）砖以石灰和含硅材料（砂、粉煤灰、煤矸石等）为主要原料，加水拌和成型，经坯料制备、压机成型、蒸汽养护制成的砖。依据所采用的不同含硅原料，又可称为灰砂砖、煤灰砖、煤渣砖、矿渣砖等等。当采用常压饱和蒸汽（95 ~ 100℃）养护时称蒸养砖；当采用 8 个表压以上饱和蒸汽（>170℃）养护时称蒸压砖。

（1）蒸压灰砂砖（autoclaved lime-sand brick）

蒸压灰砂砖是以石灰和砂为主要原料制成的实心砖。根据灰砂砖的颜色分为：彩色的（Co）、本色的（N）。据其抗压强度和抗折强度分 MU25、MU20、MU15、MU10 四级。

灰砂砖用途：MU15、MU20、MU25 的砖可用于基础及其他建筑，MU10 的砖仅可用于防潮层以上的建筑。灰砂砖不得用于长期受热 200℃以上、受急冷急热和有酸性介质侵蚀的建筑部位。

（2）蒸养（压）粉煤灰砖

蒸养（压）粉煤灰砖是以粉煤灰、石灰为主要原料，添加适量煤渣制成的实心粉煤灰砖。蒸养粉煤灰砖还添加了少量石膏，经常压蒸汽养护而成；蒸压粉煤灰砖则经高压蒸汽养护而成。粉煤灰蒸压砖颜色呈黑灰色，主要用于承重墙，因重量轻也可作为框架结构的填充材料，具有轻质、保温、隔热、可加工、缩短建筑工期等特点，该产品既能够消化大量的粉煤灰，又节约耕地、减少污染、保护环境。

（3）蒸养煤渣砖、蒸养矿渣砖

蒸养煤渣砖、蒸养矿渣砖是以煤渣（或矿渣）、石灰为主要原料，添加少量石膏制成的砖。

2. 双免砖

双免砖是利用工业废渣如粉煤灰、自然煤矸石、煤（炉）渣及化工厂排放出的皂化渣（也称电石泥）等做原料，采用免蒸、免烧，不加或少加水泥，低温养护法生产的砖。粉煤灰免烧免蒸砖以粉煤灰、生石灰、水泥和外加剂制成。它是在粉煤灰烧结砖、粉煤灰蒸养砖、粉煤灰蒸压砖之后发展起来的产品，虽其力学性能及耐久性能还不能与烧结砖及蒸压砖相匹敌，但其制作过程简单、设备投资小，又能大量使用工业废渣、废灰，生产中工业废渣总用量占全部原料的7%以上。制造过程不烧结、不蒸养、不蒸压，因而节能效果非常好。

二、砖墙的砌筑形式

（一）砖的摆放形式

对于砖材来说，六面体的砖块有三对对应面：相对的顶与底面、相对的长边面与相对的短边面。单块砖的放置方式可以是水平、侧立或竖立（图3-1-2），因此，组合的砖块从可视的墙表面方向来看就有六种基本摆放方式：水平摆放的被称作顺砖、丁砖；侧立摆放的被称作侧顺砖、陡砖；竖立摆放的被称作立砖、侧立砖（图3-1-2）。

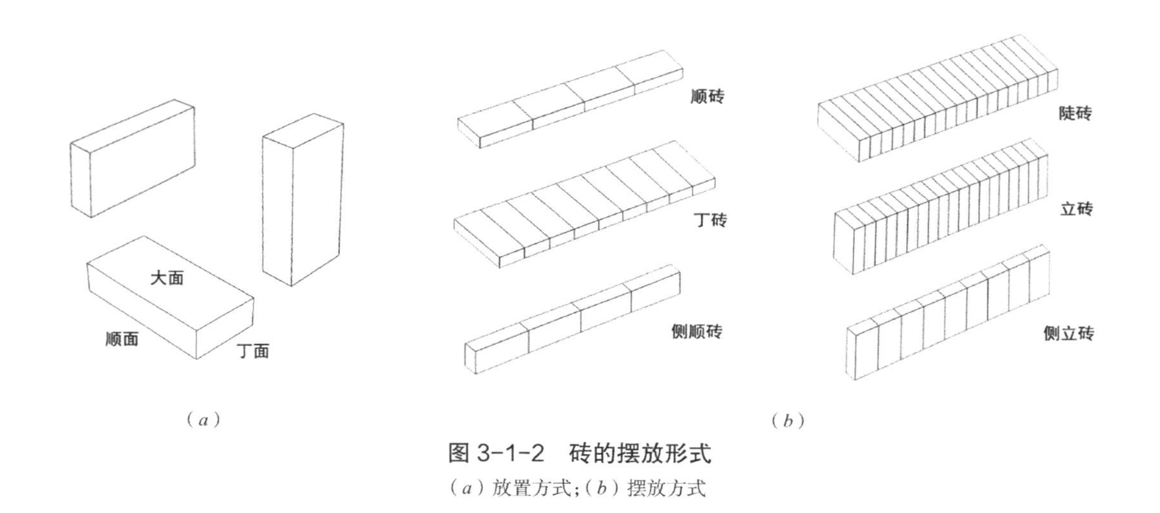

图3-1-2　砖的摆放形式

（a）放置方式；（b）摆放方式

用顺砖和丁砖砌成的墙壁在景观应用中最为常见，主要用来砌筑墙、柱等承重的构件。墙、柱等承重的结构构件是将上层的荷载均匀地传递到下层，因此要求受力面较大，较为稳定，由此选择顺砖与丁砖方法，因为顺、丁的摆放，其面积较大的顶、底面有利于将荷载均匀地往下传递，保证构件的稳定。普通砌法、英式砌法和荷兰式砌法几乎全部都是由顺砖和丁砖构成的，英式砌法和荷兰式砌法中丁砖在双脉墙中提供墙脉之间的连接，提高墙体的整体性。侧顺砖往往和顺砖结合，用于砌筑180mm厚的墙。

陡砖、立砖和侧立砖通常被用在砖墙的各收头处，如顶盖、侧面收边等，它们不仅提供了丰富美观的细节，也具有保护墙体的功能，使建筑更加坚固耐久。陡砖与立砖还用在建筑开洞处，通过砖块的挤压形成平拱或券拱，承受洞口上方荷载。空斗砌筑是用侧顺砖建造并且用陡砖来进行连接构成的空心墙，与相同厚度的实心墙相比所使用的砖块数量要少。

（二）砖的砌筑形式

1. 平面砌筑

平面砌筑是砖建筑中最常见的砌筑方式，是一种传统砖砌法。在砌筑墙体时，砖块在垂直方向上处于同一平面，上下层的砖块之间沿水平方向错动，形成竖向砖缝的错位，使砖块相互搭接，提高墙体的整体刚度。平面砌筑由丁砌和顺砌两种基本的基础方法构成。传统的平面砌筑方法通过这两种基本砌法的排列组合形成了多种多样的衍生砌法，其中包含英式砌法、哥特式砌法、美式砌法等。在此基础上衍变出了多种砌筑方式，形成多种不同的墙面肌理，给建筑师充分的选择和创作余地。

（1）丁砖砌法：只用丁砖进行砌筑，展现在表面的面都是由丁砖面组成（图 3-1-3*a*）。从结构上讲，它是荷载承受能力较低的方案，上面传递下来的荷载会沿墙的纵向产生压力，由于砖的搭接面较短，对纵向力缺少拉结力的抵抗，而影响结构的稳定性。因此，丁砖砌法不适于有较大荷载的情况下应用，它的适用性主要体现在弯曲墙和拱中。

（2）顺砖砌法：只用顺砖进行砌筑，展现在表面的面都是由顺砖面组成（图 3-1-3*b*）。顺砖砌筑方法一般用在单脉的隔墙砌筑中，当用顺砖砌筑双脉墙时，因缺乏墙脉之间的连接会导致结构承重性能差，需要在墙脉之间放置连接件加强连接。而单脉墙的顺砖砌法一般用在不需承重的隔墙中。但是顺砖砌法因其砌筑相对简易，其在饰面砖的砌筑中常被应用。在顺砖砌筑中上层顺砖之间的砌筑竖缝一般位于下层顺砖的 1/2 处，竖缝在下层顺砖中间位置的砌法被称为压半砖顺砖砌法。顺砖砌法作为隔墙是一种很流行、很广泛的应用，但因其均匀缺少变化使该砌法显得十分平凡，容易让人在审美上产生相对单调感。顺砖砌法能通过改变压砖的长短形成很多趣味的变体，如压 1/3 砖的顺砖砌法，就改变了原来压半砖相对枯燥的感觉。通过简单的 1/3 压砖，垂直的灰缝会创造出一种韵律，它会自然地引导我们的视觉将灰缝连接起来，形成具有韵律流动感的视觉图像并刺激我们的想象。同时顺砖砌法还可以通过在顺砖层中加入一定的丁砖形成丰富的变体。

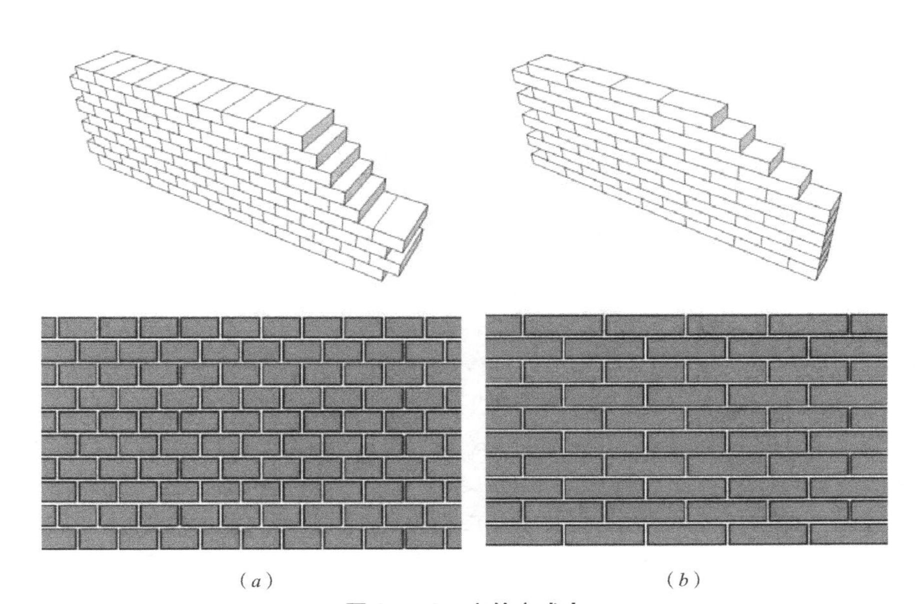

（*a*）　　　　（*b*）

图 3-1-3　砌筑方式 I

（*a*）丁砖砌法；（*b*）顺砖砌法

（3）英式砌法：采用的是全顺与全丁逐行交替排列的方式，并且丁砖位于顺砖的中间放置（图 3-1-4*a*）。丁砖层给双脉墙带来了稳固的连接，顺丁搭接的组织方式使荷载能够均匀地从一块砖传递到另一块砖，具有很好的力学稳定性。它排列形式的简朴，被认为是最庄重的和最有影响的砌法。英式砌法相同砖层间是垂直对齐的，如果通过将上下顺砖层错位半砖长度就产生了英式十字砌法，这种英式砌法的变体就会在表面形成一种菱形的图案，带来不一样的视觉效果。

（4）哥特式砌法：又经常被称为荷兰式砌法，特别是在北美和英国，采用的是在每一层中一顺一丁交替排列的方式（图 3-1-4*b*），大多应用于北欧中世纪的纪念性建筑中。这种砌法被认为是最具装饰效果的砌法，并被广泛应用于住宅建筑中。

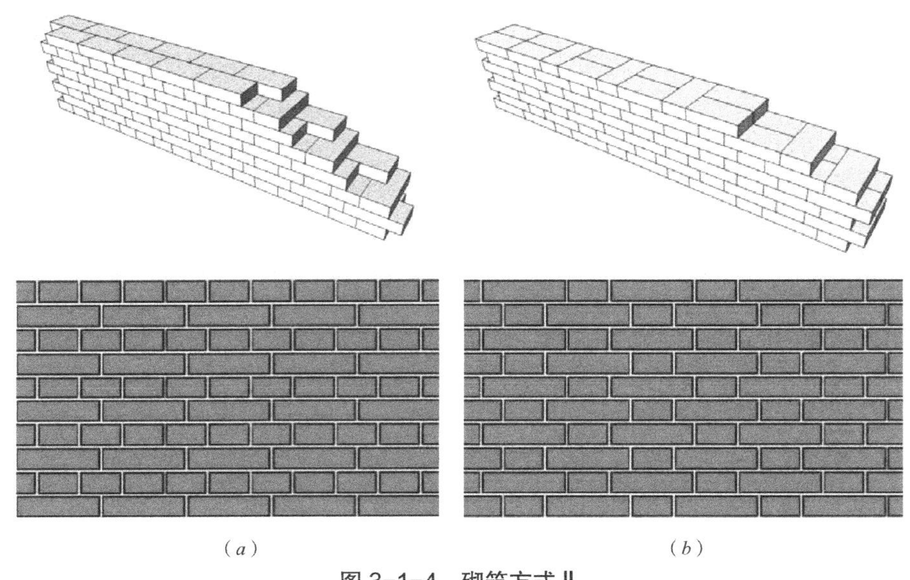

（*a*）　　（*b*）

图 3-1-4　砌筑方式 Ⅱ

（*a*）英式砌法；（*b*）哥特式砌法

（5）其他平面砌筑方法：砖的砌筑形式可以拥有无数种变化的可能，除了上述几种较常见的砌法以外，还有跳丁砖砌法、西里西亚砌法、佛兰德砌法、美式砌法以及各种砌法的变体等，因应用较少，这里不作详细介绍。它们都是以典型砌法为基础，并在此基础上进行灵活、自由的变化与组合。所有砌法均以标准砖的六种摆放方式（顺砖、丁砖、陡砖、立砖、侧顺砖、侧立砖）作为变化的基本单元，利用平面组合与立体构成的方法进行砌筑形式的变化。

2. 凹凸砌筑

凹凸砌筑指的是在砌筑的时候，利用砖块三维尺寸不同的特点，把单块或成组的砖凸出或者凹入砖墙表面，形成三维效果的砌筑方式（图 3-1-5）。这种砌筑形式可以在砖墙表面形成凹凸的对比，通过凹凸的组合可以组成点、线、面等不同的构图，在光线的作用下，产生丰富的光影效果，增强砖墙的表现力。砖块在墙面细微的凹进与凸出，会让墙面产生细微精致的光影变化；而显著的凹进与凸出会使光影的变化与对比产生明显的韵律感、空间感与尺度感。

采用砖块倾斜的砌法也可以形成凹凸的效果。倾斜的砌法一般是用丁砖与墙面形成一定的角度，产生锯齿状的凹凸感。凸出的角被精心地排列成一条直线，形成极具韵律与节奏感的细节。这种砌筑方法一般用在墙顶的收头处理。

图 3-1-5　凹凸砌筑

3. 透空砌筑

透空砌筑是在砖砌筑的时候留出空隙，在满足庇护功能的同时，可以兼顾通风和采光的功能，并带来视线与空间的延伸，还可以形成美妙的肌理，起到特殊的装饰效果（图 3-1-6）。透空砌筑可以用较少的材料来提供有效的围蔽，在分割空间的同时可以让风和光线穿过厚实的墙体，同时带来视线的穿越，加强空间的渗透。透空砌筑方式有两种：一种是对普通砌筑的变化，如在原本应相接的砖与砖之间留出空距；另一种是通过对现有砌筑方式的改进和重新组合而形成，相对于前者的砌筑方式而言，这种方式在创作上更加灵活，而且对于砖在砌筑的可性能上的探索会更大。

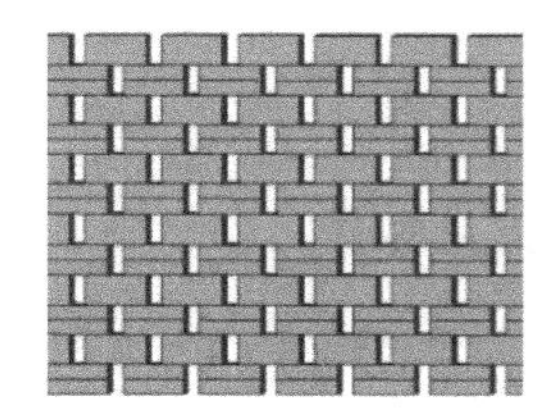

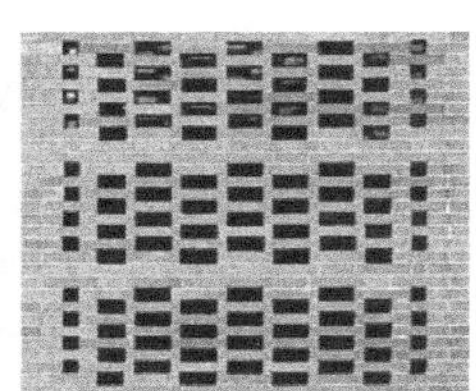

图 3-1-6　透空砌筑

透空砖砌体对立面的装饰效果通过两种途径实现。一是形成图案。通过对透空砌法组合排列的改变使得墙面呈现图案，表达某个主题或起到某种装饰效果。这种表现形式多出现于传统的透空砖砌建筑的立面之中，但近年也被运用于一些新建的建筑，而且用于表现一些比较夸张的特殊造型。二是形成某种肌理。当墙面上各个表现要素（如砌块的材料、大小、色彩等）相同或相近时，对砌块的空洞部分进行规律性的组合，以相同的基本形式在墙面上重复，此时墙面形成一种匀质肌理。当然，这种基本形式在某些特殊的部位也可以出现一定的变化（如渐变等），能使整体墙面呈现一种动态的渐变肌理效果。

平面砌筑、凹凸砌筑以及透空砌筑的砖墙，三者所表达的立面肌理在表达的层次感上有所不同。传统的平面砌筑砖墙表现层次单一，主要表现同一平面上的砖块本身以及连接砖块的灰缝，其中对砌块本身的表达包括砖块材质、大小及颜色等以及砌块在砖墙中的排列组合方式；而凹凸的砖砌墙除了砌块和灰缝的表达外，还增加了砖墙在厚度方向的变化层次；至于透空的砖砌墙更是可以观察到墙后的内部空间，比凹凸的砖砌墙在层次感上又更进一步。

三、砖砌景观应用

（一）砖的外观特性

通过材料的视觉感受及引发的触觉记忆可以给观赏者带来丰富的联想与体验，从而营造出适宜的景观空间气氛。砖材料适宜的尺度、丰富的色彩、朴实的质感，可以给观赏者带来丰富的视觉与触觉感受，使景观表达出自然、亲切的空间氛围与情感。

1. 砖的尺度

砖的尺寸大小虽有不同，但其尺度都是在一个合适的范围之中，大小适宜，具有人性化的尺度，从而给空间带来自然的亲切感。砖的尺寸刚好适合于施工时手的抓取，提高了工作效率。砖砌体长宽高三个方向的尺寸具有固定的比例关系，它是根据砌筑过程中砖块顺丁搭接等关系来确定，砖尺寸的标准化使其成为建筑的基本模数，建筑各个构件要素及空间尺度都是它的倍数，建筑也因而产生了有序的模数关系。

2. 砖的色彩

砖的颜色丰富但不鲜艳，具有素雅沉稳的特点。砖砌体往往起到围合空间的作用，其色彩要素是最易于被人觉察体验到的，它能第一时间影响人们对园林空间氛围的感受。砖砌体的色彩不仅能引起人们对景物的大小、远近、轻重等产生心理上的不同感受，也可以给人们带来明快、兴奋或幽静、沉闷等情感上的不同联想。砖的颜色取决于所用原材料的成分和制作工艺的不同。我国传统常用的黏土砖有红砖和青砖，它们制作的原料取自当地土壤，由于制作工艺的不同而带来颜色的变化。这两种由来已久的色彩是对地域信息的真实表达，其自然质朴的特性传递出亲切宜人的乡土情感。到了现代，制砖技术的发展使砖所呈现出来的颜色非常丰富，从黑色到各种深浅的灰色，甚至红色、黄色、蓝色、绿色等均有，这些都是使用了不同的添加剂和颜料的结果。

3. 砖的质感

砖是由天然土壤或工业废料制成的，材料的特殊性使得砖块拥有粗糙朴实的质感。其自然的纹理、大小不一的颗粒、凹凸不平的微小孔洞，表达出生活的平常与事物的真实；并且随着时间的推移，砖块表面的风化使其质感发生了变化，形成斑驳的表面，在时间的流逝中留下了岁月的痕迹，这种历史演进中沉淀的痕迹能引起人们的共鸣，唤起内心的家乡情感。砖材料这种朴实的质感所提供的知觉体验是许多现代工程材料无法比拟的，它使砖砌艺术焕发出真实、质朴、亲切的情感。

（二）砖砌体艺术表现

近年来，利用砖块的巧妙组合以及砌筑形式的变化来表达景观的地域性与艺术性成为一种时尚。在景观的创造过程中，立足于砖材砌筑的基本特点，对砌砖简单的基本形式加以变化，通过错砖、转砖、抽砖的方式可以使砖砌体产生不同的表面外观，形成丰富多样的艺术装饰效果。

1. 砖块组合与砌筑

（1）色彩变化

砖墙表面通过不同色彩的砖块进行组合，可以形成特殊的装饰效果。如利用不同色彩的砖块点缀单一色彩的墙面，或者在墙面上点缀色彩不同的其他类建筑材料，这些以点块对比为特点的一类处理手法可以形成点状构图，丰富墙面外观效果；又如用明暗或色相对比度大的颜色线条和块面组成特定的图案，可以创造有意味的构图。彩图 74 的门洞顶部利用黑色砖块构成明显的线条，用于强化和突出门洞，具有很强的装饰感；贵阳城西的“时光贵州”休闲旅游主题商业街区的建筑在青砖墙面上铺设两条红砖线条，在沉稳中增添了生动活泼的效果（彩图 75）。

不同色彩的砖墙围合，会产生不同的空间表现力，或开朗，或沉闷。这种空间氛围来自于人心理感应的经验，这种经验源自于成长经历和生活积累。不同颜色的砖创造了不同的空间效果，如闽南地区热情奔放的红砖墙，其色彩特征成为闽南建筑的标签；而广府地区西关大屋的青砖墙，则表现出岭南建筑素雅与宁静的性格特点。

（2）光影变化

砖墙通过面的凹凸变化可以丰富面的层次，塑造光影效果。在砖筑艺术中可以通过砖块的凹进或凸出产生深浅不同的阴影，达到丰富的视觉效果。北京红砖博物馆的砖墙使用有规律排布的凸砖产生光影，形成具有韵律感的肌理，在射灯的映照下，更是表现出特殊的效果（彩图 76）；由于砌筑方式的变化可以造成明暗的变化，从而呈现出图案，如彩图 77 所示，将本该以凸砖砌筑的地方变换为凹砖，由于凹砖区域墙面未受凸砖遮挡，受光较强，明亮的地方形成十字架图案；建筑的墙角、窗台等采用斜交、错台等方式砌筑，可以形成形式各异的墙面转角线条（彩图 78、彩图 79）。

（3）虚实变化

通过抽砖、错砖的方式可以形成透空的窗洞，与实体的墙面对比，形成虚实变化。图 3-1-7 左图是利用透空砌法形成特色花格窗；图 3-1-7 中图在墙面中部抽取砖块，换之以透明的玻璃砖，既产生虚实对比，又可兼具采光功能；图 3-1-7 右图的墙面开竖向缺口，形成虚实变化。

图 3-1-7 透空砌筑形成虚实变化

（4）组合变化

砖的叠砌方式有许多种表达，利用砖块的组合变化，可以形成特殊的肌理，达到艺术化的装饰效果。砖往往既是承重结构也是围护结构，体现了整体结构的力量感。红砖博物馆的墙面大多采用结构性能较好的顺丁砌法，肌理整齐细腻，屋檐与墙角线采用凹凸砌法，强化了线条美感（图 3-1-8、图 3-1-9）；其墙面、地面、台阶等都是用砖装饰，更加突出了视觉上协调的感受（图 3-1-10、图 3-1-11）。厦门园博园景墙采用多种砌筑方式相结合，主体墙面使用顺砖砌筑，形成统一基调，屋檐通过凹凸线条得到强化，结合局部各种形式的透空砌筑以及石雕花窗，形成线条清晰、肌理美观的墙体、围栏，构筑出丰富、亲切的家园空间（图 3-1-12、图 3-1-13）。砖墙砌筑出的形体容易控制，通道、门窗与隔断可以采用不同的形式和尺度（图 3-1-14）。2004 年入选乌鲁木齐市“十佳建筑”的新疆国际大巴扎，以传统磨砖对缝与现代饰面工艺相结合的处理手法，充分表现维吾尔建筑中工艺砌砖的技艺，工艺砌砖墙始于两河流域，延至中亚而达到其技艺的顶点。建筑直墙以三顺一丁砌筑，圆筒部位以丁砖砌筑，由变化的色泽及斑点形成的墙面有一种厚重的肌理感，凹凸排列形成的图案采用了伊斯兰特有的十字形几何装饰图案，直接来源于中亚和新疆的大量传统建筑，光影效果极强（图 3-1-15）。

2. 灰缝的处理

灰缝是指墙体砌筑时两块砖间的砂浆层。灰缝不仅是砖砌体砌筑结构上的需要，同时也是重要的墙面艺术表现手段，不同的灰缝处理形式不仅影响结构稳固亦会影响表现效果。灰缝的结构功能是均匀传递压力和并起粘结作用，增加墙体的整体性。灰缝小了影响粘结，灰缝大了影响墙体尺寸准确和抗压能力，所以规范规定灰缝的厚度为 8 ~ 12mm。但作为景观表达的清水墙，灰缝处理可根据艺术表达效果有一定变化，灰缝的宽窄、形状以及色彩不同，墙面效果不同。

图 3-1-8 红砖博物馆墙角处理

图 3-1-9 红砖博物馆屋檐装饰

图 3-1-10 室内座椅式台阶

图 3-1-11 连续弧形台阶

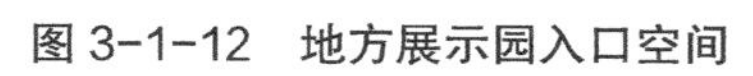

图 3-1-12　地方展示园入口空间

图 3-1-13　墙体与围栏组合空间

图 3-1-14　红砖博物馆不同门窗与隔断

图 3-1-15　新疆国际大巴扎

（1）宽窄：灰缝宽窄的不同给砖墙的整体效果将带来很大的变化，较宽的灰缝会很明显地赋予整个墙面更为丰富跳跃的视觉效果，而窄小的灰缝则易于表达精致细腻的整体效果。

（2）形状：灰缝的形状不同在墙面可以产生不同的阴影变化以及视觉美感。灰缝通常包含平缝、半圆弧缝、三角形缝、斜坡缝、小弧形缝以及凹缝与凸缝。单从性能上来说，其中平缝与三角形缝是相对较好的，这两种勾缝方法能及时将雨水排干，不造成雨水的滞留。

（3）色彩：颜色不同的灰缝能影响墙面的整体表现。通常浅色的勾缝会使墙面的色彩显得明亮活泼；而深色的勾缝配合深灰色的砖块，会使墙面整体效果显得朴素稳重。采用和砖相近的颜色勾缝会展现一种简约的整体效果，而采用对比色勾缝则会加强砖墙素雅精致的特点。

适当地处理好灰缝可以取得特定的艺术效果。砖砌筑时通过强调水平勾缝、弱化竖向勾缝会带给建筑舒展、亲切的感觉，也体现了砖建筑在重力约束下形成的一种厚重感。在赖特设计的罗比住宅中，为了与建筑风格强调的水平方向感一致，砖墙水平缝采用白色，而竖缝采用与红砖一致的红色，同时水平缝较宽而竖缝极窄，从而减弱了墙面竖向的感觉，强调了建筑的水平感，体现了住宅建筑亲和、舒适的特性；红砖博物馆的凹缝形成暗影，清晰而不张扬，横竖都很明显，表现了砖墙的肌理感；美国丹麦小镇历史和艺术博物馆的门柱和花坛，粗犷的水泥平缝，表现出一种古朴感（彩图 80）。

第二节　砌筑石材

石材一直是砌筑的重要材料之一，人类从巢居、穴居向地面房屋进化的过程中，石头是最早被利用的建筑材料之一。由于天然石材具有很高的抗压强度、良好的耐磨性和耐久性，经加工后表面美观而富于装饰性，因此成为园林工程中应用广泛的主要砌筑材料之一。

一、砌筑石材的特性与分类

（一）特性

1. 稳定的理化特性

岩石具有良好的化学稳定性能，几乎不与大气中的元素发生反应，或者发生反应的速度很慢。大多数岩石还具有良好的物理特性，尤其是火成岩等坚硬的岩石，具有良好的耐磨性与低吸水率。

2. 经济性

石砌景观的石料来自对天然岩石的开采、收集与加工，便于就地取材，具有经济实惠的优势。石料与一般的钢筋混凝土、黏土砖相比，不但能够大量节省水泥、黏土、钢材、木材等主要材料，而且不会受地区气候和技术设备所限制。

3. 历久性

石材拥有持久稳固的特性，其历久性包含两方面：一是指其物理化学性质的稳定性，使得石料的外观形态不易因时间的久远而发生变化；二是指美学的历久性，即随着时间的流逝，石材的美感不仅不会消失，反而会在保持原有材料特色的基础上增添沧桑感，更具乡土气息和历史韵味。

4. 耐火性

岩石由不可燃的矿物质组成，本身既不可燃，又是热的不良导体，不会着火，也不会传递火源，因此，石材料具有非常好的耐火性。从古至今，石砌建筑极少像木建筑那样因为火灾而毁灭。

5. 抗冻性

石材料砌筑的构筑物具有良好的抗冻性，不会由于气候的冷暖交替而轻易发生形状与强度的改变，更不会由于低温而丧失优良的材料特性，这是一般建造材料无法比拟的。

（二）分类

砌筑用石有毛石和料石两类。

1. 毛石

毛石是指开采后处于自然状态的石料，通常表面粗糙，形态多样，中部厚度不小于200mm。毛石又分为乱毛石和平毛石。乱毛石形状不规则，没有平行面，一般石块形体中心的厚度不小于150mm，总长度应在300 ～ 400mm；平毛石形状不规则，但有两个大致平行的表面，可以明显分为六个面，且中心的厚度应大于200mm。

2. 料石

料石，也称条石，是由人工或机械开拆出的较规则的六面体石块，用来砌筑建筑物用的石料。按其加工后的平整度可分为：毛料石、粗料石、半细料石和细料石四种。按形状可分为：条石、方石及拱石。石料应质地坚实，强度不低于MU20。石材的强度等级划分为MU100、MU80、MU60、MU50、MU40、MU30和MU20。各种砌筑用石料的宽度、厚度均不宜小于200mm，长度不宜大于厚度的4倍。料石各面加工应符合下列规定，其中相接周边的表面是指叠砌面、接砌面与外露面相接处20 ～ 30mm范围内的部分。

（1）毛料石：外观大致方正，一般不加工或者稍加调整。叠砌面和接砌面的表面凹入深度不大于25mm。

（2）粗料石：叠砌面和接砌面的表面凹入深度不大于20mm，外露面及相接周边的表面凹入深度不大于20mm。

（3）半细料石：通过细加工，外形规则，叠砌面和接砌面的表面凹入深度不大于15mm，外露面及相接周边的表面凹入深度不大于10mm。

（4）细料石：通过细加工，外形规则，叠砌面和接砌面的表面凹入深度不大于10mm，外露面及相接周边的表面凹入深度不大于2mm。

二、石材的砌筑工艺与形式

（一）石材的砌筑工艺

石材的砌筑工艺有不用砂浆的干垒、金属网围固和用砂浆粘合砌筑等方式（图3-2-1）。

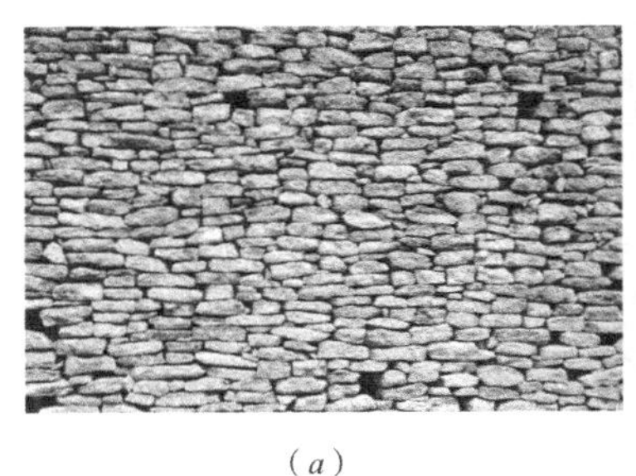

（*a*）

（*b*）

（*c*）

图3-2-1　石材的砌筑工艺

（*a*）干垒；（*b*）金属网围固；（*c*）浆砌

1. 干垒

干垒是指在施工时将砌块一层层地直接码上去，无须使用砂浆砌筑和锚栓。这种砌法的优点是施工简便，格局灵活自由，改建、补建与拆除也比较容易，缺点是结构不稳固，需要更大的厚度，砌筑高度极为有限。干垒主要应用于对结构要求低或者缺乏混凝土的乡土村落中，最常见的是乡土景观中的矮墙、挡土墙，不但可以节省大量粘合砂浆，还便于结构的调整，可以随用随建。

2. 金属网围固

这种金属网称作石笼网或格宾网，是将石块填入用金属网捆扎成的矩形或圆柱形的网笼中，达到整体结构的稳定，通过金属网的稳固使碎小的石块形成稳固的整体块体，以代替混凝土构筑物。这种砌筑方法在乡村与园林景观中常用，如河道中的驳岸、坡体的护坡挡墙。金属网围固在现代园林中也常常作为独特的景观墙出现，极具装饰意味。

3. 砂浆砌筑

通过砂浆砌筑。水泥砂浆有很强的力学强度与耐久性，价格便宜，是石砌景观中比较常见的粘结材料。砂浆砌筑的石砌体结构稳固，常作为建筑墙体或驳岸、挡土墙等防护结构体。

（二）*石材的砌筑形式*

石料在水平与垂直方向上的排列组合形式是建构美观砌体的重要途径。石砌体与其他砌体结构一样，要错位搭接、避免通缝、组砌得当、稳定可靠（图 3-2-2）。

1. 错缝平砌

石块在向上叠砌的过程中，由于自身重力作用，上下之间会产生牢固的挤压，从而形成具有一定高度的竖向形态，如石砌的围墙。石砌体和其他砌体结构一样，受到挤压会产生裂缝，因此在砌筑过程中一定要遵循上下错缝的施工原则，防止在垂直方向出现通缝，从而提高石砌体横向的整体性和稳定性。

错缝平砌是石砌墙体、台地的基本砌法，也是最简单的砌法，是指将石料最大的面上下平置，逐层向上叠砌，根据高度选择强度合适的粘合媒介。错缝平砌有两种方式：一种是用体积较大、形状规则的石料整齐砌筑。石块上下左右的接触面较大，避免了石料的移动，能够形成较为稳固的承重结构，多用于墙体基础、护坡等部位。但这种砌筑方式常常因为缺少变化而显得呆板乏味。另一种是用大小不一，但较为扁平的石块，小石块与大石块的平砌层相互交错，形成富于变化的形式。

2. 丁顺式砌法

丁顺式砌法原指砖砌体中丁砖与顺砖逐层或多层交替排列的砌法。砖块由于具有模数化的尺度，使得丁砌具有很多种变化。石砌景观中石块的尺度多呈无序状态，因此要求垂直于墙体方向的石块有一定进深，保持其稳固。丁顺式砌法适用于板状毛石与条状毛石。与砖块一样，丁顺砌法也有三顺一丁、二顺一丁等灵活变化，加上石块的大小规格、形状、色彩等变化丰富，使得丁顺砌法也呈现多种变化。

3. 人字形砌法

人字形砌法是指单排的石块与水平方向呈一定夹角，且每一排的方向都互为相反，而从竖向看就像是倒转的“人”字排列。这种砌法通常要求夹角与水平方向互为45° 左右。人字形砌法通过石块的斜插使石块自身部分竖向的重力被转移到水平方向，再通过相反的排列使左右压力平衡，达到横向上的稳固。人字形砌法不但有错缝法的稳固特点，还具备富有美感的形式。人字形砌法也适用于板状毛石与条状毛石，这样的砌筑方式广泛存在于乡土石砌景

图 3-2-2　石材的砌筑形式

（*a*）错缝平砌；（*b*）丁顺式砌发；（*c*）人字形砌法；（*d*）渔网式砌法；（*e*）错乱砌法；（*f*）交互式砌法

观中的墙体、铺地之中。

4. 渔网式砌法

渔网式砌法比较简单，是指截面呈正方形的石料与水平方向成 45° 夹角的砌筑方式，产生类似于渔网一样的勾缝，适用于块状毛石。渔网式砌法类似于“人”字形砌法，但由于其形体相对方正，使得重力完全分解为侧应力，而侧应力的方向正好具有较大的接触面积，形成了更为牢靠的网状结构。渔网式砌法虽然简单、规整，但极富美感。

5. 错乱砌法

错乱砌法是指没有固定的排列规律，以坚固稳定为原则的砌筑方式，一般采用大石堆砌、小石填缝的方式砌筑。石料的尺寸或形状差异较大时应采用错乱砌法。错乱砌法可以形成自然的肌理形式，最富于乡土气息。如虎皮石墙，就是利用大小不等、形状不规则的石料砌成。

6. 交互式砌法

交互式砌法是指大小石块交替排列，石缝相互错落的砌筑形式。交互式砌法形成的图案灵活多变，具有较强的艺术感。

以上 6 种形式各具特色，有时为了丰富墙面变化或因工程技术要求，在一幅墙面上可以将多种形式组合排列。首先将某种砌筑形式组成具有一致特征的独立单元，并按一定的规律将单元进行组合排列。这样的砌筑方式在形式上提供了更多的变化，也有利于充分使用不同大小、色彩、肌理的石料，降低对规则石材的开采需求。组合的形式多样，为石砌界面的艺术表现赋予了更多的构成语言。如墙体的边缘采用错缝平砌，形成稳定边界，而中间采用人字形砌法、渔网式砌法或者错乱式砌法。

三、石砌景观应用

（一）石砌景观艺术表现

石砌景观的艺术表现指的是通过对石块的组织与选材，运用点、线、面的基本元素建构简约抽象的形体界面，达到特殊的艺术装饰效果。虽然是简单的物象和形式，却创造了丰富的情感与联想，是一种艺术的表现形式。石砌景观无论从砌筑形式还是材料上都给人一种质朴而纯粹的美感。

石材砌筑的图案具有强烈的重复性与多样性，砌筑时通过错缝，石块方向、角度、体量的变化产生多样的美学效果。从材质来说，可以通过选材、切割产生多样的质感、色彩，石料以其淡雅的色彩、自然的材质，表现出很强的美学欣赏价值，它与平整、规则的金属、玻璃等材质形成强烈的对比。

石砌景观重视对材料的选择、搭配与排列。自然石材具有多种多样的色彩、光泽、质地等审美要素，通过对石料的砌筑安排实现了要素的组织，达到图案与肌理的变化，表现为凸凹起伏的雕刻感、横竖纹理的工艺感，让人感知与体验到石材之美。石材大小块体的形体组合会形成变化，通过砌筑组合既能加强石料自身的肌理效果，又可丰富整个墙面，使之呈现出具有装饰感的肌理效果，避免单调乏味的感受。

石砌的石料采用初加工或未加工的块石，更能突出其本身天然的色彩和肌理，取得极强的美感，在石砌景观中具有独特的艺术表现力。

园林景观所用石料宜来源于当地山体、河道等自然环境中，具有天然的色彩与肌理，表现出浓厚的乡土韵味，蕴含着朴素的自然审美趣味以及古老的传统文化魅力。

大峡谷国家公园位于美国亚利桑那州的西北部，两岸都是红色巨岩断层，岩层嶙峋，其荒漠景区景观小品采用当地岩石砌筑。景区入口标牌与门廊采用较为整齐的料石砌筑，自然的材质中透出工艺美感（彩图 81），而里面靠近悬崖的观景塔 watchtower 采用毛石砌筑，这种初加工的块石，只是依靠其本身的天然色彩和组织肌理，就能够取得极强的美感，蕴含着印第安历史印迹，呈现出强烈的自然沧桑感（彩图 82）。这个景区大量应用石墙、石柱和石砌花坛，其色彩和纹理在绿色植物的衬托下充满自然荒野气息，与粗犷的大峡谷岩石景观遥相呼应。

洛杉矶盖蒂中心是由著名的白色派建筑师理查德·迈耶（Richard Meier）设计，迈耶一改以往设计风格，根据建筑与场地特点，选用淡褐色、粗面的石材作为建筑的外观饰面材料，大块的石板切割得非常整齐，然后进行精致的拼接，使墙面看似坚固的石砌墙，粗糙的质感象征着自然与永恒（彩图 83）。而在颇受游客欢迎的中央花园，艺术家罗伯特·艾尔文（Robert Irwin）却用了青色的石材铺砌溪流（彩图 84），用大块的规则料石堆砌下沉的水池挡土墙和瀑布（彩图 85），使花园景观平淡而低调，衬托了建筑的厚重与辉煌。

（二）石砌景观功能应用

石砌景观按功能可以分为景观墙、围墙、挡土墙、台阶、驳岸等具有工程意义的结构体，它们都具有一定的形状、色彩、尺寸和质感，形成独立的功能性审美对象。

1. 石砌景观墙和围墙

“墙”是景观设计中重要的立面元素，具有很强的视觉意义。石砌墙在建造时首先是选择材料，石材是景观墙表达的物质载体，可以塑造墙体内在的精神气质。材料选定后，需确定墙体的形式，是实体的还是镂空的，直的还是曲的，然后根据体量和高度确定基础的做法。

景观墙一般指以造景为主要目的的墙体，表现为对空间的限定和墙体本身的美学展示。石砌景观墙的高度从 30cm 到 3m 不等，石材的特点决定了石砌墙体具有厚重的结构形态，展示了简洁刚硬的整体之美。

石材也常常用来作为围墙和栏杆的材料，特点是高端大气、厚重古朴又经久耐用。石砌围墙一般采用大小和形状不规则的乱毛石或形状规则的料石进行砌筑，具有可就地取材、砌筑方便、造价低廉等优点。在“时光贵州”休闲旅游主题商业街区中，临水的栏杆依据景区屯堡建筑文化的风格采用了透空型叠砌形式，具有自然朴素、简洁厚重的整体艺术效果（彩图 86）。

石砌景观墙无论是有浆砌筑还是无浆砌筑，都必须按照一定的工艺和要求砌筑，遵守《砌体工程施工质量验收规范》中的相关规定。通常在砌筑景观墙时，墙体的两端应以较大的石料砌筑，中间用小石料填充。砌筑的石料根据景观墙的结构通常分为基石、墙面石、填充石、系石和压顶石等部分，系石是为了将墙面两端的石与墙体牢固联系在一起的结构，它将墙体从截面上分为若干个单元，根据景观墙高低而有不同的数量。石料的类型与砌筑方式应根据需要而定，不同的材料与砌筑方式会形成放射、旋转、流动、静止、凹凸、虚实等多种肌理效果，在很大程度上影响人们对空间的感受。

2. 石砌挡土墙

石砌挡土墙是指为了加固台地、防止土壤坍塌的工程构筑物。它可以承受单侧土壤产生的侧应力，除了固土作用外，还具有景观墙的作用。园林中的石砌种植池、花坛从某种意义上也可以称为石砌挡土墙。石砌挡土墙通过对石块的砌筑形式、尺度、色彩、质感等因素的艺术组合，可以营造出特定的艺术效果（彩图 87 ~彩图 89），成为园林中的景观元素。石砌挡土墙由于通常与自然地形相连，应依据自然环境的特点进行造型，将各种尺度的石砌挡土墙与空间相协调，使之融入整体的环境中去，创造富有变化的石砌景观。

3. 石砌台阶

园林中的台阶是将不同高度的地面相连接的构筑物，是解决不同标高地坪之间交通的有效途径。石砌的台阶具有稳固的结构和自然的视觉效果，施工简单而形态多变。台阶砌筑应结合环境，注重其形式与变化，创造具有雕塑感与韵律感的视觉形态（彩图 90、彩图 91）。

4. 石砌驳岸

驳岸在园林中是起防护作用的水景工程构筑物，要求具有坚固、稳定的结构和良好的景观效果。石砌驳岸就是在水体与陆地相交的边界用石料砌筑保护岸壁的墙体，并用砂浆勾缝，使表面透出天然的肌理与色彩。根据形态可以分为自然式驳岸与规则式驳岸。自然式的石砌驳岸适宜园林河、湖、水池等水景驳岸，利用大小各异的不规则石料砌筑成蜿蜒曲折、变化丰富的驳岸；规则式的石砌驳岸追求现代景观的整齐美与材质美，所砌筑的驳岸通常具有规整的几何形态，多采用方正毛石、板状毛石、条状毛石砌筑。

第三节 砌块

砌块是利用水泥等胶凝材料、工业废料（炉渣、粉煤灰等）或天然材料制成的人造块材，外形尺寸比砖大。它是一种新型墙体材料，使用非常广泛，目前在美国、意大利、德国、日本等工业发达国家，砌块已占墙体材料的80%。

一、砌块分类与特点

（一）分类

砌块外形多为直角六面体，也有各种异形的。系列中主规格的长度、宽度或高度有一项或一项以上分别超过365mm、240mm或115mm，但砌块高度一般不大于长度或宽度的6倍，长度不超过高度的3倍。

砌块按主规格的高度分为小型砌块（块体高度＜380mm）、中型砌块（块体高度380～980mm）、大型砌块（块体高度＞980mm）；按照材质分可以分为混凝土砌块、硅酸盐砌块、轻骨料混凝土砌块和石膏砌块；按其在结构中的作用则可以分为承重砌块、非承重砌块（包括隔墙砌块和保温砌块）；按有无孔洞又可以分为实心砌块（无孔洞或空心率＜25%）、空心砌块（空心率≥25%）。

（二）特点

砌块的主要特点是：

（1）品种多。可根据隔热、隔音等要求制作相应功能产品，可以满足现代建筑对墙体隔热、隔音等的高标准要求.

（2）废料利用。能充分利用粉煤灰、矿渣等工业废料制造砌块，避免毁田烧砖，绿色环保。

（3）自重轻。采用空心结构或发泡技术，使砌块单位体积重量小、质轻，砌块做墙体可减轻建筑荷载。

（4）施工方便。与其他砌筑材料相比，它因尺寸较大，施工简便，砌筑速度快。

二、常用的几种砌块

（一）普通混凝土小型空心砌块（normal concrete small-sized hollow block）

普通混凝土小型空心砌块以水泥、砂、碎石和砾石为原料，加水搅拌、振动加压或冲击成型，再经养护制成的一种墙体材料。砌块的强度分为MU3.5、MU5.0、MU7.5、MU10.0、MU15.0和MU20.0六个等级。主规格尺寸为390mm×190mm×190mm，辅砌块规格尺寸为290mm×190mm×190mm和190mm×190mm×190mm，其他规格尺寸可由供需双方协商。最小外壁厚应不小于30mm，最小肋厚应不小于25mm；非承重砌块和保温砌块最小外壁厚和肋厚不应小于20mm。空心率应不小于25%。

混凝土小型空心砌块可用于低层和中层建筑的内、外墙。使用砌块做墙体材料时，应严格遵照有关部门所颁布的设计规范与施工规程。承重墙不得用砌块和砖混合砌筑。

（二）轻集料混凝土小型空心砌块（lightweight aggregate concrete small hollow block）

轻集料混凝土小型空心砌块是以水泥、砂和轻质集料按一定比例混合，经加水搅拌成型、养护制成的轻质墙体材料。轻质集料（骨料）根据其来源可以划分为三类：①天然轻骨料，如浮石、火山渣；②工业废渣轻骨料，如煤渣、自然煤矸石；③人造轻骨料，如陶粒、膨胀珍珠岩等。轻集料混凝土小型空心砌块按砌块孔的排数分为五类：实心（0）、单排孔（1）、双排孔（2）、三排孔（3）和四排孔（4）。按砌块强度分为 MU1.5、MU2.5、MU3.5、MU5.0、MU7.5、MU10 六个等级。用于非承重内隔墙时，强度等级不宜低于 3.5。按砌块尺寸允许偏差和外观质量，分为优等品（A）、一等品（B）和合格品（C）三个等级。主规格尺寸为 390mm × 190mm × 190mm。其他规格尺寸可定制。

轻集料混凝土小型空心砌块是一种轻质高强、能取代普通黏土砖的最有发展前途的墙体材料之一，又因其绝热性能好、抗震性能好等特点，在各种建筑的墙体中得到广泛应用，特别是绝热要求较高的维护结构上使用广泛。

普通混凝土小型空心砌块和轻集料混凝土小型空心砌块总称混凝土小型空心砌块（concrete small-sized hollow block），简称小砌块。

（三）粉煤灰小型空心砌块（fly ash small hollow block）

粉煤灰小型空心砌块简称粉煤灰砌块。它指以粉煤灰、水泥、各种轻重集料、水为主要组分（也可加入外加剂等）拌和制成的小型空心砌块，其中粉煤灰用量不应低于原材料重量的 20%，水泥用量不应低于原材料重量的 10%。主规格尺寸为 390mm × 190mm × 190mm。其分类是按孔的排数分为：单排孔（1）、双排孔（2）、三排孔（3）和四排孔（4）四类。其等级一是按强度等级分为：MU2.5、MU3.5、MU5.0、MU7.5、MU10.0、MU15.0 六个等级；二是按尺寸偏差、外观质量、碳化系数分为：优等品（A）、一等品（B）和合格品（C）三个等级。

粉煤灰小型砌块所用原料中，粉煤灰和炉渣等工业废料占到 80%，在生产工艺中利用粉煤灰自身的部分热能，水泥用量比同强度的混凝土小型空心砌块少 30%，因而成本很低。粉煤灰小型空心砌块的使用地区，其售价一般比当地黏土砖便宜 10% ~ 20%。

粉煤灰砌块的墙体内外表面宜作粉刷或其他饰面，以改善隔热、吸声性能，并防止外墙渗漏，提高耐久性。

（四）蒸压加气混凝土砌块（autoclaved aerated concrete block）

蒸压加气混凝土砌块是以水泥、石灰、砂子、矿渣、粉煤灰等为主要原料，加入铝粉等发气剂，经搅拌成型、蒸压养护而成的实心砌块，简称加气砌块。一般长度为 600mm。高度和宽度有两个系列：高度为 200、250、300mm，宽度为 75、100、125、150、175、200、250mm……（以 25mm 递增）；高度为 240、300mm；宽度为 60、120、180、240、300mm……（以 60mm 递增）。强度分为 A1.0、A2.0、A2.5、A3.5、A5.0、A7.5、A10 七个级别。砌块按尺寸偏差、容重分为：优等品（A）、一等品（B）和合格品（C）三个等级。

蒸压加气混凝土砌块是一种有发展前途的新型墙体材料，它具有密度小、保温性能好、不燃和可加工性等优点。蒸压加气混凝土砌块的孔隙达 70% ~ 80%，单位体积重量是黏土砖的 1/3，保温性能是黏土砖的 3 ~ 4 倍，隔音性能是黏土砖的 2 倍，抗渗性能是黏土砖的 1 倍以上，耐火性能是钢筋混凝土的 6 ~ 8 倍。蒸压加气混凝土砌块的施工特性也非常优良，它不仅可以在工厂内生产出各种规格，还可以像木材一样进行锯、刨、钻、钉，又由于它的体积比较大，因此施工速度也非常快，可作为各种建筑的填充材料。

蒸气加压混凝土砌块主要用于建筑物的内外填充墙和非承重内隔墙，也可与其他材料组合成为具有保温隔热功能的复合墙体，但不宜用于最外层。

（五）免蒸加气混凝土砌块（又称环保轻质混凝土砌块）

免蒸加气混凝土砌块又称环保轻质混凝土砌块，其属于加气混凝土砌块类墙体材料，外观、内部气孔结构、性能等均与蒸压加气混凝土相似，但制作工艺不同，二者采用了不同的发泡方法和养护工艺。蒸压加气混凝土砌块通过内掺的发泡剂（铝粉）发生化学反应放出气体发泡，其生产、养护采用蒸压工艺。免蒸加气混凝土砌块却是发泡剂通过发泡机制泡后加入水泥浆中混合后注模，通过常温养护或干热养护成型。

环保轻质混凝土砌块常用的是普通光面砌块。环保轻质混凝土砌块不但具有高强抗裂的性能，而且抗渗抗水，在砌块砌墙以后可大幅度降低墙面吸水率，提高其抗冻性能和抗风化性能，使砌块的使用寿命大大延长，克服了蒸压加气混凝土砌块吸水率高、在墙面粉刷时需要涂抹界面剂、墙面易开裂和空鼓等不足。环保轻质混凝土砌块在砌筑以后可省去抹面砂浆和界面剂，省工省料。具有使用寿命长、耐候性好、不需要抹面砂浆等综合优势，比起加气混凝土墙体总成本低 2% ~ 5%。

环保轻质混凝土砌块强度等级以字母 A 开头，共分为 A0.5、A1.0、A1.5、A2.5、A3.5、A5.0、A7.5 七个等级。

（六）石膏砌块

石膏作为建筑材料日益被人们所接受，其制品有砌块、板材、装饰材料等，主要用于房屋内的非承重墙和装饰装修。石膏砌块 20 世纪 60 年代起源于德国，当时为手工制作，80 年代进入我国。石膏砌块无毒、无味、无害，属环保新型建筑材料。由于实心砌块重量大，暖气管线、上下水管线、电线等安装不方便，隔音效果差，所以多年来石膏砌块始终没能在我国发展起来。

石膏空心砌块具有轻质、高强、防火、阻燃、隔音等性能，采用干法施工方便快捷，无建筑垃圾、可钉、可锯、可刨、可粘结、可修补，不需龙骨加固，装修不用抹面，施工效率高，比红砖墙可增加使用面积 10%。

三、性能比较

混凝土砌块应用较多，与传统黏土砖相比，有着轻质、环保的优良性能（表 3-3-1）。

几种常用墙体砌块材料性能比较　　表 3-3-1

产品名称	容重（kg/m^3）	导热系数（w/m·k）	生产能耗（吨标煤 / 万块）	节能率（%）	利废率（%）	对比显示
实心黏土砖	1700 ~ 1800	0.81	1.32	0	0	容重大、保温隔热性差、节能性差、不能利废
普通混凝土空心砌块	1200 ~ 1400	0.7 ~ 1.2	0.4	69.70	0 ~ 44	容重偏大、保温隔热性能欠佳、节能性一般、利废率低
蒸压加气混凝土砌块	300 ~ 800	0.13 ~ 0.28	0.9	10	70	容重小、保温隔热性能好、生产能耗高、利废率高
环保轻质混凝土砌块	300 ~ 1230	0.08 ~ 0.27	0	90	70	容重小、保温隔热性能好、节能性好、利废率高

第四章　山石景观工程材料

山石景观是中国传统园林的重要组成部分，它历史悠久、姿态丰富、独具魅力。山石景观包括置石和假山两类形式，两者都要用到山石，山石是置石布置和假山建造的基本材料，根据其来源，又可分为自然山石和人造山石。

第一节　山石材料

一、自然山石

我国地域广阔，地质变化多端，为创造山石景观提供了丰富的材料，明代计成所著《园冶》一书中收录了15种山石，多数可以用于堆叠假山，从一般掇山所用的材料来看，山石的材料可以概括为如下几类，每一类又因产地地质条件不一而又可细分为多种。

（一）湖石类

主要以太湖石为主，太湖石因原产太湖一带而得此名，这是江南园林中运用最为普遍，也是历史上开发较早的一类山石。我国历史上大兴掇山之风的宋代寿山艮岳曾不惜民力从江南遍搜名石奇卉运到汴京（今开封），时称"花石纲"。"花石纲"所列之石大多是太湖石。自此，从帝王宫苑到私人宅园常以湖石炫耀家门，太湖石风靡一时。实际上湖石泛指经过熔融的石灰岩，在我国分布很广。不同种类的湖石在色泽、纹理和形态方面有些差别，可分为太湖石、房山石、英石、灵璧石、宣石等（彩图92）。

1. 太湖石

因产于太湖而得名，主要成分是碳酸钙，属于湖石。它兼具瘦、透、漏、皱等古人对石的审美要求，因而早在唐代就闻名于世。广义的太湖石指的是各地产的由岩溶作用形成的千姿百态、玲珑剔透的碳酸盐岩，而狭义的太湖石则指的是产于环绕太湖的苏州洞庭西山、宜兴一带的一种石灰岩，其质地坚硬，经千万年水浪的冲击和风化溶蚀而成，浸润不朽。其中以鼋山和禹期山最为著名。计成《园冶》中讲："苏州府所属洞庭山，石产水涯，惟消夏湾者为最。性坚而润，有嵌空、穿眼、婉转、险怪势。""太湖石"一词在唐吴融《太湖石歌》中就提道："洞庭山下湖波碧，波中万古生幽石。铁索千寻取得来，奇形怪状谁能识。"白居易《太湖石记》也写道："石有聚族，太湖为甲"。

太湖石质坚而脆，扣之有微声。敲击太湖石所发出的声响，清脆为上品，沉闷为下品。声质与山石的质地有关，质地致密者则声音清脆，质地疏松者则声音沉闷。

太湖石外观窝洞相套，玲珑剔透，圆润柔曲。由于风浪或地下水的熔融作用使石面产生凹面，进一步发展形成自然的沟、缝、穴、洞，故其纹理纵横、脉络显隐，石面上遍多坳坎，称为"弹子窝"。北宋文人米芾首次提出"相石法"，将太湖石之美概括成"秀"、"瘦"、"雅"、"透"四字；而清代李渔对米芾"相石法"中的"透"、"漏"、"瘦"三字作了重点诠释；宋代苏轼提出"石文而丑"的概念。于是现代形成了"瘦"、"透"、"漏"、"皱"、"丑"的赏石标准。瘦指的是立石纤细修长，形瘦神满，风骨傲然；透指的是石上洞穴透空，可以前后左右望穿；漏指的是石上洞隙上通下达，且与横向透洞相连；皱指的是表面沟壑凹凸层叠，形成皱褶；丑指的是石之顽夯拙朴。太湖石长年受湖水冲击形成的洞眼，给山石增添了神秘感；并且，文人把它作为神仙栖息的仙洞。所以，太湖石也成了神石与神山。形状和洞眼是选择太湖石最基本的条件，也是鉴赏太湖石最重要的两个要素。

太湖石的形态特征主要归纳为两类：一类是山形石，可表现山峰景观，特别适于用做特置的单峰石和环透式假山。因此，常选其中形体险怪、嵌空穿眼者作为特置石峰。另一类是象形石，用来表现人物、动物和云形的。

此石在水中和土中皆有所产。产于水中的太湖石色泽于浅灰中露白色，比较丰润、光洁，也有青灰色的，具有较大的皴纹而少很细的皱褶。产于石灰岩地区的山坡、土中或河流岸边的太湖石，是石灰岩经地表水风化溶蚀而生成的，其颜色多为青灰色或黑灰色，质地坚硬，形状变异。目前各地新造假山所用的太湖石，多呈环形或扇形，大多属于这一种。这类湖石分布很广，如北京、济南、桂林一带都有所产。也有称为“象皮青”的，外形富于变化，青灰中有时还夹有细的白纹。

和太湖石相近的，还有宜兴石（即宜兴张公洞、善卷洞一带山中）、南京附近的龙潭石和青龙山石，济南一带则有一种少洞穴、多竖纹、形体顽夯的湖石称为“仲宫石”，如趵突泉、黑虎泉都用这种山岩掇山，色似象皮青而细纹不多，形象雄浑。

2. 房山石

产于北京房山大灰厂一带山上，因之得名。它也是石灰岩，但为红色山土所渍满。新开采的房山石呈土红色、橘红色或更淡一些的土黄色，日久以后表面带些灰黑色，质地不如南方的太湖石那样脆，但有一定的韧性。这种山石也具有太湖石的涡、沟、环、洞的变化，因此也有人称它为北太湖石，其特征除了颜色和太湖石有明显区别以外，密度比太湖石大，扣之无共鸣声，多密集的小孔穴而少有大洞，因此外观比较沉实、浑厚、雄壮，这和太湖石外观轻巧、清秀、玲珑是有明显区别的。

3. 英石

主产区为广东省英德市望埠镇的英山，四川南部也大量存在，兴文县和洪县就大量出产这种石材，当地又称兴文石和洪县石。属湖石，为石灰石经自然风化和长期侵蚀而成，与太湖石、灵璧石、昆石并称“四大园林名石”。有关英石的记载出现在宋代，《云林石谱》对于英石有详细的记载：“英州含光、真阳县之间，石产溪水中，有数种……其质稍润……”。英石在宋代已经得到开发，出现了专门负责开采的“采人”。清代以后国土的统一和交通的发展使英石得到广泛的使用。

英石锋棱突兀，质坚而脆，用手指弹扣有较响的共鸣声，淡青灰色，有的间有白脉笼络，称石筋，多为中小形体。分为白英、灰英和黑英，灰英居多，白英、黑英均甚罕见。就其质地而论，可分为阳石和阴石两类。英石形态多变，或雄奇险峻，或嶙峋陡峭，或玲珑宛转，或驳接层叠。大块者可做园林假山的构材，或单块竖立、平卧成景；小块而峭峻者常被用以组合制作山水盆景。玲珑小块的英石，如质量特佳，且有奇特的形象者可作为案头几头石品摆设，甚有观赏价值。

4. 灵璧石

因产于安徽省灵璧县而得名，也称磬石。除了具有形式美之外，还兼具音韵之美，因此早在三四千年前就被人们所开发使用。主要成分是碳酸钙，属于湖石，有天下第一名石之称，在《云林石谱》中被放在首位。灵璧石为石灰岩，石产自土中，被赤泥渍满，需刮洗方显本色。石体一般为灰色而甚为清润，质地细密、光滑、坚硬且脆，用手弹有共鸣声，石面有坳坎的变化。石形千变万化，根据颜色分黑、白、红、灰四大类，有一百多个品种。加工抛光后，镜面异常光滑，能显映物影。灵璧石扣之有声，无论是用小棒轻击，还是用手指敲叩，都可以发出青铜之声。古代用做钟磬，又得名“八音石”。此石姿态奇逸、金声玉质，乾隆皇帝题封其为天下第一。这种山石可掇山石小品，更多的情况下是作为盆景石玩。

5. 宣石

产于宁国市。因内含大量白色显晶质石英，颜色洁白与雪花相近。山石迎光发亮，具有雪的质感，其色有如积雪覆于灰色石上，也由于为赤土积渍，因此又带些赤黄色，非刷净不见其质，所以愈旧愈白。由于它有积雪一般的外貌，扬州个园用它作为冬山的材料，效果颇佳。

（二）黄石与青石

黄石和青石均属于砂岩类石材，黄石为橙黄色块状体，青石则为青色片状体，两者主要用于掇山，因石块形体特征不同，所堆假山风格各具特色（彩图 93）。

1. 黄石

黄石属于砂岩类石材，色呈橙黄色。《园冶》“选石”一篇描述黄石“质坚，不入斧凿，其文古拙”，与湖石风格迥异。又言黄石产地很多“是处皆产”，常州黄山、苏州尧峰山、镇江圌山都是黄石产地。唐代，太湖石欣赏蔚然成风，其后掇山置石多用湖石，直到明代才有黄石的使用，并开始流行。文震亨《长物志》记载，“尧峰石，近时始出，苔藓丛生，古朴可爱，以未经采凿，山中甚多，但不玲珑耳。然正以不玲珑，故佳。”用黄石塑造的假山棱角分明、苍劲古拙，颇有绘画中折带皴的笔意，后来发展成为与湖石假山风格截然不同，但地位并列的掇山风格。

采下的单块黄石多呈方形或长方墩状，少有极长或薄片状者。由于黄石节理接近于相互垂直，所形成的峰面棱角锋芒毕露，棱之两面具有明暗对比、立体感较强的特点。它的轮廓呈折线，具有棱角分明的特征。给人一种质朴雄浑、苍劲古拙的阳刚之美，这正好与太湖石的阴柔之美截然相反。因而许多造园家对其非常喜爱，无论掇山、理水都能发挥出其石形的特色，所造之假山雄奇壮观、粗犷有力、浑厚古朴。扬州个园以黄石掇成秋山，色彩与秋之主题相呼应，为黄石掇山之佳品。

2. 青石

青石是一种水成岩中青灰色的细砂岩，质地纯净而少杂质。由于是沉积而成的岩石，石内就有一些水平层理。水平层的间隔一般不大，所以石形大多为片状，而有“青云片”之称。石形也有一些块状的，但成厚墩状者较少。这种石材的石面有相互交织的斜纹，不像黄石那样一般是相互垂直的直纹。青石多用于层叠成流云式假山或竖向立峰。这种山石在北京运用较多。

（三）石笋

石笋指外形修长呈条柱状，立于地上形如竹笋的一类山石的总称。颜色多为淡灰绿色、土红灰色或灰黑色，主要以沉积岩为主，产地颇广。常见石笋又可分为白果笋、乌炭笋、慧剑、钟乳石笋四种（彩图 94）。石笋的运用主要有两种形式，一种是以特置、散置等方式造景，既可做独立小景布置，如园林中的粉壁理石小景，又可结合其他景物造景，如个园与竹类配置做春景；另一种是以“山上立峰”的形式出现。以石笋在假山上做峰的做法在江南园林中较为普遍。

1. 白果笋

白果笋是在青灰色的细砂岩中沉积了一些卵石，犹如银杏所产的白果嵌在石中，因以为名。石面上“白果”未风化的，称为龙岩；若石面砾石已风化成个个小穴窝，则称为凤岩。北方则称白果笋为“子母石”或“子母剑”。“剑”喻其形，“子”即卵石，“母”是细砂母岩。这种山石在我国各园林中均有所见。有些假山师傅将大而圆的头向上的称为“虎头笋”，上面尖而小的称为“凤头笋”。

2. 乌炭笋

顾名思义，这是一种乌黑色的石笋，比煤炭的颜色稍浅而无甚光泽。如用浅色景物做背景，这种石笋的轮廓就更清晰。

3. 慧剑

这是北京假山师傅的沿称，所指是一种净面青灰色或灰青色的石笋。北京颐和园前山东腰有高可数丈的大石笋就是这种“慧剑”。

4. 钟乳石笋

即将石灰岩经熔融形成的钟乳石倒置，或用石笋正放用以点缀景色。北京故宫御花园中有用这种石笋做特置小品的。

（四）其他石品

主要指一些形态较好，质感、色彩独特，具有观赏价值的自然景石，诸如黄蜡石、木化石、松皮石、石蛋等（彩图 95），一般用于园林置石。

黄蜡石色黄，表面若有蜡质感，石形圆浑如大卵石状，多块料而少有长条形，广西南宁市盆景园即以黄蜡石造山。该石为内含铁、石英的矽化安山岩或砂岩。好的黄蜡石表面滋润细腻，质地似玉，色泽光彩耀人，有很高的欣赏价值，可做室内摆设。

木化石是几百万年以前的树木被埋入地下后，地下水中的二氧化硅、硫化铁、碳酸钙等物质进入到树木内部，替换了原来的木质成分而成的树木化石。它保留了树木的木质结构和纹理，但其实已是石头。颜色为土黄、淡黄、黄褐、红褐、灰白、灰黑等，抛光面可具玻璃光泽，不透明或微透明，因部分木化石的质地呈现玉石质感，又因其中所含的二氧化硅成分多，所以又称为树化玉或硅化木。木化石古老质朴，常做特置或对置，也可群植形成专类的木化石园。

松皮石是一种暗土红的石质中杂有石灰岩的交织细片，石灰岩部分经长期熔融或人工处理以后脱落成空块洞，外观像松树皮一般。该石属观赏石品种中的稀有石种，常见黑、黄两色，形态多有变异，表面会有很多的小孔，由于石皮似松，更显苍劲浑雄。

石蛋即产于海边、江边或旧河床的大卵石，有砂岩及各种质地的，体态圆润，质地坚硬。岭南园林中运用广泛，如广州市动物园的猴山、广州烈士陵园等均大量采用。

总之，我国山石的资源是极其丰富的。掇假山时要因地制宜，不要一味追求名石，应该“是石堪堆”。这不仅是为了节省成本，同时也有助于发挥不同的地方特色。承德避暑山庄选用塞外石为山，别具一格。

二、人工塑石假山

塑石假山是在继承发扬岭南园林的传统灰塑工艺的基础上发展起来的。在假山技艺发展的漫长时间里，岭南园林的匠人们早在百年前，就已发展出了不受材料和空间限制的塑石假山工艺。现在人工材料堆砌的假山大致有砖石结构塑山、钢筋混凝土塑山、“GRC”塑山、“FRP”塑山、“CFRC”塑山几种。这些人工合成材料堆砌的假山或纹理纵横、褶皱如云，或古拙奇瘦、玲珑剔透，达到了真假难辨的效果，令人慨叹不已。

（一）传统塑石假山

传统塑石假山用钢筋或其他骨架做造型，外裹钢丝网，用配色水泥砂浆塑造外形。当用真石叠山达不到设计意图时，或在难以承重的地方，比如在地下车库的顶上、楼层和屋顶上，均可以用塑山。另外真石难以实现的大跨度山洞和大型瀑布，用塑山都可解决，为此塑山是一种填补真石叠山空缺的最好方法。

1. 类型

（1）砖石结构塑石假山

是用砖石堆砌内胎或框架，塑造出假山的大致形态，然后用水泥做外层勾出山石的形态、高低、纹理等。这种堆砌假山的方法具有成本低、效果好的优点，但从结构来说，不利于对山体的取型、造势，做出来的作品大多数显得粗犷而厚重，不能展现天然山石的神韵。

（2）钢筋混凝土塑山

钢筋混凝土是塑石假山作品理想的骨架，整体性强，钢筋、铁丝网更便于山体的造型、取势，克服了砖石材料的自重大且不易于表现的不足。高 5m 以下的塑石假山，一般不需考虑钢筋锈蚀问题，水泥厚度一般在 3 ~ 5cm 即可。5m 以上的假山则需考虑钢筋骨架锈蚀问题。因此一定要做防锈处理，水泥厚度一般在 5cm 以上。钢筋混凝土可浇筑从基础到山顶的整个假山山体，然后在拆除山体模板后，再用素灰对假山的石纹、石缝、孔洞、涡旋等进行精雕细作，以突出自然山石的特征。最后进行着色，使之境界别开，山美如画。这类假山成本低，安全度高，形象逼真，能体现自然山石的参差隆突、古拙瘦奇，或清丽秀逸，或雄奇险峻，其缺点就是绿化效果难尽人意。

2. 传统塑石假山的优点

（1）自重相对较轻，施工灵活，受环境限制较小。可预留种植穴。特别适用于施工条件受限制或承重条件受限制的地方，如地下建筑物、建筑内空间和屋顶花园上等，巨型山石重量大、体量大不宜进入，仍可用塑石假山工艺塑造出结构稳定、自重较轻的巨型山石景观，为假山设计创造了广阔的空间。

（2）可以在非产石地区布置营造山石景象，其适用地域广阔。

（3）取材广泛，造价相对低廉。所用砖、水泥、钢材等材料来源广泛，取用方便，可就地解决，无需采石、运石之烦。相同条件下，与自然山石假山相比体量越大越能体现出价格优势。

（4）可塑性强，造型随意、多变。能更自由地创造峰、峦、洞、壁等各种自然景观，从而更能增加假山的艺术力，创造出更加壮阔的景观；便于塑造气势宏伟、富有力感的大型山石景观，特别是难以采运和堆叠的巨型奇石。

（5）塑石假山不单纯是艺术品，它能结合多方面的实用功能。大体量的塑石假山可以与一些功能性构筑物如配电室、售票室结合，充分利用内部空间。结合了多方面实用功能的塑石假山不再是单纯用以观赏的艺术品。如广州动物园的狮虎山恰当地与兽舍、工作间结为一体；而那石壁、巨岩又往往是一面面土山挡土墙。

（二）塑山新材料

1. 类型

（1）GRC 材料塑山

为了克服钢、砖骨架塑山存在着的施工技术难度大、皴纹很难逼真、材料自重大、易裂和褪色等缺陷，国内外园林科研工作者近年来探索出一种新型塑山材料——GRC，即玻璃纤维强化水泥（glass fiber reinforced cement）的简称。它是以耐碱玻璃纤维做增强材，硫铝酸盐低碱度水泥为胶结材，并掺入适宜集料构成基材，通过喷射、翻模浇注、挤出、流浆等生产工艺而制成的轻质、高强度、高韧性、多功能的新型无机复合材料。GRC 于 20 世纪 70 年代末应用于山石景观后又用于造园领域。目前，在国内外等地已用该材料制作塑石假山，取得了较好的艺术效果，是园林塑山中很受欢迎的一种复合材料。

GRC 材料在制品中使用了特种水泥并掺和抗拉强度极高的增强材料及用钢筋做骨架，破坏时增强材料和钢筋能大量吸收能量，因而耐冲击性能优越，抗弯强度也高。它具有比混凝土或水泥砂浆更好的性能，克服了水泥塑石假山表面容易产生裂纹的缺点，使用寿命也得到了延长。但是，由于 GRC 塑石假山是块状结构的组合，结合缝的处理对施工人员的技术水平要求较高。

（2）FRP 材料塑山

继 GRC 现代塑山材料后，目前还出现了一种新型的塑山材料——FRP，即玻璃纤维增强塑料（fiber glass reinforced plastics）的简称，俗称玻璃钢。FRP 是用不饱和树脂及玻璃纤维结合而成的一种复合材料。不饱和聚酯脂树脂由不饱和二元羧酸与一定量的饱和二元羧酸、多元醇缩聚而成。在缩聚反应结束后，趁热加入一定量的乙烯基单体配成黏稠的液体树脂。

该种材料具有刚度好、质轻、耐用、价廉、造型逼真等特点。FRP 塑石假山工艺的优点在于成型速度快，既可以直接在施工现场制作，又可以预制分割，方便运输，特别适用于大型的、异地安装的塑石假山工程。存在的主要问题是树脂液与玻纤的配比不易控制，对操作者的要求高，劳动条件差，树脂溶剂乃易燃品，制作过程中有气味；此外，在室外强日照下，玻璃钢受紫外线的影响易导致表面酥化，故其寿命大约为 20 ~ 30 年。

各工序材料：

①泥模制作：按设计要求放样制作泥模，泥模制作应在临时搭设的大棚（规格可采用 50m × 20m × 10m）内作业。制作时要避免泥模脱落或冻裂。因此，温度过低时要注意保温，并在泥模上加盖塑料薄膜。

②翻制石膏：一般采用分割翻制，便于翻模和以后运输的方便。分块的大小和数量根据塑山的体量来确定，其大小以人工能搬动为好，每块按顺序标注记号。

③玻璃钢制作：玻璃钢原材料采用 191 号不饱和聚酯及固化体系，一层纤维表面毯和五层玻璃布，以聚乙烯醇水溶液为脱模剂。要求玻璃钢表面硬度大于 34，厚度 4mm，并在玻璃钢背面粘配钢筋。制作时要预埋铁件以便安装固定用。

④基础和钢框架制作安装：柱基础采用钢筋混凝土，其厚度不小于 20cm，双层双向直径 12 配筋，C20 混凝土。框架柱梁可用槽钢焊接，柱距 1m ×（1.5 ~ 2）m，必须确保整个框架的刚度和稳定。框架和基础用高强度螺栓固定。

⑤玻璃钢预制件拼装：根据预制件大小及塑山高度，先绘出分层安装剖面图和分块立面图，要求每升高 1 ~ 2m 就要绘一幅分层水平剖面图，并标注每一块预制件 4 个角的坐标位置与编号，对变化特殊之处要增加控制点，然后按顺序由下向上逐层拼装，做好临时固定，全部拼装完毕后，由钢框架伸出的角钢悬挑固定。

⑥打磨、油漆：拼装完毕后，接缝处用同类玻璃钢补缝、修饰、打磨，使其浑然一体。最后用水清洗，罩以土黄色玻璃钢油漆即成。

（3）CFRC 塑石假山

CFRC，是碳纤维增强混凝土（carbon fiber reinforced cement or concrete）的缩写。它是

由碳纤维与水泥净浆或砂浆所组成的复合材料。通过把碳纤维在专门的搅拌机内搅拌，使之均匀分散于水泥砂浆中制成的，并应用于塑石假山景观工程。由于碳纤维具有极高的强度，高阻燃、耐高温，具有非常高的拉伸模量，所以CFRC的强度很高，具有抗侵蚀、抗冻融、抗光照、抗老化、抗水浸、高阻燃的特点。CFRC还具有良好的可塑性和电磁屏蔽功能，所以在航空、航天、电子、机械、化工、医学器材、体育娱乐用品等工业领域中应用广泛。它可以在短期内塑造大面积山水景观，这点比其他人工材料更胜一筹。CFRC还可以喷涂被植物破坏的山体和被风化了的山石，有固石、造型和彩化的作用。

2. 新材料塑石假山的优点

GRC、FRP、CFRC等新材料的出现，使塑石假山作品在现代园林中表现更为突出。这些人工合成的石材不仅形色、质感和天然石材难以区分，而且大多机械强度很高，使用寿命很长。其优点主要表现在以下几个方面：

（1）可塑性好、造型逼真、质感好。这也是新型材料塑石假山与水泥塑石假山最根本的不同之处。新型材料塑石假山的山石构件是以天然山石为原形进行翻模制作，无论是石头形状和表面效果都无异于真石头，能够完整地保留山石的纹理、皴皱。在翻模时加入适量的添加剂，还可以更好地表现山石的质感和润泽。

（2）工厂化加工和现场拼装，施工简便。工厂化加工，现场拼装，实现了制作和安装过程的分离，与现场浇注的水泥塑石假山相比，这种塑山工程的施工效率大大提高。

（3）材料自重轻、强度高、抗老化且耐水湿。GRC、FRP、CFRC与钢筋混凝土和砖石塑山相比，他们的主要特点是重量轻、抗性强、方便使用，尤其适宜在室内及屋顶花园等处使用。

（4）造型设计随意，可塑性大。新材料塑石假山易加工成各种复杂形体，在造型上需要特殊表现时可满足要求，与植物、水景等配合，景观更为丰富，富于表现力。

第二节 置石与假山结构材料

一、特置山石的结构

特置山石一般是石纹奇异、有很高欣赏价值的天然石。特置山石的基座，可以坐落于自然的山石面上，这种自然的基座称“磐”。特置山石也可以放在整形基座上，这种山石称为台景石。有的台景石与植物等相组合，仿佛大盆景，展示整体之美。

特置山石在工程结构方面要求稳定和耐久，其关键是掌握山石的重心线以保持山石的平衡。传统做法是用石榫头定位，石榫头必须在重心线上，其直径宜大不宜小，榫肩宽3cm左右，榫头长度根据山石体重大小而定，一般从十几厘米到二十几厘米。榫眼的直径应大于榫头的直径，榫眼的深度略大于榫头的长度，这样可以保证榫肩与基磐接触，可靠稳固。吊装山石前需在榫眼中浇入少量黏合材料，待石榫头插入时，黏合材料便可自然充满空隙。在养护期间，应加强管理，禁止游人靠近，以免发生危险。

没有合适的自然基座时，亦可以采用混凝土基础。方法如下：先在挖好的基础坑内浇注合适大小的混凝土基础，并留出榫眼，待基础完全干透后，再将峰石吊装，并用黏合材料粘牢。养护稳定后在混凝土上拼接与峰石纹理相同的山石，形成看起来很自然的基座。

二、假山结构材料

（一）基础材料

假山因体量巨大，一般都需要做基础，依据做法假山基础主要有以下几种：

（1）桩基。这是一种传统的基础做法，特别是水中的假山或山石驳岸用得很广泛。常用直径10～15cm木桩，桩长1m多，一般选用柏木桩、松木桩或杉木桩，按20～30cm间距梅花形排列，故称梅花桩。木桩打入土中至持力层，上覆厚实石板为基础，大面积的假山木桩在基础范围内均匀分布。如在水中堆假山，桩木顶端露出湖底十几厘米至几十厘米，其间用块石嵌紧，再用花岗石条石压顶，条石上面才是自然形态的山石，此即所谓“大块满盖桩顶”的做法。条石应置于低水位线以下，自然山石的下部亦在水位线下。这样不仅美观，也可减少桩木腐烂。江南园林还有打“石钉”挤实土壤的做法。如果基础为较软弱的土层，先将基槽夯实，在素土层上用钉石尖头向下打入土中，挤实土层，也可作为基础。

（2）灰土基础。北方园林中位于陆地上的假山多采用灰土基础。灰土基础有比较好的凝固条件，灰土凝固后不透水，可以减少土壤冻胀破坏。灰土基础的大小应比假山底面边界宽出0.5m左右，术语称为“宽打窄用”，以保证假山的重力沿压力分布的角度均匀地传递到素土层。灰槽深度一般为50～60cm。2m以下的假山一般是打一步素土、打一步灰土（一步灰土即灰土虚铺厚20～30cm，再夯实到10～15cm）；2～4m高的假山用一步素土、两步灰土。灰土的比例采用3∶7。

（3）浆砌块石基础。浆砌块石基础所用石料应选未经风化的坚硬石头，用1∶2～1∶3水泥砂浆浆砌，砂浆必须填满空隙，不得出现空洞和缝隙，厚30～50cm。采用浆砌块石基础能够便于就地取材，从而降低基础工程造价。

（4）混凝土基础。现代的假山多采用混凝土基础。这类基础耐压强度大，施工速度快。在基础坚实的情况下可利用素土槽浇注，基槽宽度同灰土基。陆地上选用不低于C10的混凝土，水中采用C15混凝土，混凝土的厚度陆地上约10～20cm，水中基础约为50cm。如遇高大的假山适当增加其厚度或采用钢筋混凝土基础。

（二）山体材料

假山山体包括拉底、中层和山顶三个部分。在基础上铺置底层自然山石，术语称为拉底。假山空间的变化都立足于这层，所以，“拉底”为叠山之本。假山大体堆叠完成后还要对山脚进行修饰，俗称做脚，就是用山石堆叠山脚，它是在掇山施工大体完工以后，于紧贴拉底石外缘部分拼叠山脚，以弥补拉底造型的不足。根据主山的上部造型来造型，既要表现出山体如同土中自然生长的效果，又要特别增强主山的气势和山形的完美。中层和山顶是观赏的主要部位，要求形态自然，或层叠而上、飘逸舒展，或竖向砌叠、挺拔有力。

1. 山体用石

用石需先选石，选石工作，需要掌握一定的识石和用石技巧。

（1）选石的步骤

首先，需要选取主峰或孤立小山峰的峰顶石、悬崖崖头石、山洞洞口用石，选定后分别做上记号，以备使用。

接着，要选假山山体向前凸出部位的用石、山前山旁显著位置上的用石以及土山山坡上的造景用石等。

然后，应将一些重要的结构用石选好，如长而弯曲的洞顶梁用石、拱券式结构所用的券石、洞柱用石、峰底承重用石、斜立式小峰用石等。

最后，其他部位的用石，则在叠石造山中随用随选，用一块选一块。

总之，山石选择的步骤应当是：先头部后底部、先表面后里面、先正面后背面、先大处后细部、先特征点后一般区域、先洞口后洞中、先竖立部分后平放部分。

（2）山石尺度选择

在同一批运到的山石材料中，石块有大有小、有长有短、有宽有窄，在叠山选石中要分别对待。对于主山前面比较显眼位置上的小山峰，要根据设计高度选用适宜的山石，一般应当尽量选用大石，以削弱山石拼合峰体时的琐碎感。在山体上的凸出部位或是容易引起视觉注意的部位，也最好选用大石。而假山山体中段或山体内部以及山洞洞墙所用的山石，则可小一些。

拉底山石要求有足够的强度，宜选用顽夯、敦实、平稳、坚韧的大石。拉底时要达到向背得宜、曲折错落、断续相间、密连互咬、垫平稳固。而石形变异大、石面皴纹丰富的山石则应该用于山顶做压顶的石头。较小的、形状比较平淡而皴纹较好的山石，一般应该用在假山山体中段。山洞的盖顶石、平顶悬崖的压顶石，应采用宽而稍薄的山石。层叠式洞柱的用石或石柱垫脚石，可选矮墩状山石；竖立式洞柱、竖立式结构的山体表面用石，最好选用长条石，特别是需要在山体表面做竖向沟槽和棱柱线条时，更要选用长条状山石。

（3）石形的选择

除了做石景用的单峰石外，并不是每块山石都要具有独立而完整的形态。在选择山石的形状时，挑选的根据应是山石在结构方面的作用和石形对山形样貌的影响情况。从假山自下而上的构造来分，可分为底层、中层和收顶三部分，这三部分在选择石形方面有不同的要求。

假山的底层山石位于基础之上，若有桩基则在桩基盖顶石之上。这一层山石对石形的要求主要应为顽夯、敦实的形状。选一些块大而形状高低不一的山石，具有粗犷的形态和简括的皴纹，可以适应在山底承重和满足山脚造型的需要。

中层山石在视线以下者，即地面上 1.5m 高度以内的，其单个山石的形状也不必特别好，只要能够用来与其他山石组合造出粗犷的沟槽线条即可。石块体量也不需很大，一般的中小山石相互搭配使用即可。

在假山 1.5m 以上高度的山腰部分，应选形状有些变异、石面有一定皱折和孔洞的山石，因为这种部位是人特别注意的地方，所以山石要选用形状较好的。

假山的上部和山顶部分、山洞口的上部，以及其他比较凸出的部位，应选形状变异较大、石面皴纹较美、孔洞较多的山石，以加强山景的自然特征。形态特别好且体量较大的，具有独立观赏形态的奇石，可用以“特置”为单峰石，作为园林内的重要石景使用。片块状的山石可考虑作为石榻、石桌、石几及蹬道用，也常选来作为悬崖顶、山洞顶等的压顶石使用。

山石因种类不同而形态各一，对石形的要求也要因石而异。人们所常说的奇石要具备“透、漏、瘦、皱”的石形特征，主要是对湖石类假山或单峰石形状的要求，因为湖石才具有涡、环、洞、沟的圆曲变化。如果将这几个字当作选择黄石假山石材的标准，就很脱离实际了，黄石是无法具有透、漏、瘦、皱特征的。

（4）山石皴纹选择

石面皴纹、皱折、孔洞比较丰富的山石，应当选在假山表面使用。石形规则、石面形状平淡无奇的山石，可选作假山下部、假山内部的用石。

作为假山的山石和作为普通建筑材料的石材，其最大的区别就在于是否有可供观赏的天然石面及其皴纹。故有“石贵有皮”之说，意思就是假山石若具有天然“石皮”，即有天然石面及天然皴纹，就是可贵的，是制作假山的好材料。

叠石造山要求脉络贯通，而皴纹是体现脉络的主要因素。皴指较深较大块面的皱折，而纹则指细小、窄长的细部凹线。“皴者，纹之浑也。纹者，皴之现也”，即是说的这个意思。需要强调的是，山有山皴、石有石皴。山皴的纹理脉络清楚，排列比较顺畅，主纹、次纹、细纹分明，如国画中的披麻皴、荷叶皴、斧劈皴、折带皴、解索皴等，反映了山地流水切割地形的情况。石皴的纹理既有脉络清楚的，也有纹理杂乱不清的，如一些种类山石的乱柴皴、骷髅皴等，就是脉络不清的皴纹。

在假山选石中，要求同一座假山的山石皴纹最好是同一种类，如采用了折带皴山石的，则以后所选用的其他山石也要是折带皴的；选了斧劈皴山石的假山，一般就不再选用非斧劈皴的山石。只有统一采用一种皴纹的山石，假山整体上才能显得协调完整，可以在很大程度上减少杂乱感，增加整体感。

（5）石态的选择

在山石的形态中，形是外观的形象，而态却是内在的形象，形与态是一种事物的两个无法分开的方面。山石的一定形状，总是要表现出一定的神韵态势。瘦长形状的山石，能够给人有力、向上的感觉；矮墩状的山石，给人安稳、坚实的印象；石形、皴纹倾斜的，给人以动感；石形、皴纹平行垂立的，则能够让人感到宁静、平和。因此，为了提高假山的内在形象表现，在选择石形的同时，还应当注意到其态势的表现。

传统品评奇石的标准中，多见以“丑”字来概括“瘦、漏、透、皱”等石形石态特点的。宋代苏东坡讲道：“石文而丑”，而后人即评论说：“一丑字而石之千态万状备也”。这个丑字，既指石形，又概括了石态。石的外在形象，如同一个人的外表，而内在的精神气质，则如同一个人的心灵。因此，在假山施工选石中特别强调要“观石之形，识石之态”，要透过山石的外观形象看到其内在的精神、气势和神采。

（6）石质的选择

质地的主要因素是山石的密度和强度。如作为梁柱式山洞石梁、石柱和山峰下垫脚石的山石，就必须有足够的强度和较大的密度。而强度稍差的片状石，就不能选用在这些地方，但选用来作为石级或铺地则可以，因为铺地的山石不用特别能承重。外观形状及皴纹好的山石，有的是风化过度的，其在受力方面就很差，这样石质的山石就不要选用在假山的受力部位。

质地的另一因素是质感。如粗糙、细腻、平滑、多皱等，都要别具匠心来筛选。同样一种山石，其质地往往也有粗有细、有硬有软、有纯有杂、有良有莠。比如同是钟乳石，但有的质地细腻、坚硬、洁白晶莹、纯然一色；而有的却质地粗糙、松软、颜色混杂。又如，在黄石中，也有质地粗细的不同和坚硬程度的不同。在假山选石中，一定要注意到不同石块之间在质地上的差别，将质地相同或差别不大的山石选用在一处，质地差别大的山石则选用在不同的处所。

（7）山石颜色的选择

叠石造山也要讲究山石颜色的搭配。不同类的山石固然色泽不一，而同一类的山石也有色泽的差异。“物以类聚”是一条自然法则，在假山选石中也要遵循。原则上的要求是，要将颜色相同或相近的山石尽量选用在一处，以保证假山在整体的颜色效果上协调统一。在假山的凸出部位，可以选用石色稍浅的山石，而在凹陷部位则应选用颜色稍深的山石。在假山下部的山石，可选颜色稍深的，而假山上部的用石则要选色泽稍浅的。

2. 山石胶结材料

山石之间的胶结，是保证假山牢固和能够维持假山一定造型状态的重要工序。石间胶结所用的结合材料，古代假山和现代假山是不同的。

（1）古代的假山胶结材料

在石灰发明之前古代已有假山的堆造，但其假山的构筑很可能是以土带石，用泥土堆壅、填筑来固定山石；或者，也可能用刹垫法干砌、用素土泥浆湿砌山石假山。到了宋代以后，假山结合材料就主要是以石灰为主了。用石灰做胶结材料时，为了提高石灰的胶合性能与硬度，一般都要在石灰中加入一些辅助材料，配制成纸筋石灰、明矾石灰、桐油石灰和糯米浆石灰等。纸筋石灰凝固后硬度和韧性都有所提高，且造价相对较低。桐油石灰凝固较慢，造价高，但粘接性能良好，凝固后很结实，适宜小型石山的砌筑。明矾石灰和糯米浆石灰的造价较高，凝固后的硬度很大，粘接牢固，是多数假山所使用的胶合材料。

（2）现代的假山胶结材料

现代假山施工已不用明矾石灰和糯米浆石灰等做胶合材料，而基本上全用水泥砂浆或混合砂浆来胶合山石。水泥砂浆的配制，是用普通水泥和粗砂，按 1∶1.5 ~ 1∶2.5 比例加水调制而成，主要用来粘接石材、填充山石缝隙和假山抹缝。

3. 勾缝材料

假山所用石材如果是灰色、青灰色山石，则在抹缝完成后直接用扫帚将缝口表面扫干净，同时也使水泥缝口的抹光表面不再光滑，从而更加接近石面的质地。对于假山采用灰白色湖石砌筑的，要用灰白色石灰砂浆抹缝，以使色泽近似。采用灰黑色山石砌筑的假山，可在抹缝的水泥砂浆中加入炭黑，调制成灰黑色浆体后再抹缝。对于土黄色山石的抹缝，则应在水泥砂浆中加进柠檬铬黄。如果是用紫色、红色的山石砌筑假山，可以采用铁红把水泥砂浆调制成紫红色浆体再用来抹缝。

（三）假山结构配件

1. 平稳设施和填充设施

为安置底面不平的山石，在找平山石以后，于底下不平处垫以一至数块控制平稳和传递重力的垫片，称为“刹”或“重力石”、“垫片”。

2. 铁活加固设施

常用熟铁或钢筋制成，用于在山石本身重心稳定的前提下加固。铁活要求用而不露，不易发现。常用的有以下几种（图 4-2-1）：

（1）银锭扣。为生铁铸成，有大、中、小三种规格，主要用以加固山石间的水平联系，先将石头水平向接缝作为中心线，再按银锭扣大小画线凿槽打下去，其上接山石而不外露。

（2）铁爬钉。用熟铁制成，用以加固山石水平向及竖向的连接。

（3）铁扁担。多用于加固山洞，作为石梁下面的垫梁。铁扁担之两端成直角上翘，翘头略高于所支承石梁的两端。

（4）铁吊架。是一种马蹄形吊架或叉形吊架，见于江南一带。扬州清代宅园“寄啸山庄”的假山洞底，由于用花岗石做石梁只能解决结构问题，外观极不自然，用这种吊架从条石上挂下来，架上再安放山石，便接近自然山石的外貌。

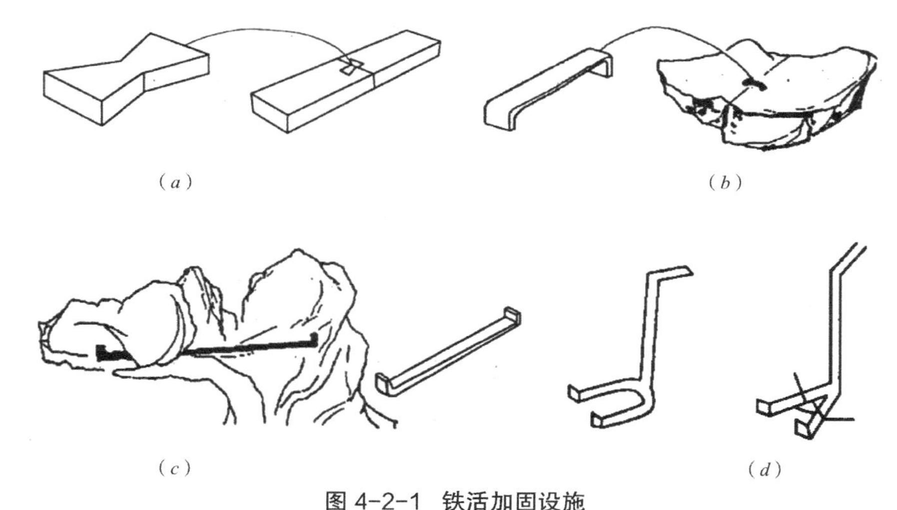

图 4-2-1 铁活加固设施

(a) 银锭扣；(b) 铁爬钉；(c) 铁扁担；(d) 铁吊架

三、传统塑山结构与材料

传统人工塑山根据其结构骨架材料的不同，可分为砖骨架塑山和钢骨架塑山。砖骨架塑山是用砖来砌筑塑山的结构骨架，适用于小型塑山及塑石；钢骨架塑山，是以钢构件、铁丝网作为塑山的结构骨架，适用于大型假山。砖结构简便节省，但在山形变化较大的部位，还是要用钢架悬挑。山体的飞瀑、流泉和预留的绿化洞穴位置，要对骨架结构做好防水处理。有些大型假山内部空间需要使用的情况下，也有主结构使用钢筋混凝土框架的，局部的造型再结合钢骨架。

（一）塑山的结构

1. 砖骨架塑山

由基础、混凝土垫层、砖骨架、砂浆打底、造型面层组成。砖骨架塑山的规模比较小，只能适合山体较小的假山或者是置石，在材料上和山体的规模上有很大的局限性。而且山的质感、润泽也比较差。

2. 钢骨架塑山

由基础、混凝土垫层、钢骨架、铁丝网、双面混凝土打底、造型面层组成。基本上能够塑造各种山体的假山。在建造大型的假山时，必须解决山体的负荷问题，钢筋骨架自身的质量要保证结构的稳定性。钢骨架工艺施工技术难度大，皱纹不易逼真，并且容易断裂、褪色，大大减少了假山的寿命。

大型假山可以先做钢筋混凝土框架，尤其是假山内部作为建筑空间使用时，更需如此。然后在此基础上再用钢构件骨架造出细部大致的形状变化。

（二）塑山各部分材料

1. 基础材料

塑山基础多采用混凝土基础。这类基础耐压强度大、施工速度快。在实际施工过程中可根据现场基土坚实度情况来确定浇注方法。一般情况下，在夯实基槽上铺筑一步 3 : 7 灰土基层或垫碎石层等，然后浇筑混凝土垫层。混凝土垫层厚度一般为 100 ～ 200mm。如遇大体量的假山，混凝土基础厚度应酌情增加或采用钢筋混凝土基础。陆地上的塑山基础施工，选用不低于 C15 的混凝土；水中假山基础采用 C20 混凝土做基础为妥。混凝土基础中所用钢筋直径的大小等，要根据山体的高度、体积以及重量和土层情况而定。

2. 山体结构材料

（1）基架材料。根据山形、体量和其他条件选择基架结构，如砖石基架、钢构件铁丝网基架、钢筋混凝土基架或三者结合基架。基架多以内接的几何形体为桁架，以作为整个山体的支撑体系，并在此基础上进行山体外形的塑造。施工中应在主基架的基础上加密支撑体系的框架密度，使框架的外形尽可能接近设计的山体形状，然后在钢骨架上焊接或捆扎造型钢筋，钢筋用木锤敲击成凹凸的自然外形。凡用钢构件基架的，都应涂防锈漆两遍。

（2）铁丝网。铁丝网在塑山中主要起成型及挂泥的作用，造型钢筋架和铁丝网是塑山效果的关键。钢筋要根据山形做出自然凹凸的变化，铁丝网一定要与造型钢筋贴紧扎牢，不能有浮动现象。砖石一般不设铁丝网，但形体宽大者也需铺设，钢骨架必须铺设铁丝网。铁丝网要选择易于挂泥的材料。

（3）打底及造型材料。塑山骨架完成后，若为砖石骨架，一般以 M7.5 混合砂浆打底，并在其上进行山石大面造型；若为钢骨架，则用粗砂配制 1∶2 或 1∶2.5 的水泥砂浆（可加入纤维和麻丝等），从钢筋骨架的内外两面进行抹面，抹 2 ~ 3 遍，使塑石的石面壳体总厚度达到 4 ~ 6cm，抹时对山石大面造型。

（4）抹面材料。用石色水泥浆在打底层上进行面层处理，做出山石皴纹，最后修饰成型。

塑山能不能仿真，关键在于石面抹面层的材料、颜色和施工工艺水平。要仿真，就要尽可能采用相同的颜色，通过抹面细致地刻画石面皴纹、质感等表层特征，使石面具有逼真的效果。面层根据设计要求，用石粉、色粉和白水泥或普通水泥按适当比例调成彩色水泥砂浆，也可用彩色水泥调制，然后按粗糙、平滑、拉毛等塑面手法处理。一般来说，直纹为主、横纹为辅的山石，较能表现峻峭、挺拔的姿势；横纹为主、直纹为辅的山石，较能表现潇洒、飘逸的意象；综合纹样的山石更能表现浑厚、壮丽的风貌。为了增强塑石的自然真实感，除了纹理的刻画外，还要做好山石的自然特征，如缝、孔、洞、裂、断层、位移等的细部处理。

（5）上色修饰材料。用 5% 左右的色粉和水泥加水拌匀，也可加适量 107 胶水调制基本上色浆料，用毛刷对塑石表面进行涂抹上色。在石缝孔洞或阴角部位略洒稍深的色浆，待塑面九成干时，在凹陷处洒上少许绿、黑或白色等大小、疏密不同的斑点，以增强立体感和自然感。

第五章　景观生态工程材料

在园林工程建设中，硬质工程材料的大量使用对人类的生态环境造成了严重的破坏。因而，如何减轻园林工程的环境负荷是当前需要解决的重要问题。为了实现园林生态功能、游憩功能和美化功能的协调发展，实现人与自然的和谐相处以及环境的可持续发展，需要我们在工程建设中应用新型的景观生态工程材料。

景观生态工程材料是创建环境友好的生态化景观的物质基础，一般指在园林工程中使用的、能减少环境影响的、具有良好的环境效益的新型材料。如传统的驳岸、护坡工程用混凝土、砖、石等材料保护水体岸壁，这种缺乏渗透性的硬质工程设施隔断了水体与岸上土体之间的物质交换和生物循环，破坏了河岸自然生态系统。而利用生态工程材料建造的"可渗透性"的生态护岸则弥补了这些缺点，它可以充分保证水陆之间的水分交换和调节功能，同时利于植物生长，在具有保持水土、抗洪护岸功能的同时，又具备优美的景观效果。

不同的景观工程材料安全性有所不同，在选择材料时，对于那些在工程使用过程中，需要防滑和承重的材料，一定要严格按照标准选择摩擦或负重系数较大的材料。工程中还要注意选取耐用性的材料，防止使用寿命短的材料很快就会出现工程质量问题，难以保证工程的使用年限。另外，在景观工程中，也必须要注意材料的外观审美效果，如果材料缺少美感，不具备足够的美观性，那么将失去景观的观赏价值。最后就是在选取材料中，注重生态性，使材料与自然环境有机结合，发挥出景观的生态效益。

第一节　土工布网材料

一、土工布

（一）土工布的简介

土工布，又称为土工织物，是以涤纶、丙纶、腈纶、锦纶等高分子聚合物为原料制作而成的合成纤维制成的纺织品。一般宽度为 4 ~ 6m，长度为 50 ~ 100m。按照制造方法可以分为有纺土工布和无纺土工布两种类型。作为一种新型建筑材料，在土木工程中与其他土工材料一起使用。美国材料试验学会（ASTM）给土工布下的定义是：一切和地基、土壤、岩石、泥土或任何其他土建材料一起使用，并作为人造工程结构、系统的组成部分的纺织物，叫作土工布（图 5-1-1）。

图 5-1-1　土工布外观图

土工布具有防渗、反滤、排水、隔离、加固、防护、密封等多种功能，它与常规的砌石及混凝土材料防渗效果相比，具有投资低、施工工艺简单、工期短、防渗效果好、渠道有效利用系数高等优点，在铁路、公路、水利、电力、冶金、矿山、建筑、军工、海港、农业等领域中应用广泛。景观工程中土工布主要应用于屋顶花园的过滤层和草坪种植时的覆盖层。

土工布的规格与参数见表 5-1-1。

土工布的规格与参数 表 5-1-1

规格（g/m^2）	100	150	200	250	300	350	400	450	500	600	800
厚度（mm）（≥）	0.9	1.3	1.7	2.1	2.4	2.7	3.0	3.3	3.6	4.1	5.0

（二）土工布的特点

1. 强度高

由于使用塑料纤维，土工布在干湿状态下都能保持充分的纵横向强力和延伸率，强度高。

2. 耐腐蚀

以丙纶或涤纶等化纤为原料，耐酸碱、抗腐蚀、抗氧化、耐高温、抗寒冻、抗紫外线辐射、抗机械磨损等，在不同的酸碱度泥土及水中能长久地耐腐蚀。

3. 透水和透气好

在土工布的纤维间有空隙，故有良好的渗水性能和透气性能。

4. 网孔不易堵塞

因为不定型纤维组织形成的网状结构有应变性和运动性，因此土工布的网孔较为灵活，不易堵塞。

5. 抗微生物性好

以丙纶或涤纶等化纤为原料，对微生物、虫蛀均不受损害。

6. 施工方便

由于材料质地轻柔，因此运送、铺设等施工均很方便。

7. 规格齐全

土工布是目前国内最宽的产品，幅宽可达 9m，单位面积质量为 100 ~ 1000g/m^2，具有多种规格。

8. 产品成本低

土工布是以涤纶、丙纶、腈纶等高分子聚合物为原料制作而成，工艺成熟，制作成本低。

9. 施工工期短

由于整体性强、强度高等特点，土工布施工方便快速，能够较大幅度地缩短工期。

（三）土工布的作用

1. 隔离作用

土工布可以对具有不同物理性质（如粒径大小、分布、密度及稠度等）的建筑材料（如土体与沙粒、土体与混凝土等）进行隔离，保持两种或多种材料间不相互混杂。用土工布分离不同的土质结构，可以形成稳定的分界面，使各层结构分离，按照要求发挥各自的作用和特性。

2. 过滤（反滤）作用

土工布结构蓬松，具有良好的透气性和透水性，当水由细料土层流入粗料土层时，水流可以通过，而土颗粒、细沙、小石料等能被有效地截住，从而保持水土工程的稳定。

3. 排水作用

土工布具有良好的导水性能，它可以在土体内部形成排水通道，把土中水分汇集起来，沿着材料的平面排出体外，将土体结构内多余液体和气体外排。

4. 加筋作用

土工布是高拉伸强度材料，而泥土是低拉伸强度材料，土壤与土工合成材料结合后可提高承受负载的能力。土工布能有效地增强土体的抗拉强度和抗变形能力，以改善土体质量。

5. 防护作用

水流对土体冲刷过程中，土工布能有效地将集中应力扩散、传递或分解，防止土体受外力作用而被破坏，从而保护土壤。

6. 防滑作用

土工布的摩擦系数高，能较好地产生有效摩擦，限制土木工程在长时间使用过程中发生位移，确保水土工程的稳定。

7. 防刺作用和防水防渗作用

土工布与土工膜结合可以成为复合防穿刺和防水防渗材料。防渗土工布是以塑料薄膜作为防渗基材，与无纺布复合而成的土工防渗材料，可以防止液体的渗漏，而又不阻碍气体的挥发，很好地保护环境或建筑物的安全。其防渗性能主要取决于塑料薄膜的防渗性能。

（四）土工布的类型

土工布大体分为三个类型，即织造型、非织造型、复合型。

1. 织造型土工织物

用传统纺织工艺制造，也称“有纺布”，由至少两组经纬相交的纱线（或扁丝）组成，一组沿织机的纵向（织物行进的方向）称为经纱，另一组横向布置称为纬纱。用不同的编织设备和工艺将经纱与纬纱交织在一起织成布状，按其加工的方法，又可细分为编织型、机织型和针织型。编织型土工织物主要是采用聚丙烯（PP）、丙乙纶扁丝为原料，吹膜切割的扁丝在圆织机上编织而成。机织型土工织物通常采用涤纶（PET）、聚丙烯等单丝或长丝并成复丝，或短纤维成纱及用 1 ~ 3mm 宽的聚烯烃薄膜扁带或塑料片丝交织成布，然后再用一对热压辊，把交织点热压粘合，以增加强度，减少变形。针织型土工织物是最新开发的高性能土工布，以经编为主，其纵向强力远远高于其他各类土工布，适用于强力要求高的工程领域。

织造型土工织物可根据不同的使用范围编织成不同的厚度与密实度，一般厚度为 0.2mm、0.4mm、0.7mm，厚度较薄。织造型土工织物抗张强力较非织造土工材料高一倍以上，其纵横向都具有相当强的抗拉强度（经度大于纬度），约 $250kg/cm^2$，因此具有很好的稳定性能。但其存在横向排水功能弱、过滤性能不佳等缺点。主要用于各类岩土工程的隔离、增强、加筋作用。

2. 非织造型土工织物

俗称“无纺布”，与织造土工布相比，非织造土工布的强度相对较低，但具有工艺流程短、生产效率高、门幅宽、孔隙范围大、蓬松性和透水性能好等特点，且非织造布成本低、价格便宜，通过处理可制成各种土工合成材料，适合土木工程中的大量使用，因此也发展迅猛。非织造型土工织物是由不规则排列的纤维经粘结、针刺制成的网状物，是由长丝或短纤维经过不同的设备和工艺铺排成网状，再经过针刺等工艺让不同的纤维相互交织在一起，相互缠结固着使织物规格化，让织物柔软、丰满、厚实、硬挺，以达到不同的厚度，满足使用要求。根据用丝的长短分为长丝无纺土工布或短丝无纺土工布，长丝的抗拉强度高于短丝，可根据具体要求选择使用。

无纺土工布表面柔软多间隙，压缩性较强，孔隙度较大，在垂直方向具有较好的渗透力，其摩擦系数高，有很好的附着力，可以防止细小颗粒通过，阻止了颗粒物的流失；由于纤维具有一定的抗撕裂能力，同时具有较大的延伸率，能适应较大的变形，对土体有很好的加强和保护作用；无纺土工布还具有很好的平面排水能力，可排除土体多余水分。总之，无纺土工布能起到很好的过滤、隔离、加筋、防护等作用，是一种应用广泛的土工合成材料，可应用于铁路、公路、运动场馆、堤坝、水工建筑、隧洞、沿海滩涂、围垦、环保等工程。还可用做土体加筋材料，使软基加固。同时，还能降低路堤下的孔隙水压，用于土石坝的排水系统、地下排水管道、各种堤岸的护坡垫肩等工程的滤层。因此，无纺土工布的发展速度很快，并已成为土工布的主要组成部分。

无纺土工布材料主要以优质涤纶短纤维为主（纤维 4 ~ 9dtex，长度 50 ~ 76mm），也可根据要求生产丙纶、锦纶、维纶或混合纤维的针刺无纺土工布，单位重量为 100 ~ 800g/m^2。无纺土工布的出现比织造土工布晚，按成网和固着方法的不同，可分成针刺型土工布、纺粘土工布、热熔粘合土工布等三大类，其中针刺型土工布在我国所占比例较大。

（1）针刺型土工布

针刺型土工布的原材料以涤纶短纤为主，其次是丙纶与维纶。通过采用短纤或长丝经过针刺固网所得，纤维经过开松混合、梳理（或气流）成网、铺网、牵伸及针刺固结后形成成品，针刺形成的缠结强度足以满足铺放时的抗张应力，不会造成撕裂和顶破。针刺型土工布的织物较厚，质地柔软，外形与毛毡相仿，密度高，结构蓬松，吸水和透水性能好，抗形变能力强，具有良好的反渗性能、排水性能和压缩性能，此外，还具有一定的增强和隔离功能，也可以和其他土工合成材料复合，具防护等多种功能。由于非织造土工布具有反滤和排水的特点，因此在水力学性能方面要特别予以重视，包括有效孔径和渗透系数。其渗透系数与沙粒滤料相当，但铺起来更方便，价格较实惠，因此用作各种渗水、排水系统的反滤材料尤为合适，也适合做路基。而且针刺型土工布可以通过改变纤维原料的规格参数、针刺工艺参数等来控制产品的孔径以满足实际应用的要求，结合工程的具体要求使孔隙分布有利于截留细小颗粒泥土又不至于淤堵。但是针刺型土工布也有较为明显的缺点，其抗张强力、撕裂强力较低，与纺粘法相比，针刺法工艺流程稍长，生产速度受针刺速度限制，成本稍高。

（2）纺粘土工布

长丝纺粘技术是非织造技术中发展最为迅速的一种工艺，在土工布领域中也是如此。该工艺的主要流程为：将聚合物的粒子或粉末熔融，然后喂入挤压机纺成连续的长丝束，并且不规则地铺放在传送带上形成纤网，在长丝还未完全凝固时用热压罗拉加压，或用粘合剂粘合，或用针刺法加固，形成连续均匀的土工布。这种方法工艺简单、门幅宽、产量高、成本低。由于是将长丝铺设成网，因此这类非织造布的质地均匀、强力高、伸长率好，不易被顶破、撕裂。目前，已成为主要的非织造土工布。

纺粘土工布产品的特点是较针刺型土工布薄而硬，厚度、透水性和压缩性较小，它能兼顾强力与过滤性能，但较针刺型土工布在幅宽方面有待于提高。纺粘土工布具有一系列优点：第一，各项力学性能十分优异。国内一些测试表明，其抗张强度是同等克重短纤针刺土工布的 1.5 ~ 1.9 倍。国外的一些资料则表明其相差倍数更大。此外，撕裂和顶破等强度、蠕变性能亦明显优于短纤针刺土工布。第二，保土能力强。水力学性能和短纤针刺土工布大体相当，渗透系数与短纤针刺土工布为同一数量级。只要使用得当，一段时间后其渗透系数大体能达到稳定，土粒不再随水流流失。第三，纺丝速度高，单机产量远高于短纤针刺设备。

（3）热熔粘合土工布

由同一种合成纤维或两种熔点不同的合成纤维，经开松、梳理、混合、铺网，通过一对加热轧辊，使纤网的表层或网中的低熔点纤维熔融，粘合在一起形成非织造土工布，也可在纤网表面撒热熔粘合剂，再经过热轧辊来达到纤维间的结合。热熔粘合法的关键在于热风烘燥，由于热风穿透纤维网，使纤维熔融并相互联结在一起而形成絮片状材料。粘合方式、纤网种类以及梳理工艺和纤网结构都将影响到最终产品的性能和外观质量。热熔粘合土工布可以通过不同的加热方法来实现。对于低熔点纤维或双组分纤维的纤网，可采用热轧粘合，也可采用热熔粘合；对于普通热塑性纤维及其与非热塑性纤维混合的纤网，可采用热轧粘合。热熔粘合土工布的强力较低，定量较轻，一般很少用于土工材料。

3. 复合型土工织物

指以纺织物（或非织造布）作为载体，或称基布，通过涂层加工或者通过浸渍、组合、层叠、层压加工技术，或者上述任意两种（或两种以上）加工技术在某种程度的交叉结合所得到的材料，如复合土工膜、排水板及土工垫块等等。纺织物的复合化反映了当前纺织品发展的技术性、与其他相关产业关联的渗透性特点。复合型土工纺织物又分为两种，一种是采用土工织物与塑性薄膜（PVC、PU）复合而成的防渗性建材。在这里，织物提供其强力等机械性能，薄膜增强其防渗性能。尤其是经编双轴向织物与 PVC 涂层复合，所得产品的结构尺寸稳定、与树脂结合性好、耐剥离性好，目前已广泛用于土工建筑、水利、垃圾处理等方面。另一种是采用多种成型工艺结合生产的纺织物，利用不同工艺交叉结合对纺织物进行加工，赋予了织物以新的特性。例如，机织基布与针刺非织造布结合生产的过滤材料，其机织基布赋予产品强力、尺寸稳定性等机械性能，针刺布提供产品以过滤性能，使土工织物既有强力高、尺寸稳定等机织物特点，同时又增强其排水、过滤等性能。利用工艺的组合可以取长补短，增强织物性能，扩大产品的应用领域。

复合型土工布类型较多，此处仅介绍常用的几种：

（1）防渗土工布

以塑料薄膜作为防渗基材，与无纺布复合而成的土工防渗材料，它的防渗性能主要取决于塑料薄膜的防渗性能。国内外防渗应用的塑料薄膜，主要有聚氯乙烯（PVC）和聚乙烯（PE），它们是一种高分子化学柔性材料，比重较小，延伸性较强，适应变形能力高，耐腐蚀，耐低温，抗冻性能好。无纺布亦是一种高分子短纤维化学材料，通过针刺或热粘成形，具有较高的抗拉强度和延伸性，它与塑料薄膜结合后，不仅增大了塑料薄膜的抗拉强度和抗穿刺能力，而且由于无纺布表面粗糙，增大了接触面的摩擦系数，有利于复合土工膜及保护层的稳定。防渗土工布的主要机理是以塑料薄膜的不透水性隔断土体漏水通道，以无纺布较大的抗拉强度和延伸率承受水压和适应土体变形。同时，它们对细菌和化学作用有较好的耐侵蚀性，不怕酸、碱、盐类的侵蚀。

（2）经编复合土工布

经编复合土工布是以沿经纬分布的玻璃纤维（或合成纤维）为增强材料，通过与短纤针刺无纺布复合而成的新型土工材料。经编复合土工布不同于一般机织布，其最大特点是经线与纬线的交叉点不弯曲，各自处于平直状态。经编复合时，即利用经编捆绑线在经、纬纱与短纤针刺土工布的纤维层间反复穿行，使三者编结为一体。因而可全面较均匀同步承受外力，且当施加的外力撕裂材料的瞬时，纱线会沿初裂口拥集，增加抗撕裂强度。经编复合土工布既具有高抗拉强度、低延伸率的特点，又兼有针刺非织造布的过滤等性能，具有加筋、隔离和防护等功能。

（3）烧毛土工布

烧毛土工布全称“聚酯长丝烧毛土工布”，它包括无纺土工布基层，在无纺土工布基层上设有一层烧结层，既达到了无纺土工布表面结团的目的，增加表面粗糙程度，又保持了无纺土工布的原有性能。烧毛土工布是按照现行国家标准《生活垃圾卫生填埋处理技术规范》GB 50869—2013，专为垃圾卫生填埋场边坡防滑设计研制的垫衬防护土工布。土工布单（双）面加糙，在工程中与聚乙烯膜的糙面互相结合，增大布膜之间的摩擦力，从而起到良好的应用效果。

总体而言，上述土工布类型中，非织造型土工布价格较低，但抗拉强度及初始模量都不及织造型土工布，对于抗拉强度要求高的，一般使用织造型土工布。虽然织造型土工布的孔眼大小和孔隙率可以在生产中加以控制，但组织交织点处不联结，机械作用力容易使纤维或纱线游移，孔径变大，甚至局部破损、纤维断裂，造成纱线绽开、脱落。非织造型土工布除了具有较高抗张强度外，其变形模量、孔径等指标都可按需要调节。合成型和复合型土工布具有非织造型和织造型土工布两者的优点，是当今国内外大力推广的土工布。

二、三维植被网

（一）三维植被网简介

三维植被网以热塑性树脂为原料，采用科学配方，经挤出、拉伸等工序精制而成。它无腐蚀性，化学性稳定，对大气、土壤、微生物呈惰性。

三维植被网的底层为具有高模量的基础层，一般由 1 ~ 2 层平网组成，采用双向拉伸技术，其强度高，足以防止植被网变形。三维植被网上部一层为非拉伸挤出网，形成一个起泡膨松网包用于固土，包内填种植土和草籽，能减缓雨水的冲刷，有利于植物生长。在草皮未形成之前，三维网可保护坡面免受雨水侵蚀；草皮长成后，草根与网垫、泥土一起形成一个牢固的复合力学嵌锁体系，起到坡面表层加筋的作用，有效防止坡面冲刷，达到加固边坡、美化环境的目的（图 5-1-2）。

用于护坡的土工三维植被网规格一般为：三维网厚度大于等于 12mm，单位面积质量大于等于 260g/m^2；纵、横向拉伸强度大于等于 1.4kN/m，幅宽一般为 1m、1.5m、2.0m，长度 50m，颜色为黑色或绿色。

三维网喷播植草绿化一般适用于坡比不陡于 1 ∶ 0.75、坡高小于 10m 的路堑边坡，岩性为土质、强风化软质基岩，要求边坡自身稳定。此方法也作为预制混凝土框格内填土绿化等方法的表面工程。

（二）三维植被网的护坡机理

在植物萌发之前，由于网包的作用，能降低雨滴的冲击能量，并通过网包阻挡坡面雨水的流速，从而有效地抵御雨水的冲刷。而且，网包中的填充物（土颗粒、营养土及草籽等）能被很好地固定，这样在雨水的冲蚀作用下就会减少流失。当然，在植物生长初期，由于单株植物形成的根系只是松散地纠结在一起，没有长卧的根系，易与土层分离，还起不到很好的保护作用。但后期植物的庞大根系与三维网的网筋连接在一起，形成一个板块结构（相当

图 5-1-2 三维植被网外观图

于边坡表层土壤加筋），增加了防护层的抗张强度和抗剪强度，限制在冲蚀情况下引起的“逐渐破坏”（侵蚀作用会对单株植物直接造成破坏，随时间推移，受损面积加大）现象的扩展，最终限制边坡浅表层滑动和隆起的发生。在一定的厚度范围内，三维网的应用增加了土壤的机械稳定性能，实现了更彻底的浅层保护。

三维植被网护坡通过网和植物的结合，起到了复合护坡的作用。边坡的植被覆盖率达到30%以上时，能承受小雨的冲刷；覆盖率达80%以上时，能承受暴雨的冲刷。待植物生长茂盛时，能抵抗冲刷的径流流速达6m/s，为一般草皮的2倍多。三维网的存在，对减少边坡土壤的水分蒸发、增加入渗量有良好的作用。同时，由于其材料为黑色的聚乙烯，具有吸热保温的作用，可促进种子发芽，有利于植物生长。

三、植生毯

（一）植生毯简介

植生毯又称环保植生毯、环保草毯、草坪毯、椰纤维毯，是采用天然的植物纤维层，连同聚丙烯（PP）定型网、草种布，通过先进设备一次性制造而成的生态护坡材料。植生毯为环保型边坡绿化护坡材料，它以稻秸、麦秸、棕榈、玉米秆、椰壳纤维等废弃纤维为基底，连同草籽、营养剂、专用纸、定型网等多种材料，采用植生毯生产机械复合在一起，形成具有一定厚度的水土保持产品。

植生毯使用时，如同铺地毯一样，将草毯覆盖于山坡、路基或坪床上，用锚钉或锚卡固定，洒水养护成坪。这种技术将植物种子与肥料均匀混合，草种、肥料不易移动，草种出苗率高、出苗整齐、建坪速度快。更重要的是，它在草坪长成前就能起到很好的固沙、护坡和防止水土流失的作用，这对开山修路等建设工程具有很高的环保价值。另外，环保草毯与传统的“草皮卷”相比，由于无须占用大量农田种植草坪然后移栽，不仅避免了大量优质土地的占用，还节省大量运输和移植的费用，降低了草坪建植成本。

植生毯结构分为6层，分别为上层PP网、植物纤维层、衬纸层、种子层、衬纸层和下层PP网（图5-1-3）。

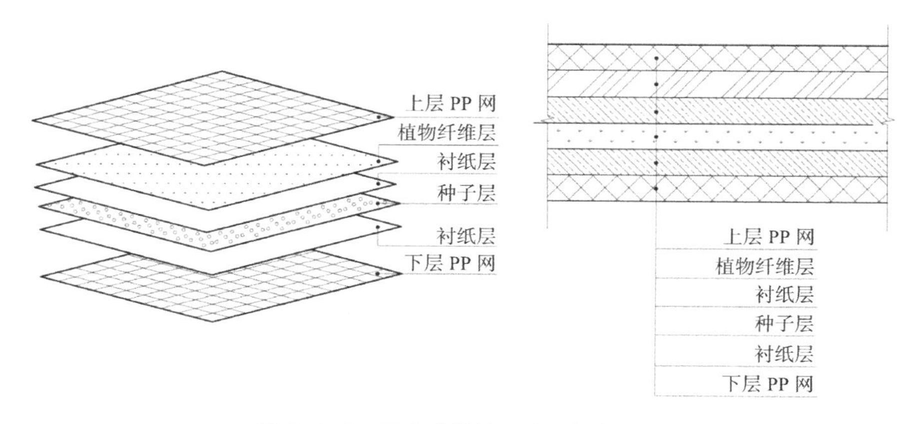

图5-1-3 植生毯结构示意图与断面图

（二）植生毯的特点

1. 抗风蚀能力强

植生毯可在气候条件比较恶劣的环境下，为植被营造适宜生长的条件，抗风速达10m/s。

2. 抗冲刷能力强

植生毯可实现在角度 25° 以上的斜坡坡面进行绿化，长期抗流速 1.2 ~ 1.8m/s 的水流冲刷，短期抗流速 3m/s 的水流冲刷，防止流经地表水造成的水土流失。

3. 创造植物生长条件

对条件恶劣的沙质土，植生毯除了具有防沙固土的功能，还为植物生长提供了良好的基质。它可以调节表土自然温度，使种子避免阳光直射，保湿保墒，给种子发芽提供了温床，为植物生长提供了较好的条件。

4. 环保经济

植生毯的原料均为农作物的废弃秸秆等天然植物纤维。将废弃秸秆用于改善土壤，既解决了农作物废弃秸秆的环境污染问题，还可以变废为宝，为农民增加经济收入，是典型的循环经济环保产品。

5. 生产简单、施工便捷

植生毯为工业化生产，便于贮藏、运输。具有施工技术简单、施工速度快的特点，其施工速度可达到传统草坪铺设速度的十几倍至几十倍。

（三）植生毯的应用

植生毯技术给草坪建植方式带来一场根本性的变革，使得快速、高质量建植草坪成为可能。植生毯适用于坡度较缓的土质路堤边坡、土石混合路堤边坡、土石混合路堑边坡。使用时，如同铺地毯一样，将植被毯覆盖于山坡、路基或坪床上并浇水，若干天后，草种发芽生长，即形成优质草坪。由于植生毯本身的覆盖与保护作用，地面上的植生毯虽未长成草坪，但可抗水和风的侵蚀，固化地表，防治水土流失，防止土壤表面的水分蒸发，因此可起到很好的固沙、护坡和防治水土流失的作用，这对开山修路等建设工程极为重要。

植生毯未来的发展将会越来越广阔。它不仅可以应用于上述道路边坡绿化，还可用于河道和水库的堤岸绿化、湿地植被恢复、荒漠化治理、垃圾填埋场封场、矿山复绿等施工难度高的边坡加固和生态恢复工程；更可广泛应用于城市园林绿化，以及飞机场、足球场、高尔夫球场等领域。

（四）植生毯的类型和规格

1. 类型

按照所用原料分为：

（1）秸秆草毯：用于风和水侵蚀较小的地方，如坡度较缓的斜坡、园林绿化、果园铺敷，防止水土流失和扬尘。

（2）稻秸和椰壳混合料草毯：用于中等侵蚀和损害的场地，如陡峭山坡、矿山治理、桥端三角洲、河流堤坝等，中等雨量和有时发大水的场所。

（3）椰壳类纤维草毯：该产品耐盐水和紫外线侵蚀，用于水土流失大、要求防止冲刷的场地，如需长时间保护的斜坡、道路河岸水坝加固绿化、沙质土的绿化等。

（4）特殊用途草毯：用于一些特定场所或特殊目的的草坪建植，如屋顶绿化草毯、军事伪装植物毯、森林再造覆盖草毯、缀花草毯、草坪草毯、种植板等。

按照使用要求分为：带草籽或不带草籽。带草籽的植生毯草籽含量为 $25g/m^2$，出芽率为 85%。

2. 规格

草毯幅面：（2 ~ 2.5）m（宽）×（30 ~ 50）m（长），呈圆筒状包装。

草毯厚度：纤维植生毯 5 ~ 6mm，秸秆植生毯 8 ~ 10 mm，最大可达 200mm。

草毯密度：200 ~ 2000g/m^2。

草毯强度：根据使用需要，选用不同纤维芯及护网，一般抗拉强度为 50 ~ 80kN/m。

（五）植生毯与传统草坪对比的优越性

（1）节约土地，由于植生毯生产过程不需要占用农田，避免了大量优质土地的占用和土质破坏。

（2）节约水资源，植生毯生产和施工后养护过程不需要大量灌溉，甚至可以做到零养护，节约用水，而传统草皮卷的生产和移栽均需大量的浇水养护。

（3）节省大量运输和移植的费用，降低了草坪建植成本。

（4）施工工艺简单，施工速度快，建坪效率高，日施工量可达数万平方米，使大规模的建植成为可能。且一年四季都可以施工，不受季节影响。

（5）选择性强。可以根据用户要求，根据当地的气候条件、年降雨量和土质条件等综合因素，来选择适合的草毯和草种。

（6）可以适用于各种恶劣的自然环境，可以在裸岩、沙漠上种植。

第二节　土工格框材料

一、土工格室

（一）土工格室的简介

土工格室是一种采用高强度聚乙烯片材，经超声波焊接等方法连接，形成的一种三维网状格室结构材料，属于特种土工合成材料。土工格室与土、砂、石等松散填料共同构成不同粘聚力、不同加筋强度、不同深度的垫层。研究表明，土工格室作用关键原理就是三维限制，作为“一种蜂窝状三维限制系统，可以在很大范围内显著提高普通填充材料在承载和冲蚀控制应用中的性能”。土工格室可极大地提高一般填土承受动荷能力，提高路基边坡土体抗剪强度，从而达到提高边坡稳定性之功效。土工格室具有以下特点：土工格室伸缩自如，运输时可缩叠，施工时可张拉成网状，填入泥土、碎石、混凝土等松散物料，构成具有强大侧向限制和大刚度的结构体；土工格室材质轻、耐磨损、化学性能稳定、耐光氧老化、耐酸碱，适用于不同土壤与沙漠等土质条件；土工格室有较高的侧向限制和防滑、防变形能力，可有效增强路基的承载能力；一般情况下格室内充填砂砾或碎石等非黏性材料，因此土工格室加固层又是一个水平排水通道，可加快饱和土固结过程中空隙水压力消散速度，从而加速土体的固结。总之，土工格室具有垫层、加筋、排水、调节应力及变形、提高土体抗渗能力的综合功效。通过改变土工格室高度、焊距等几何尺寸可满足不同的工程需要（图 5-2-1）。

图 5-2-1　土工格室外观图

土工格室的应用领域主要有：用来作为垫层，处理软弱地基，增大地基的承载能力；用来建造支挡结构等；铺设在坡面上构成坡面防护结构；用于城市绿化的植被保护。

（二）土工格室的规格与参数（表 5-2-1）

土工格室的规格与参数　　表 5-2-1

产品型号	TGGS-200-400	TGGS-150-400	TGGS-100-400	TGGS-75-400	TGGS-50-400
格室缩叠时的宽度	62 ± 3	62 ± 3	62 ± 3	62 ± 3	62 ± 3
格室缩叠时的长度	5600 ± 20	5600 ± 20	5600 ± 20	5600 ± 20	5600 ± 20
格室伸张时的长度	4100 ± 50	4100 ± 50	4100 ± 50	4100 ± 50	4100 ± 50
格室伸张时的宽度	6300 ± 50	6300 ± 50	6300 ± 50	6300 ± 50	6300 ± 50
格室高	200	150	100	75	50
格室焊点距离	400	400	400	400	400
焊点数（个）	14	14	14	14	14
格室单孔面积（m^2）	0.07	0.07	0.07	0.07	0.07
格室片厚	1 ± 0.05	1 ± 0.05	1 ± 0.05	1 ± 0.05	1 ± 0.05
每件片数（片）	50	50	50	50	50
格室单位面积质量（g/m^2）	2400 ± 50	1800 ± 50	1200 ± 50	900 ± 50	600 ± 50

（三）土工格室的类型

土工格室目前有两大类，一类为塑料土工格室，另一类为增强土工格室。塑料土工格室是由高强度的聚乙烯（HDPE）或聚丙烯（PP）共聚料宽带，经过强力焊接或铆接而形成的一种三维网状格室结构；增强土工格室是在塑料土工格室基础上，加入钢丝、玻璃纤维、碳纤维等筋材组成的复合片材，通过插件或扣件等连接而成，展开后是蜂窝状的立体网格。格室未展开时，在同一条片材的同一侧，相邻两连接处之间的距离为连接距离。

二、植草格

（一）植草格简介

植草格又称植草框、植草垫、草坪保护垫，采用改性高分子量聚乙烯（HDPE）为原料，绿色环保，完全可回收。植草格是一种专为室外景观及都市生态需要而研发的产品，完美实现了草坪、停车场二合一，适用于停车场、消防登高面、高尔夫车道等（图 5-2-2）。

其特点为：

（1）植草功能强：草格提供超过 95% 的植草面积，形成完全的绿化效果，可以吸音、吸尘，明显提升了环境的品质。

（2）节约投资：完美实现草坪、停车场合二为一，节约投资。

（3）平整稳定：植草格独特而稳固的平插式搭接使整个铺设面连成一个平整的整体，避免局部凹陷。

图 5-2-2　植草格外观图

（4）高强度、性能稳定：植草格采用高强度材料，抗压能力最高 $200t/m^2$，大于规范要求的消防登高面 $32t/m^2$ 的承载力要求。材料环保无毒、无污染，耐冲击、抗老化、抗紫外线、耐磨、耐腐蚀，耐候 -40 ~ 90℃。

（5）排水优良、利于草坪生长：碎石承重层提供了良好的导水功能，方便多余降水的排出。同时，碎石承重层又提供了一定的蓄水功能，有利草坪生长，草根可生长到碎石层。

（6）轻便节约、安装快捷。植草格重量 $5kg/m^2$，极其轻便，可自由组合及拆卸，可调节伸缩缝，独特的平插式搭接，带有连接扣便于安装，省工、快捷，缩短施工周期。可重复利用，节约投资。

（二）植草格的规格与参数

植草格的形状为方块状，格子形状有六边形和圆形等，其规格各厂家产品不同，一般边长从 300mm 至 500mm 均有，厚度一般为 35mm、38mm、40mm、50mm。

（三）停车场植草格结构材料

1. 地基

素土分层夯实，密实度应达到 85%以上；属于软塑-流塑状淤泥层的，建议抛填块石并碾压至密实。

2. 垫层

垫层为 150mm 厚砂石，其组成为：中粗砂 10%、粒径为 20 ~ 40mm 的碎石 60%、黏性土 30%，三者混合拌匀，摊平碾压至密实。

3. 稳定层

稳定层厚 60mm（兼作养植土层），材料为：25%的粒径、10 ~ 30mm 的碎石、15%的中等粗细河砂、60%的耕作土并掺入适量有机肥，三者翻拌均匀，摊铺在砂石垫层上，碾压密实，即可作为植草格的基层。

4. 植草格层

在基层上撒少许有机肥，即可人工铺装植草格。植草格的外形尺寸是根据停车位的尺寸模数设计的，一般在铺装时不用裁剪；当停车位有特殊形状要求或停车位上有污水井盖时，植草格可作裁剪以适合停车位不同形状的要求。

5. 种植土

在植草格的凹植槽内撒上 30mm 厚的种植土，种植土层上铺草皮或播草籽。

6. 停车位植草格分隔线

可以采用大理石条、透水砖或种植矮植物绿篱分成若干停车位，也可采用醒目的标记帽，嵌入蜂窝格中作为停车位分隔线。

三、植草砖

（一）植草砖简介

景观工程中提倡透水型铺地，即能使雨水通过，直接深入路基的地面铺装。嵌草路面是一种典型的透水透气性铺地，能够将水分渗入土壤，改善植物立地条件，涵养水源，并减少城市雨水管道的负担。嵌草路面还能降低路面的地表温度，形成绿色地面，与自然环境协调。嵌草路面有两种：一种是用整体的块料铺装路面，在块料与块料之间留出一定宽度的缝隙植草，如冰裂纹嵌草路、整形铺块嵌草路等；另一种是用预制混凝土材料制作成中间有空隙、可以种草的各种纹样的路面砖，称为植草砖。而二者之中，用植草砖铺设的嵌草路面更为多见。

嵌草路面具有以上诸多优点，但因其平整度不够，不利于行人行走，故一般不做人行步道，主要应用于小区、单位、公园等停车场铺装。目前，城市中使用植草砖铺设停车场极为普遍。

（二）植草砖的特点

（1）强度高：抗压强度 30 ~ 60MPa 以上，但远小于植草格。

（2）透水性强：雨水容易渗透进入地下，无表面积水。

（3）外观好：表面光洁平整，线条整齐，颜色自然、明亮，质感丰富。

（4）品质优：水泥、砂石制作，成本较低；面料采用金刚砂，强度高、耐磨性好、防滑系数高；色料采用进口优质颜料，色彩艳丽、持久耐用。

（三）植草砖的类型与规格

植草砖的类型主要以形状划分（表 5-2-2），形成各种纹样的中部孔洞，可以填土种草，其抗压强度分为 MU5.0、MU7.5、MU10、MU15、MU20、MU25、MU30 等七个等级。

植草砖的类型与规格　　表 5-2-2

类型	长度（mm）	宽度（mm）	厚度（mm）
双八字植草砖	400	400	100/120
四孔草砖	460	285	80/100/120
十字形草砖	250	250	80
工字形砖	200	140/163	50/60
枫叶形砖	220	143	50
空心六角砖	400	400	150
空心六角护坡砖	400	400/350	150/100
植草砖	300/250	300/190	80/65
背心草砖	300	300	60/80/100
八字植草砖	400	200	80/100
八角梅花砖	250	250	80/100

（四）植草砖的结构材料

1. 路基

路基为素土找平碾压密实，压实系数达 90% 以上，施工时注意保护地下埋设的管线。

2. 基层

铺设 100 ~ 200mm 厚的级配砂石（碎石最大粒径不得超过 60mm，最小粒径不得小于 0.5mm），其中混合 30% 泥土，找平碾压密实，密实度达 80% 以上。

3. 找平层

找平层用中砂，30mm 厚，中砂要求具有一定的级配，即粒径在 0.3 ~ 5mm 的级配砂。

4. 面层

面层为植草砖，在铺设时，应根据图案铺设植草砖，铺设时应轻轻平放，用橡胶锤捶打稳定，但不得损伤砖的边角。然后用营养土填满植草砖孔洞，再植草、浇水养护。

第三节 生态织袋材料

一、生态袋

（一）生态袋的简介

生态袋是由聚丙烯（PP）或聚酯纤维（PET）为原材料制成的双面熨烫针刺无纺布加工而成的袋子。在充分考虑材料力学、水利学、生物学、植物学等诸多学科原理的前提下，对生态袋的厚度、单位质量、物理力学性能、外形、纤维类型、受力方式、方向、几何尺寸和透水性能及满足植物生长的等效孔径等指标进行了严格的筛选，具有抗紫外（UV）、抗老化、无毒、不助燃、裂口不延伸的特点，真正实现了零污染。生态袋护坡，是利用装有土的生态袋种植植物，以此来保护坡面和修复环境的一种护坡技术。生态袋可以垒成任何角度，以适应不同坡度的坡面绿化，即使接近 90°的垂直岩面也可使用生态袋进行护坡绿化。在我国，虽然边坡绿化方式很多，各有其特点，但其中生态袋护坡是柔性生态边坡，具有建坪快、施工简便、生态性好等特点，在复杂边坡的绿化中具有明显的优势，适用于荒山、矿山修复、高速公路边坡、河岸等护坡绿化（图 5-3-1）。

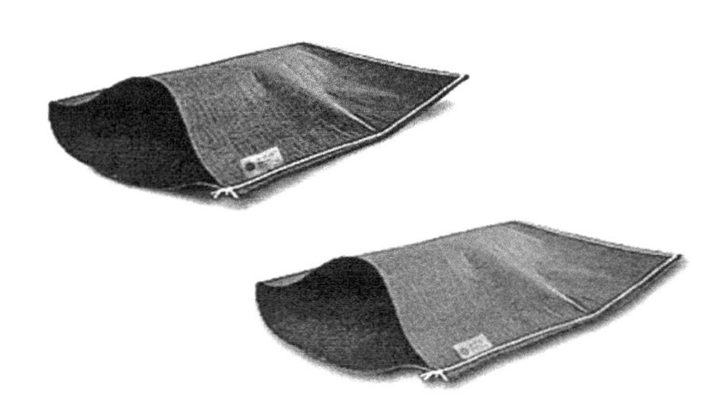

图 5-3-1 生态袋外观图

（二）生态袋的特点

作为最新型边坡构件材料，生态袋具有下述环境普适性优势：

1. 抗潮湿

生态袋原材料不吸收水分，水分出现时不会破坏袋子，而袋子也不会变形，不溶于污染液体。

2. 抗化学腐蚀

广泛研究测试表明，生态袋对一定浓度的酸碱化学物品有很强的抵抗力，可用于严重污染地点。

3. 抗生物降解和动物破坏

生态袋采用特殊配方材料，不支持、不吸收、不帮助菌类生长，不腐烂、不发霉、不变质。生态袋不会被昆虫和有关动物消化，不会成为啮齿动物（老鼠）、白蚁、蛀虫、甲壳虫、银鱼蛾等的食物。

4. 抗高温低温

生态袋可以承受 150℃高温而不融化，可以承受最低气温 -40℃。

5. 抗紫外线（UV）

生态袋含碳墨和其他抗 UV 成分。

6. 安全性

具有优良的电绝缘性，10kV 电压下无击穿；无电磁性，可用在对磁性敏感的设备上；玻璃钢格栅特殊的结构还具有防滑、抗疲惫等特性。

7. 反滤作用

用于堤、坝、河及海岸石块、土坡、挡土墙的滤层，防止砂土粒通过，而允许水或空气自由通过。

8. 透水不透土

具有目标性透水不透土的过滤功能，既能防止填充物（土壤和营养成分混合物）流失，又能实现水分在土壤中的正常交流，使植物生长所需要的水分得到有效的保持和及时的补充，对植物非常友善，植物能穿过袋体自由生长。当植物根系进入工程基础土壤中时，就如无数根锚杆使袋体与主体间连接稳固，时间越长越牢固，实现了建造稳定性永久边坡的目的，大大降低了维护费用。

9. 施工方便

工期短，管理简单，一般几年只需维护一两次。

（三）生态袋的规格与参数

生态袋的规格可根据设计及工程需要定制，如某厂家生态袋常用规格及参数见表 5-3-1。

生态袋规格及参数　　表 5-3-1

规 格	参 数		
尺寸（长 × 宽）(mm)	970 × 330	810 × 430	1140 × 510
装土后尺寸（长 × 宽 × 高）(mm)	820 × 250 × 130	680 × 320 × 160	970 × 430 × 200
重量（g）	77	78	143
体积（m^3）	0.028	0.034	0.071
装土量（kg）	41	54	104

生态袋装土成型后，其长度大约缩短 120 ~ 150mm，宽度约为原来的 7/10，厚度约为宽度的 4/10。

孔径要求：具备特殊功能要求的生态袋，需要合适的孔径。如果孔径太大（袋体材料过薄），袋装物遭雨水、流水冲刷时会大量流失，造成单位重量大大减小，原力学设计值发生巨大变化，力学结构被破坏，造成坍塌。如果孔径太小（袋体材料过厚），会对植被生长与根系延伸形成阻碍，严重影响柔性边坡的结构稳定；孔径太小，还会使其透水能力降低，大量水分渗入时，其单位重量大大增强，使原受力结构数值增大，造成结构变形、坍塌。

（四）生态袋与传统边坡处理方式对比

传统边坡以石砌挡墙和混凝土挡墙为主，通常称为硬质护坡，它虽然具有经久耐用、行洪速度快、河道耐冲刷、少维护、结构稳定性好等优点，但也存在以下问题：表面易开裂；墙上需设结构缝，为易损部位；沉降造成坍塌，静水压力成为隐患，不能与基础坡体相融；基础建设要求高、施工难度大、周期长；不能绿化，生态平衡被破坏，阻断与大地之间的交流；景观效果差。

生态袋边坡有以下几个方面的优势：

（1）生态、环保、美观，可以和自然生态环境完美融合。施工时不产生建筑垃圾和施工噪音。

（2）植被选择可多样化，有利于生态系统的快速恢复，有利于将边坡环境迅速还原成自然状态。

（3）袋体之间连接稳定，整体受力，对外界冲击力有缓冲作用，抗震性能是传统边坡无法比拟的。通过植被的发达根系，袋体结构与坡体组合成一个同质整体，使生态袋边坡和原自然基础之间不会产生分离、坍塌等现象。并且随着时间的增加，不断生长的植被根系使边坡的稳定性更强。

（4）生态袋护岸属于柔性结构，能够通过适应变形来释放、消减土的压力，对不均匀沉降的适应性是本系统的特点之一。同时结构不会产生温度应力，无须设置温度缝。

（5）施工快捷、方便、简单，一般不需要对基础进行工程处理。

（五）生态袋护坡结构

生态袋护坡是一种边坡柔性生态防护技术，借鉴力学稳定的三角结构原理，采用具有生态修复功能的新型软体材料，透水不透土，对植物友善，建造有生命、会呼吸、零污染的永久性稳固的柔性生态结构系统。

生态袋边坡工程系统是集土木工程结构、绿化、环保、节能、降耗于一体，由具备特殊功能及特定技术参数要求的组件构成。组件主要包括：生态袋、连接扣和加筋格栅等。

生态袋的堆砌方式是上下层袋体错位摆放，形成三角内摩擦紧锁的稳固堆叠结构，再利用连接扣和粘合剂将一个个生态袋单体联结成一个整体，使袋体上下左右连接稳固（图5-3-2）。堆叠时按设计坡比逐层往上堆叠。当边坡坡度较大、高度较高时，可采用加筋方式增加边坡稳定性，做法是在上下层袋子之间放置土工格栅，格栅作为加筋材料伸入袋子后面的回填土层中，通过加筋格栅连接生态袋和墙后土体，以加强生态袋面层与墙后填土的稳定性（图5-3-3）。最终，生态袋表面生长植物，形成一个强有力的整体（图5-3-4）。

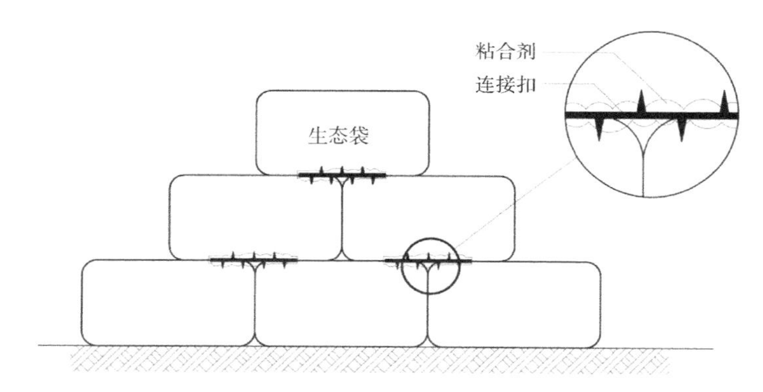

图5-3-2　生态袋堆叠搭接示意图

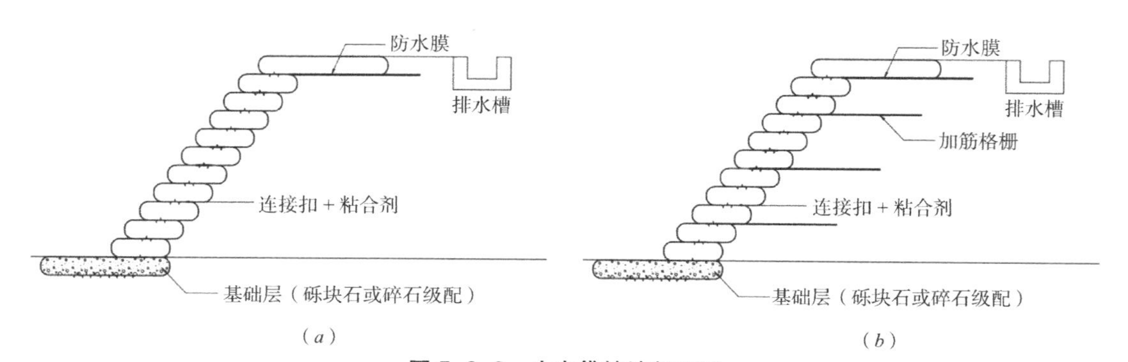

图5-3-3　生态袋护坡断面图

（a）不加筋做法；（b）加筋做法

图 5-3-4　生态袋护坡实景图

二、植生袋

（一）植生袋的简介

植生袋采用无纺布和尼龙纤维网制作，是将选好的植物种子、保水剂、微生物肥料、培养土等材料，通过机器设备制成植生带，并覆上一层抗老化尼龙纤维网，然后将复合好的材料按一定的规格缝制成袋子。植生带根据形态构造可以分为双层纸基型植生带、单层纸基 + 单层无纺布型植生带和双层无纺布型植生带，植物种子按照比例附着在两层可降解的纸基或无纺布之间。植生带可根据绿化场地的不同而采用不同物种，也可将不同物种混播，从而建植出抗病虫害，抗逆性强，乔、灌、草共生的原生态群落。

植生袋分五层，最外及最内层为尼龙纤维网，次外层为加厚的无纺布，中层为植物种子、长效复合肥、生物菌肥等混合料，次内层为能在短期内自动分解的无纺棉纤维布。袋内装填满足植株生长所需的土壤与肥料。随着袋内植物的生长，后期发达根系穿透植生袋扎入边坡泥土，织成一张大网覆盖连接陡坡的土壤，起到边坡绿化和固土作用。植生袋保土渗水的功能减小了边坡静水压力，也保证了水分在土壤中的正常交流，提供了植被赖以生存的介质，使得边坡绿化明显、有效。作为一种新型边坡绿化材料，植生袋广泛应用于城市景观工程绿化、水土保持以及边坡绿化，适用于小于 60° 的土质边坡、风化岩石、沙质边坡；山体滑坡后裸露岩石表面；废弃矿堆（渣）表面；水库堤坝；水土保持、沙漠治理等地的生态恢复和绿化工程。

（二）植生袋的特点

（1）成本低廉，施工铺设简便，质量轻便，方便运输。

（2）草种的成活率高。

（3）草种分布均匀，避免了后期草坪疏密不均。

（4）无须再次喷洒草种子，避免了草种浪费，减少了施工程序。

（5）草种的种类可以随意改变，可根据需要更换不同草种。

（6）抗拉强度高，无须担心草种纸带被撕破；透水性与透气性俱佳。

（三）植生袋的规格

规格：80mm × 400mm、100mm × 500mm、60mm × 300mm、40mm × 600mm、50mm × 700mm。

厚度：0.8 ～ 2.8mm。

植生带 200m^2 只有约 13kg 重，常见规格为 200m^2/ 卷、幅宽 1m（可以根据需求调节）。

（四）植生袋与生态袋对比（表 5-3-2）

植生袋与生态袋特性比较 表 5-3-2

	生态袋	植生袋
原材料	聚丙烯及一系列辅料复合加工而成	尼龙网、无纺布、植物种子、纸浆构成
质量	抗紫外线、耐腐蚀、耐生物分解等	脆弱、抗性差
用途	稳定性强，可用于陡坡	稳定性不足，仅可用于缓坡
寿命	约 120 年	3 ~ 5 年

第四节 疏水排水材料

一、蓄排水板

（一）蓄排水板简介

蓄排水板是采用高密度聚乙烯（HDPE）或聚丙烯（PP）经加热加压定型形成的一种有很强支撑刚度的既可排水、又可蓄水的新型轻型板材。该种板材可以沿结构层排放从上层土壤渗透下来的水，并可利用内部凹孔存蓄部分渗透水，具有排水、蓄水两种功能。板材具有空间刚度极高的特点，抗压性明显优于同类产品，能够承受 400kPa 以上的高负荷，同时可以承受在种植区回填土过程中机械碾压的极端负荷情况。

蓄排水板在景观工程中主要应用于车库顶板绿化、屋顶花园等。目前，屋顶等硬质面上的绿化，其疏水层基本上采用蓄水板代替陶粒、碎石或贝壳等常规材料（图 5-4-1）。

图 5-4-1 蓄排水板外观图

（二）蓄排水板的特点

1. 生态环保

蓄排水板采用 HDPE 或 PP 环保材料制作，不会对生态环境产生污染。

2. 功能多样

材料本身是优良防水材料，若经过合理设计，能达到防水、排水、透气、隔离、保温、隔热、减振、隔音等功能。

3. 防腐性强

自然环境与一般工业环境中的酸、碱、盐不能与产品材质发生反应，从而达到防腐效果。

4. 抗压性强

蓄排水板经过特殊工艺，凸台顶部加厚，多个小凸台能有效分散压力，使抗压性能更强。

5. 使用寿命长

采用性能稳定的材料生产，产品使用寿命长达百年。

6. 施工及管理方便

蓄排水板能进行快速组拼，施工迅速，管理维护方便。

7. 占用空间小

产品厚度非常薄，大幅节约了运输成本，很好地腾出了建筑空间。

（三）蓄排水板的规格

形状为正方形的，常见规格为边长 330、400、500 mm，厚度 20、25、30、40mm。

形状为长条形的，常见规格为长度 16m 左右，宽度 1.2m，厚度 20、25、30、40mm。

二、透水管

（一）软式透水管

1. 软式透水管简介

软式透水管是一种具有倒滤透（排）水作用的新型管材，以防锈弹簧圈支撑管体，形成高抗压软式结构，无纺布内衬过滤，使泥砂杂质不能进入管内，从而达到净渗水的功能。软式透水管克服了其他排水管材的诸多弊病，因产品独特的设计原理和材料的优良性能，利用“毛细”现象和“虹吸”原理，集吸水、透水、排水功能为一体，具有满足工程设计要求的耐压能力及透水性和反滤作用，排、渗水效果强。该产品施工简便、无接头、不易断裂，对地质、地形无特殊要求，广泛适用于任何需要用暗管排水的地方。管道连接设有配套的直通、三通接头，可以方便地使用特殊强力 PVC 接着剂进行连接。

软式透水管的构成分三部分（图 5-4-2）：

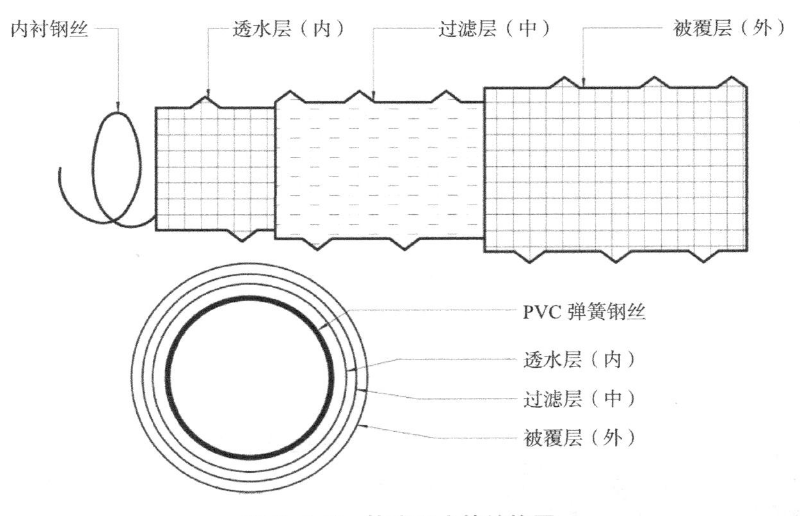

图 5-4-2　软式透水管结构图

（1）内衬钢线：采用高强度镍铬合金高碳钢线，经磷酸防锈处理后外覆 PVC 保护层，防酸碱腐蚀。独特的钢线螺旋补强体构造确保管壁表面平整并承受相应的土体压力。

（2）过滤层：采用土工无纺布作为过滤层，确保有效过滤并防止沉积物进入管内。

（3）外覆层：采用合成聚酯纤维，经纱采用高强力特多龙纱或尼龙纱，纬纱使用特殊纤维，具有足够的抗拉强度。但纤维遇紫外线强烈照射有损产品牢度，因此在贮存、运输过程中应避免长时间阳光直接照射，并注意防潮防雨淋。

软式透水管主要应用于各类挡土墙背面垂直及水平排水；道路路基、路肩与软土地基排水；隧道、各种坝体排水以及各种地形的地下排水。景观工程中主要应用于屋顶花园及花台排水，室外运动场地的排水。

2. 软式透水管的规格与参数

软式透水管直径为 38 ~ 300mm（表 5-4-1），可根据需要选用。

软式透水管规格　　表 5-4-1

管径	φ38	φ50	φ80	φ100	φ150	φ200	φ300
直径（mm）	38	50	80	100	150	200	300
钢线密度 / 卷数（m）	55	55	40	34	25	19	17
钢线直径（mm）	1.6	1.6	2.0	2.6	3.5	4.5	5.0
标准长度（m）	200	180	100	60	40	30	18

（二）硬式透水管

1. 硬式透水管简介

硬式透水管是一种以高密度聚乙烯（HDPE）为主要原料，经高温挤出机曲向摇摆挤出，再冷却后而成型的一种具有一边密封（俗称不透水层），而另一边具有均匀密集小孔（俗称透水层）的管材。该材料具有极好的性能，如质轻、坚韧、耐低温、抗化学腐蚀、抗压强度极高等（图 5-4-3）。

硬式透水管产品特点：

（1）重量轻，易于运输及操作。

（2）适应的温度范围广。耐候性（抗老化）优越，使用寿命极长，具有优良的抗化学腐蚀能力。

（3）硬式透水管是由高抗冲聚乙料制成，抗压强度高。按照适当的方式进行埋置之后，完全能够承受推土机和载重汽车在埋有管道的地面上行驶。

（4）集水能力极强。硬式透水管展开为网状结构，它的开孔比例要比普通的滤水管高 20 ~ 50 倍。因此，硬式透水管的集水能力比普通的滤水管大为提高，集水能力是普通地下暗沟集水管道的 5 ~ 10 倍。与其他渗水管比较，可减少管径，从而节省投资。

图 5-4-3　硬式透水管外观图

（5）流体流动速率快。硬式透水管由于具有很高的孔口比率和很低的粗糙度系数，故不容易发生堵塞，其流体流动速率是相同直径的钢筋混凝土管或波纹管的 2 ~ 3 倍。

（6）透水管上半部分 2/3 带有小孔，下半部分 1/3 为不带孔，利于集水迅速排出，能防止管道中的水发生二次渗漏。

硬式透水管广泛应用于铁路、公路建设，机场跑道、高尔夫球场、足球场、大型草坪、园林绿地、高速公路、垃圾填埋场、护坡挡土墙、隧道等大型疏导地下透水工程，是地下排水系统的“透水王”。

2. 硬式透水管各项数据

硬式透水管外径为 48 ~ 160mm，长度为 4m（表 5-4-2），可根据需要选用。

透水管各项数据：集水部分占比 60% ~ 75%，排水部分占比 25% ~ 40%，主孔径大于 3mm，主孔面积大于 7.5mm^2，开孔率大于 8000 个 /m^2（展开），环刚度大于 1.0kPa。

硬式透水管规格　　表 5-4-2

型号	外径（mm）	长度（m）	包装（件）	内径（mm）	开孔部分（%）	不开孔部分（%）	接头型号	接头长度（mm）	回填深度（m）
ML-48	48	4	20	40	60	40	MLj-48	100	0.3 ~ 0.4
ML-60	60	4	20	50	60	40	MLj-60	120	0.4 ~ 0.5
ML-75	75	4	5	66	65	35	MLj-75	150	0.5 ~ 0.7
ML-85	85	4	5	76	65	35	MLj-85	150	0.5 ~ 0.7
ML-110	110	4	3	98	75	25	MLj-110	200	0.6 ~ 0.8
ML-160	160	4	1	142	75	25	MLj-160	250	0.7 ~ 0.9

三、塑料盲沟

（一）塑料盲沟简介

塑料盲沟是由塑料芯体外包裹滤布组成。塑料芯体是将热塑性合成树脂加热熔化后，通过喷嘴挤压成塑料丝然后经特种成型工艺制成的三维立体多孔材料。目前塑料芯体有矩形、中空矩阵、圆形、中空圆形等多种结构形式（图 5-4-4）。

（二）塑料盲沟的特点

（1）塑料盲沟是由改性聚丙烯的乱丝热熔后相互搭接而形成的框架结构，其组成纤维为 2mm 左右的丝条，相互搭接点熔结成型，呈立体网状体，其原理与钢结构建造物的桁架原理相同。塑料盲沟外包裹一层土工布，泥水通过外覆土工布过滤后进入塑料盲沟内，排放出去。塑料盲沟表面开孔比为 95% ~ 97%，是有孔管的 5 倍以上，是树脂网格管的 3 ~ 4 倍，表面吸水率极高。

（2）抗压强度高。塑料盲沟是立体结构，其空隙率为 80% ~ 95%，抗压性能比管结构的树脂强 10 倍以上。

（3）受压变形后回复性好。由于是立体结构，即使因超负荷被压，其残余空隙率也达 50%以上，一般在 250kPa（25T/m^2）压力下断面空隙率可保持在 60%以上，仍然可保持排水的通畅。且压力卸除后，可恢复原状。

（4）具有较好的柔韧性，适应土体变形能力强。因此不会由于超载、地基剧烈变形、不均匀

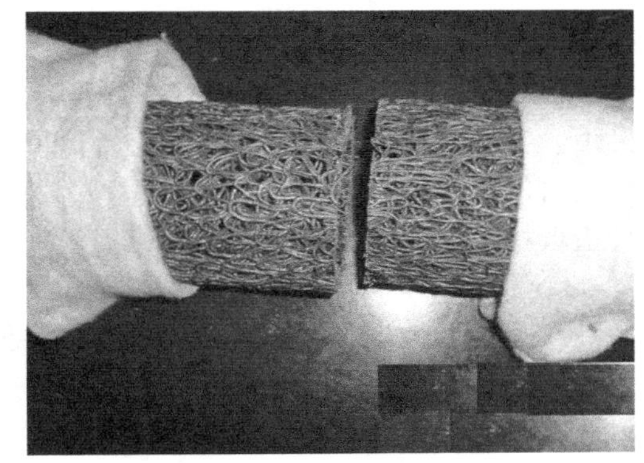

图 5-4-4　塑料盲沟外观图

沉降等原因使盲沟切断，能避免传统盲沟由于各种原因造成集排水失效的事故发生，对于弯道等曲位也能方便施工。

（5）加有抗老化剂，经久耐用。在水下、土中等处几十年也能确保稳定。

（6）由于采用热熔化方式成型而不使用粘结剂，故不会因粘结剂老化及剥离等而引起崩坏。

（7）比重轻，现场施工安装十分方便，施工效率高。

（8）塑料盲沟的滤膜可根据不同的土质情况选用，充分满足工程的需求，避免了老产品滤膜单一的缺点。

（三）塑料盲沟的应用领域

1. 大面积场地排水

（1）机场、港口码头、堆场等大面积吹填造陆工程。为便于进行场地软基加固工程的施工，往往需要在吹填完成后迅即铺设盲沟排水系统，以加速面层排水并作为软基加固用水平排水措施。

（2）各种车站（场）、广场、堆灰厂，通常需用盲沟排水系统作为永久排水措施。

2. 高速公路、公路、铁路

将塑料盲沟铺设在高速公路、公路、铁路的路基和路肩上，可将渗入路面下的积水收集排出，加速路面排水。在高速公路路面下设置塑料盲沟，可加快排水速度，防止路面积水对路面与车辆造成危害。在雨水、地下渗水较多地区，公路的两侧及高速公路中央隔离带下通常铺设盲沟，以降低地下水位。

3. 挡土墙背面排水

挡土墙是土木、水利、交通、矿山等工程中最为广泛应用的建筑之一。码头、船闸、水闸、堤防、公路、地下建筑物、隧道、边坡防护等都离不开挡土墙，无论何种形式的挡土墙，其背面除承受土及其上的荷载外，还要承受地下水的压力，为了及时排出墙后地下水位，防止土壤软化，均需要在墙后设置盲沟系统。

4. 隧道、地下通道排水

在岩石节理发育，有破碎带、有渗水或地下水丰富的土层中修建隧道或地下通道时，常易发生渗漏现象，为此，在施工过程中常在防水层、混凝土以及地层有明显渗水处，铺设塑料盲沟，形成集排渗水的网络通道，给渗水以道路，及时排走渗积水，可有效地解决由于混凝土结构缝施工缝处理不好或混凝土衬砌发生裂缝等原因导致的渗漏现象，并防止地下渗水对钢筋混凝土的腐蚀。

5. 护坡排水

在坡面的土层内铺设塑料盲沟，以配合护坡。有雨雪时，水渗入坡面后由盲沟及时收集排走，可保护植被土壤不被冲走，避免水土流失，防止坡面土壤软化、滑坡塌方。特别在边坡上有涌水或管涌的地方，可用塑料盲沟作为特别防护处理，可防止涌水进一步发展，以保持边坡稳定。

6. 环保工程

（1）垃圾填埋场场地排水与排气：各种废弃物的填埋是城市废弃物处理的主要方法，如处理不好对环境的危险极大，塑料盲沟是一个完善的垃圾填埋场排水、排气用的重要建筑材料，国外的应用已经非常广泛。

（2）污水处理的滤材和微生物附着基：特殊配方的塑料盲沟材，可耐酸碱和其他化学药剂，将其置于污水处理槽中，比重轻于水，且与微生物有良好的亲和力，是非常理想的滤材和微生物附着基。

7. 屋顶花园排水

在屋顶花园硬地面上先铺一层塑料盲沟材，再铺一层土工布，然后在土工布上铺一层土，就可在上面植花草树木。雨水渗入土层后，经过滤进入盲沟排走多余集水。

8. 运动场、高尔夫球场的排水

在田径、足球运动场等场地，在草皮下铺设排灌塑料盲沟材，形成排水网络系统。在降雨雪时可及时将渗入地面的水排走，防止地面积水泥泞。在干季节可进行土下灌溉。高尔夫球场由于场地要求较高，更需要有完善的盲沟系统以保障集水、排水、引水、灌溉和护坡功能。

9. 堤坝建设和堤防工程

（1）坝体内、堤坝脚的排水：水利工程中，通常可在坝体和堤坝脚设置盲沟排水系统，将渗水收集并排出坝体，避免渗水对堤坝的安全产生危害。

（2）减压井：为防止堤防工程的险工段发生管涌破坏，往往在堤后预计可能发生管涌的位置设置减压井（兼观测作用），以监测地下水压的变化和释放平衡堤后渗水压力，保障堤身安全。

10. 农业、园艺之地下灌溉排水系统

在农作物根部以下铺设塑料盲沟材，形成灌溉网，在毛细管作用下，水分均匀缓慢地洇入农作物根部，水分在大气中的蒸发极少，是最节水的灌溉方法。如果在塑料盲沟下铺设塑料膜，则可防止水分向下渗透。在雨雪天气集水过多时，该系统又可排水，可谓一举两得。

（四）塑料盲沟的规格与参数

塑料盲沟有圆形和矩形断面，国内不同厂家规格有所差别，圆形的最大直径为300mm，矩形的最大规格为400mm×50mm，表5-4-3为某厂家塑料盲沟的产品规格。塑料盲沟滤膜为针刺无纺土工布，根据土壤质地，按反滤要求选用，常用规格为100～250g/m^2。

塑料盲沟规格 表5-4-3

规格		圆形						矩形		
外形尺寸（mm）		60	80	100	120	150	200	70×30	140×35	150×55
中空尺寸（mm）		20	45	45	50	70	多孔	30×10	40×10×2	–
重量（g/m）		440	803	1105	1490	2039	2990	377	665	986
空隙率（%）		82.9	82	85	85	88	89.5	82	85.5	87.5
抗压强度（kpa）	扁平率5%	45	171	99	48	48	48	206	83	51
	扁平率10%	87	264	174	85	68	68	389	123	81
	扁平率15%	130	342	222	110	88	88	491	165	128
	扁平率20%	174	424	272	140	131	111	557	194	164

第五节　生态建筑工程材料

一、无砂混凝土

（一）无砂混凝土的简介

无砂混凝土又称“多孔混凝土”，是由粗骨料、水泥和水拌制而成的一种多孔轻质混凝土，它不含细骨料（通常混凝土的细骨料为砂子，故称无砂混凝土），由粗骨料表面包覆一层薄层水泥浆相互粘结而形成孔穴均匀分布的蜂窝状结构，故具有透气、透水和重量轻的特点，也可称“排水混凝土”。其由欧美、日本等国家针对城市道路不透水的路面缺陷，开发使用的一种生态铺装材料，能让雨水流入地下，有效补充地下水，并能有效地消除地面上的油类化合物等对环境污染的危害。其有利于人类生存环境的良性发展及城市雨水管理与水污染防治等工作，具有特殊的重要意义。

无砂混凝土受力时通过骨料之间的胶结点传递力的作用，由于骨料本身的强度较高，水泥凝胶层很薄，水泥凝胶体与粗骨料界面之间的胶结面积小，因此其破坏特征是在骨料颗粒之间的连接点处破坏。如能在保证一定孔隙率的前提下，增加胶结点的数量和面积，提高胶结层的强度，是提高无砂水泥混凝土强度的关键。但是目前混合料设计技术明显增加胶结点的数量和面积难度较大，只能从提高胶结层的强度入手，而采用新型改性剂改善水泥的粘结性能，是提高无砂混凝土整体强度的有效手段。将聚合物外加剂作为改性剂掺加到无砂混凝土中，能较大幅度提高无砂混凝土强度，达到规范混凝土面层强度要求，同时具备良好的收缩性能，特别是拥有优异的抗疲劳性能，使其达到甚至超出了混凝土面层的使用要求。

无砂混凝土结构中存在较多和较大的孔隙，对自由收缩的限制比普通混凝土小。再加上掺入了胶体改性剂，它与水泥混合而成的胶凝材料改善了胶结料与骨料间的界面状态，使改性无砂混凝土具有最好的抗干缩特性。无砂混凝土较普通混凝土的体积变化率小，对于温度的变化表现出更强的体积稳定性。

（二）无砂混凝土的特点

1. 高透水性

无砂混凝土拥有15%～25%的孔隙，透水速度达到31～52L/（m^2·h），可使地面降雨快速渗入地下土层。

2. 高承载力

经国家检测机关鉴定，无砂混凝土的承载力完全能够达到C20～C25混凝土的承载标准，高于一般透水砖的承载力。

3. 美观性强

无砂混凝土拥有色彩优化配比方案，能够配合设计师独特创意，实现不同环境和个性所要求的装饰风格。这是一般透水砖很难实现的。

4. 易维护性

人们所担心的孔隙堵塞问题是没有必要的，特有的透水性铺装系统使其只需通过高压水洗的方式就可以轻而易举地解决。

5. 抗冻融性

透水性铺装比一般混凝土路面拥有更强的抗冻融能力，不会受冻融影响而断裂，因为它的结构本身有较大的孔隙。

6. 耐用性好

透水性地坪的耐用耐磨性能优于沥青，接近于普通的地坪，避免了一般透水砖使用年限短、不经济等缺点。

7. 高散热性

材料的密度本身较低（15%～25%的空隙），降低了热储存的能力，独特的孔隙结构使得较低的地下温度传到地面从而降低了整个铺装地面的温度，这些特点使透水铺装系统在吸热和储热功能方面更接近于自然植被所覆盖的地面。

（三）无砂混凝土的作用

无砂混凝土既可作为反滤层，也可作为渗沟，是近几年在公路地下排水设施中应用的新型排水设施。用无砂混凝土作为透水的井壁和沟壁以替代施工较复杂的反滤层和渗水孔设备，并可承受适当的荷载，具有透水性和过滤性好、施工简便、省料等优点。预制无砂混凝土板块作为反滤层，用在卵砾石、粗中砂含水层中效果良好；如用于细颗粒土地层，应在无砂混凝土板块外侧铺设土工织物做反滤层，以防止细颗粒土堵塞无砂混凝土块的孔隙。

（四）无砂混凝土的应用领域

（1）较大的透水性、较小的毛细作用，使得无砂混凝土成为一种很好的地坪材料，可以用它浇筑停车场、园林道路和城市广场等地面。

（2）坚固耐久的混凝土强度性能与较好的透水性能使无砂混凝土可以用作渗沟的出水口结构材料。

（3）由于具有一定的粘接性，无砂混凝土可以与混凝土等挡土结构相结合，形成组合式挡土结构。

（4）由于具备粘接性与强度性能，无砂混凝土可以用作路基防护材料，尤其适用于非黏性土路基边坡的防护。

二、植被型生态混凝土

（一）植被型生态混凝土的简介

植被型混凝土是一种能够适应植物生长，可以进行植被作业的混凝土及其制品，也被称作“绿色混凝土”、“环境友好型混凝土”、“植物相容型生态混凝土”。它利用特殊的混凝土配合比形成植物根系可以生长的空间，并采用化学和植物生长技术，营造出植物生长的条件。适用于铁路、公路、市政工程的坡面结构及河流两岸边坡等的保护和绿化。

植被型混凝土有两种做法：

一是在坡面喷置一层能够储存植物生长所需要的水分和养分的具有空隙结构的团聚材料——主体结构，作为植物的载体，一般是由粗集料、水泥和水拌制而成的一种无砂多孔的混凝土结构，具有透气、透水和重量轻等特点。其材料中不含细集料，是由粗集料表面包覆一层胶结材料浆体而相互粘结形成的，既有一定强度又具有孔穴结构均匀分布特点的蜂窝状结构。然后在主体结构表面和空隙内填充用普通土壤与腐殖质按比例拌和而成的植生基材，植物种子和植物萌芽生长需要的营养成分置于此基材中。主体结构孔隙内蓄容水分和养料，能保证植物根系生长并扎根至多孔混凝土下的土壤中。

二是在坡面喷置含有种子和土壤的特定配方的混凝土，对边坡进行防护和绿化。根据边坡的地理位置、边坡坡度、岩石性质、绿化要求等来确定混凝土中水泥、土、腐殖质、保水剂、长效肥、混凝土添加剂及混合种子的组成比例。种子根据生物生长特性混合优选而成，使植被多年生长、自然繁殖。其中核心技术是混凝土绿化添加剂，其应用不仅可以增加植被混凝土中的水泥用量，增强护坡强度和抗冲刷能力，而且使植被混凝土层不产生龟裂，还可以改变植被混凝土的化学特性，营造较好的植物生长环境。

（二）植被型生态混凝土的抗雨水冲刷性能

植被混凝土的抗冲刷能力随着水泥含量的增加而显著提高。如果单从材料抗冲刷能力来看，提高植被混凝土中水泥的含量对其是有利的，但植被混凝土还涉及植物生态学等诸多方面。水泥含量太高会使材料 pH 值增大，碱性环境会影响植被混凝土中种子的萌发及生长，而且水泥含量过高会导致土壤板结成块，植被很难长出；水泥含量较低时，对种子萌发及植被生长来说是有利的，但其抗冲性能又不能满足防护要求。因此，实际应用中需综合考虑各方面因素来确定合适的水泥含量，目前一般采用的水泥含量为 8% ~ 10%。

由于边坡坡度对植被混凝土的冲刷也有一定的影响，因此在工程应用中要结合具体情况，坡度相对较缓时可以适当降低水泥含量，坡度较陡时在满足植被生长要求的前提下可适当提高水泥含量。

降雨是冲刷的动力因素，对植被混凝土的冲刷有着非常重要的影响，因此了解治理边坡所在地区的水文气象特征也非常重要。植被混凝土养护初期的抗冲刷能力相对较弱，因此采用植被混凝土进行边坡防护时，其施工不宜在暴雨多发季节进行。另外，考虑到植被混凝土中种子萌发的问题，在低温条件下施工要采取相应的保温措施。

（三）植被型生态混凝土的应用前景与问题

1. 应用前景

植被型生态混凝土可大量用于城市休闲绿地、住宅小区绿化、停车场、屋顶花园等，可大幅增加城市绿化面积，改善城市环境。进一步还可以用于高速公路护坡、江河护堤、沙漠固沙，在涵养水土、保护环境、绿化美化、防灾减灾和改善生态环境等方面具有广阔的应用前景。目前西方发达国家对其大力推广应用，尤其是日本因其国土面积狭小、人口密度过高，将植被型生态混凝土的应用作为一个解决生态与用地之间矛盾的主要手段，现在日本已经将植被型生态混凝土应用于道路、广场、绿地、建筑屋顶等方面，除扩大应用范围外，其本身也在发生变化，木片多孔隙生态混凝土、发泡玻璃多孔型生态混凝土等新材料层出不穷。资源是有限的，日本人对植被型生态混凝土的重视值得借鉴，预计在不远的将来，我国也会像其他发达国家一样，土木工程无裸露混凝土及岩石，鲜花和芳草将取代灰色的护砌面。

从日本、欧美发达国家的植被型生态混凝土的研究历程和趋势分析，植被型生态混凝土正朝着智能化、规模化、经济化、理论化、体系化、集成化、规范化方向发展，加强优势植被群落品种选育及综合应用，结合不同生态区，筛选出适合不同生态区岩石边坡植被所需的优势植物品种，开展驯化、商品化育种及坡面植被调控技术手段研究，并以生态学原理为指导，开展组合应用研究，是解决现存技术问题的根本与关键。

2. 存在的技术问题

虽然植被型生态混凝土是解决混凝土人造森林里人居环境的重要举措，但是该类混凝土还存在许多问题，有待进一步研究。

（1）降碱处理

若处理不当，植物生长的状况将远不如在普通土壤中的好，植株高、植株茁壮程度都比普通土壤中的植株差，而经过降碱处理后生态混凝土的力学强度等是否有较大损伤和破坏还需要进一步研究。

（2）混凝土的配合比

植被型生态混凝土的最优配合比与物种的生长特性密切相关，因此根据植物种类的不同应进行不同的配比实验。

（3）物理力学

在微、细观力学，在双向和三相拉、压力学性能等其他宏观力学方面的耐久性损伤研究及植物根系与植被型生态混凝土的相互力学作用机理研究不够。

（4）植物配置

植被组合简单，生态适应性差。目前国内选用的植被种子类型多以草坪草种为主，品种单一，组合简单，需要严格后期管理，且过多追求景观效果，忽略了植被生态功能和适应性，导致坡面人工植被群落生态稳定性差，常因环境因子剧烈变化或周围野草入侵而消亡。

三、格宾石笼网

（一）格宾石笼网的简介

格宾石笼网（双绞格网、生态绿格网、蜂巢挡墙、铅丝石笼、格宾网、石笼网）是在用钢丝机械编织而成的箱型网笼内装填碎石等材料构成的挡土或挡水结构体。具有施工便捷、快速、经济、就地取材等优点，所以广泛应用于交通、水利、市政、园林的水土保持等工程项目中（图 5-5-1）。

（二）格宾石笼网的特点

（1）运输、施工简便。网片可折叠运输，在工地上装配成笼，然后将石头装入笼子封口即可。

（2）有很强的抵御自然破坏及耐腐蚀和抗恶劣气候影响的能力，镀锌材料不怕海水。

（3）柔性好，无结构缝，可以承受大范围的变形而仍不坍塌。

（4）石笼网具有独特的生态功能。在防护体表层略洒一些泥土，即可进行绿化，由于石块与石块之间充满了空隙，可容纳土壤，生长植物。即使不洒泥土，随着时间的推移，石块之间的空隙也会沉积泥土，生长植物，形成自然的生态环境。

（5）具有良好的渗透性，可防止由流体静力造成的损害，有利于山坡和岸滩的稳定。

（6）进度快，可多组同时施工，平行作业，利于赶工期。

（三）格宾石笼网的应用领域

1. 格宾网挡土墙

用网箱砌垒成的挡土墙和铺设的护坡，网箱内的填充料为大小相当的石块，故存在较多的孔隙，利于墙后的填土和护坡下的土层中孔隙水的排出，渗入土体中的地表水可通过墙体快速排出，减少墙体后和坡下的地下水压力，降低墙体被破坏的风险。另外，墙体良好的变形能力能够适应地形的变化，并有效缓冲突发的外力冲击。

图 5-5-1 格宾石笼网护岸实景图

2. 格宾网堤坡防护

格宾网具有持久的抗腐性能，可用于山

地、河岸、湿地边界和海岸线等的持久护坡，石笼网编织成 30 ~ 50m 的网片，可直接铺在坡面上做坡面防护，防止水土流失，为植物健康生长提供稳定的生存环境。

3. 格宾网公路、铁路及山体防护

格宾网可用于保护道路，例如，在道路的侧边，用石笼网箱垒砌一道石笼网的堤坝，用于抵挡洪水对道路的破坏；或在路基的侧面，用石笼网箱垒砌以加固路基。格宾石笼网结构强劲、不易损坏的特性决定了其在山体防护方面具有得天独厚的优势。断裂的石头被具有高延展性的网丝牢牢地固定在斜坡上。此外，石笼双绞合六边形网片还可以预防因山体突加荷载造成的山体滑坡。

4. 格宾网河渠衬砌

格宾网因其结构稳定、耐久性长，被广泛用于渠道衬砌治理工程中。格宾网在渠道衬砌应用时，因其本身具有渗透性、排水性，不像其他"硬装甲"需要安装特殊的过滤设施。格宾网通常用在河床和泥沙沉淀的地方，具有耐磨性，可以抵挡流水的冲蚀。装置的柔韧性有利于对河床和护坡的保护。

5. 格宾网大型水利护岸工程

格宾网具有渗透性，不需特殊排水装置。网中石料间的空隙，提供了充足的流水区域，减小流体静压，在风浪大的地方做防护工程，石料间的孔隙，使得风浪打在网垫上时，冲击力被化解，风浪退去时产生的吸力也被化解，能有效地达到防护效果。

格宾网内的孔隙具有水体自净能力，保护和改善了水质。填充料的孔隙经人工铺填土层或者自然沉积泥土，为绿化创造了条件，即使不撒种子，也会自然长出植物，改善和恢复生态环境。

（四）格宾石笼网的规格与参数

格宾石笼网由高抗腐蚀、高强度、具有延展性的低碳钢丝或者包覆 PVC 的以上钢丝使用机械编织而成，根据美国材料实验协会标准规范（ASTM A 975）和欧洲栅栏用钢丝和钢丝制品标准（EN10223），所使用的低碳钢丝直径根据工程设计要求而不同，网格越大，所用的钢丝就越粗。一般介于 2.0mm 与 4.0mm 之间，钢丝的抗拉强度不少于 380MPa，金属镀层重量一般高于 245g/m^2，石笼网片的边缘线钢丝直径一般要大于网线钢丝直径。其双线绞合部分的长度不得小于 50mm，以保证绞合部分钢丝的金属镀层和 PVC 镀层不受破坏。

格宾石笼网的笼高为 0.5 ~ 1m，笼长和笼宽为 1 ~ 4m。格宾网网目的尺寸从 60mm × 80mm 到 120mm × 150mm 不等（表 5-5-1）。

石笼网的产品规格　　表 5-5-1

网目尺寸（mm）	网丝直径（mm）	PVC 金属线内径（mm）	PVC 金属线外径（mm）
60 × 80	2.0 ~ 2.8	2.0 ~ 2.5	3.0 ~ 3.5
80 × 100	2.0 ~ 3.0	2.0 ~ 2.8	3.0 ~ 3.8
80 × 120	2.0 ~ 3.2	2.0 ~ 2.8	3.0 ~ 3.8
100 × 120	2.0 ~ 3.4	2.0 ~ 2.8	3.0 ~ 3.8
100 × 150	2.0 ~ 3.4	2.0 ~ 2.8	3.0 ~ 3.8
120 × 150	2.0 ~ 4.0	2.0 ~ 3.0	3.0 ~ 4.0

格宾网通常将较整齐的石块放在外围，因为外形不好的石块可能挤出格宾网被水冲走。一旦石块被冲走，剩下的石块就会变得松散，在流水的作用下彼此摩擦致使石笼网磨损，故要求石料应在笼内挤紧。

（五）格宾石笼网的材料

1. 镀锌钢丝

优质低碳钢丝，钢丝的直径 2.0 ~ 4.0mm，钢丝的抗拉强度不少于 380MPa，钢丝的表面采用热镀锌保护，镀锌保护层的厚度根据客户要求制作，镀锌量最大可达到 300g/m^2。

2. 锌—5%铝（10%铝）—混合稀土合金钢丝

锌—5%铝（10%铝）—混合稀土合金钢丝（也叫高尔凡钢丝），这是一种新兴的材料，耐腐蚀性是传统纯镀锌钢丝的 3 倍以上，钢丝的直径可达 1.0 ~ 3.0mm，钢丝的抗拉强度不少于 380MPa。

3. 镀锌钢丝包塑

在优质低碳钢丝的表面包一层 PVC 保护层，再编织成各种规格的六角网。这层 PVC 保护层将会大大增加格宾网在高污染环境中的保护，并且通过不同颜色的选择，使其能和周围环境融合。

4. 锌–5%铝（10%铝）–混合稀土合金钢丝包塑

在锌–5%铝–混合稀土合金钢丝的表面包一层 PVC 保护层。

（六）格宾石笼网护岸

格宾网护岸设计坡比为 1 ： 1.5，坡面采用格宾网垫结构，基础用格宾网箱结构，格宾网箱的规格为 2m × 1m × 0.5m，格宾网垫的规格为 2m × 1m × 0.3m。基础部分采用双层格宾网箱，错开 200mm 叠加铺设，坡面格宾网垫铺设前地面应进行平整夯实，然后进行单层铺设，铺设完成后在网垫和网箱水面出露部分覆掺有草籽的土 150mm，网垫顶部适当增加覆土，以形成连续协调的坡面。

格宾网护岸沿河道走势分布，修建原则为随河就势，不得改变河道走向。护岸高度低于 1.5m 的河道，坡面用格宾网箱叠加进行防护；护岸高度高于 1.5m 的河道，坡面用格宾网垫进行防护。基础均用格宾网箱铺设。

四、生态砌块

（一）生态砌块简介

生态砌块是一种以混凝土为材料，具有特殊形体的能相互咬合的砌筑材料，用于新型挡排砌块挡土墙，形成生态景观挡墙。生态砌块砌筑的挡墙改变了传统的砌石、混凝土等重力式挡土结构自身体积大、对地基承载力要求高、外观呆板、生态环境影响大等缺点。具有自挡土、自排水、安全可靠、生态、美观、批量生产、施工简便、减少占地、节省投资等优点，其结构柔性好、适应变形能力强、整体连锁，可以同时满足挡土排水和生态需要，具有很好的生态效应，广泛应用于水利、市政园林、交通的河道驳岸、公路护坡、围垦、围涂等方面。

（二）材料与规格

生态砌块产品材料为混凝土，抗压强度为 C15 ~ C30，能满足挡土墙的抗压抗剪强度和耐久性的不同要求。

生态砌块基本形状如图 5-5-2 所示。

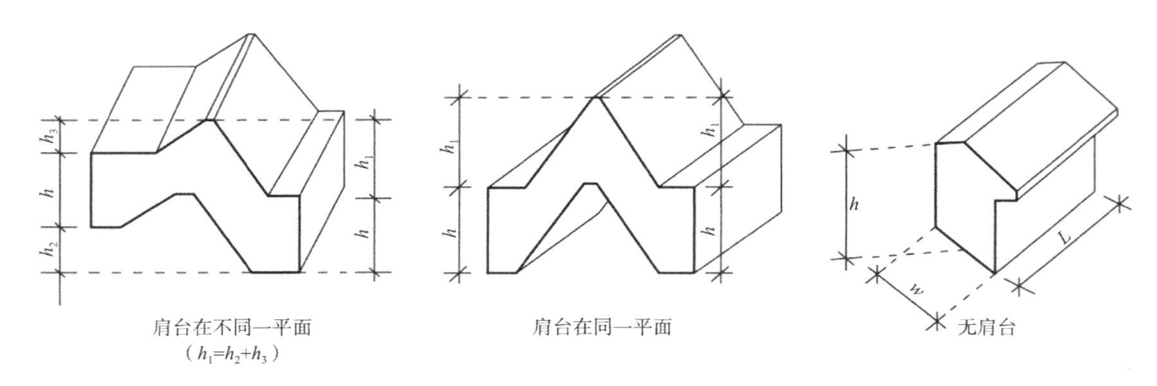

图 5-5-2 生态砌块基本形状

（三）生态挡墙基本结构

生态挡墙利用生态砌块，通过错位搭接砌筑形成，为单体自卡锁、整体连锁的自挡土、自排水、自定位的生态柔性结构。需要较高强度时，可使用有竖孔的挡排砌块，在竖孔中放置钢筋，浇筑混凝土后形成芯柱挡土墙；为了增强挡墙与土体的整体性，可埋置土工格栅（图 3-5-3、图 3-5-4）。

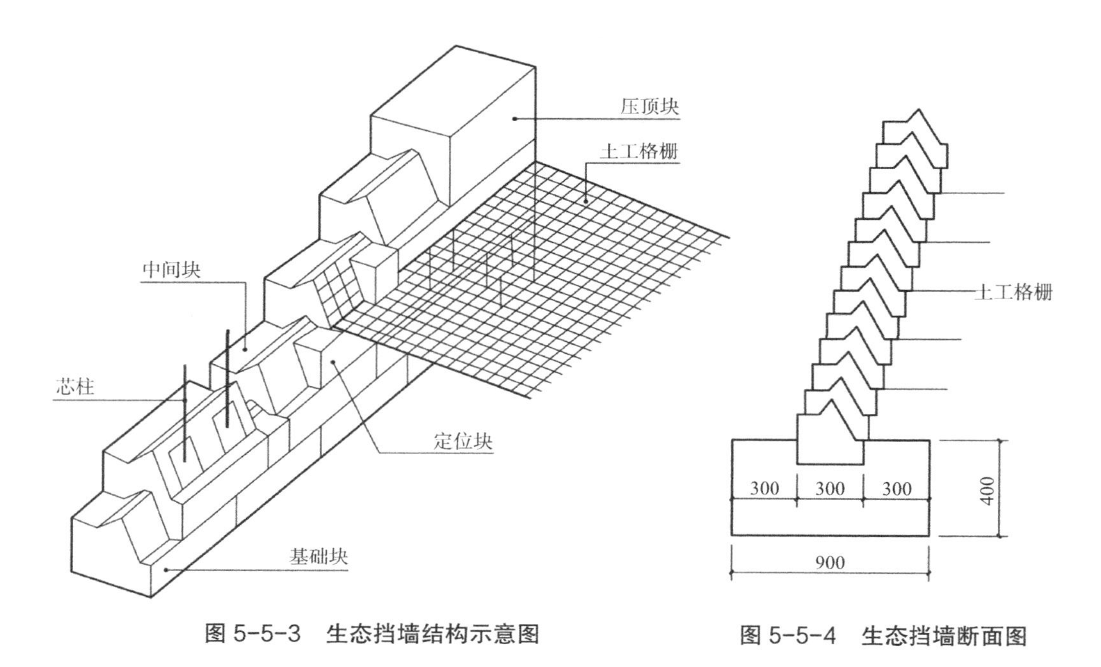

图 5-5-3 生态挡墙结构示意图　　图 5-5-4 生态挡墙断面图

图 5-5-5 为某河道工程生态挡墙断面，采用宽度 3.70m、长度 4.00m 的土工格栅加筋体，选定极限抗拉强度 50kN/m 的土工格栅，共布置 7 层，其中最上两层间距为 0.75m，其余层数间距为 0.60m。

生态挡墙结构具有以下特点：

1. 全立面的自挡土自排水结构

生态挡墙的砌块为干砌，上下叠置，最下面砌块的脊高于最上面砌块的底脚部。这种形式砌筑成的墙体具有自挡土、自排水效果。其挡土排水原理是：墙背土体中的泥水从墙背面进入挡土墙的横缝和竖缝中，由于砌块的支承坡阻挡而聚集升高，只有高于砌块中部脊顶的水，才能溢过中部的脊，通过具有透水功能的干砌缝流出挡土墙。泥水在聚集升高的过程中，水中的泥土沉积下来，只有清水留出。中部脊越高，挡土的效果也越好。砌体间任一横、竖缝都具有排水功能，能迅速排水；中端部凸出较高，能有效截留泥土，防止水土流失（图 5-5-6）。因此，该结构具有既挡土又排水的功能。

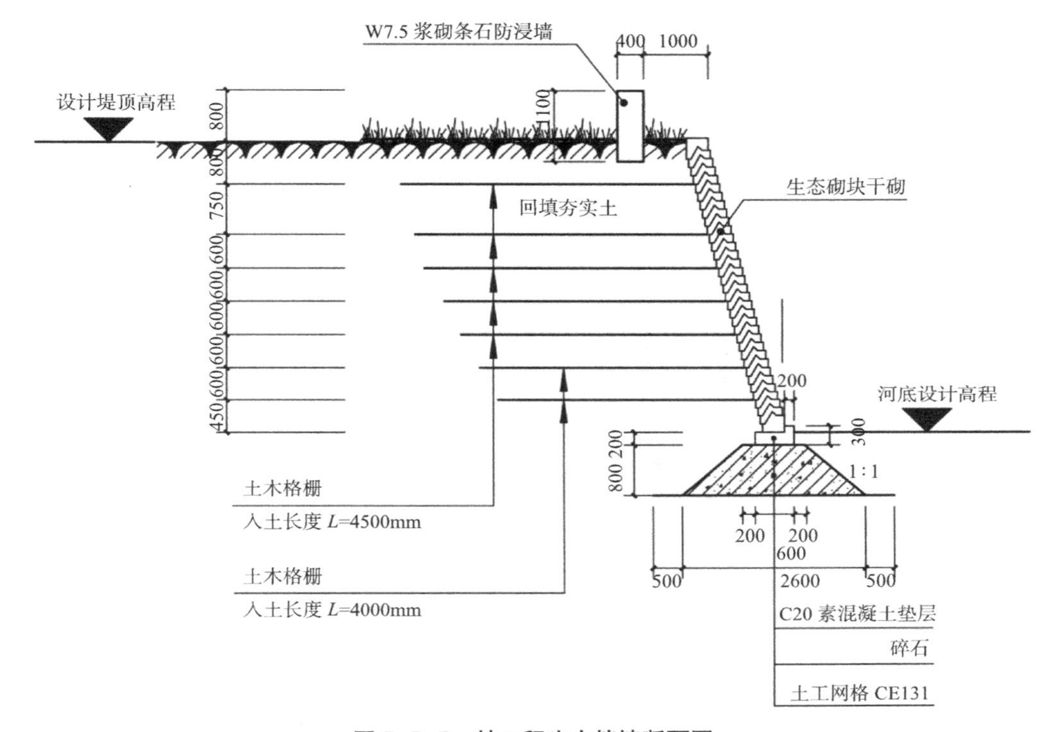

图 5-5-5 某工程生态挡墙断面图

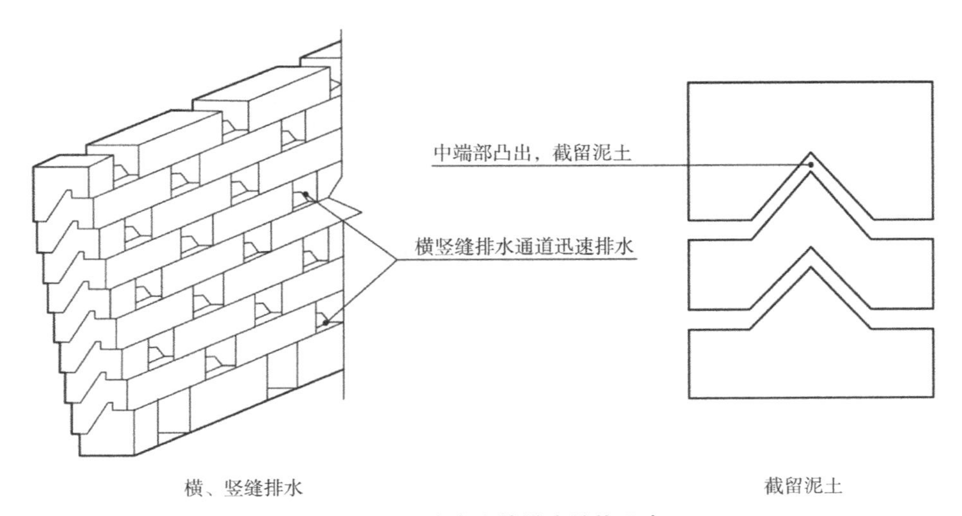

图 5-5-6 生态砌块排水结构示意

2. 柔性自卡锁连锁结构

砌块上下左右互相自卡锁、整体连锁（图 5-5-7），上层砌块的倾斜趋势被下层砌块的脊部抵挡，只有当侧向力大到使砌块断裂时，而且附近范围内的砌块都断裂时，挡土墙才会失稳。挡土墙采用非重力挡土墙形式，干砌形成柔性结构，在抵挡土压力时会产生微小变形，这种适当的变形起到减少挡土墙上土压力的作用，柔性结构还具有更好的抗剪、抗滑、抗震性能，故无需设置变形缝。

3. 生态绿化结构

挡土墙砌块砌筑时可以间隔 100mm 形成竖缝，交错的竖缝形成 100mm × 150mm 的生态孔，生态孔内外相通。生态挡墙水下部分生态孔为水生动物提供了觅食、栖息、繁衍和避难的场所，水上部分生态孔可种植各种花木。生态挡墙为动植物创造了生长环境，通过生物降解水里的有害物质，使河道有自我净化能力，维护了生态系统的平衡。而传统块石挡墙是硬质驳岸，它割断了生物链，不能通透，生态性差；挡墙上无孔无缝，无法绿化，景观效果差。

4. 人性化结构

挡土墙上的生态孔除了具有生态功能外，阶梯状的孔洞结构，还适宜让人攀爬，具有落水逃生等功能，是一种人性化的结构形式。

（四）生态挡墙与传统挡墙的比较

生态挡墙与传统的砌石重力式挡土墙、混凝土挡土墙等结构相比具有如下优点：

（1）挡土结构本身重量轻。通过在预制混凝土块中留孔等方法，使块体的表观重度控制在 18 ~ 20kN/m，比岩石和现浇混凝土的重度低，基本接近土体重度。

（2）砌块体间具有相互咬合连接功能。砌块间通过台阶、榫接等方式具有自锁定作用，增加了接触面的剪切强度，从而提高了承受土压力的能力。

（3）砌块与墙后填土形成整体。通过在墙体和墙后填土中分层铺设土工格栅，使砌块与墙后填土形成整体结构，改善了挡土结构受力特性。

（4）生态挡墙采用干砌施工，新型砌块形状尺寸统一，施工方便快捷，即使在雨季也可施工；干砌挡墙属于柔性结构，能够通过适应变形来释放、消减土压力，不需设变形缝。

（5）砌块外观必要时可使用彩色、仿石、各种图案砌块的景观形态，色调可以根据工程整体自然环境调配，可以营造丰富多变的彩色景观挡墙。

（6）生态挡墙的生态孔形成生物内外流动的通道，维护了水陆生物链的连通，有效地保护了生态环境，又可以种植藤本、草本等植物，美化挡土墙。

（7）生态挡墙体积小，材料用量少，基础处理量也小，且无需砂浆和表面处理，施工快速，所以综合成本比传统浆砌块石挡墙便宜 15% 以上。

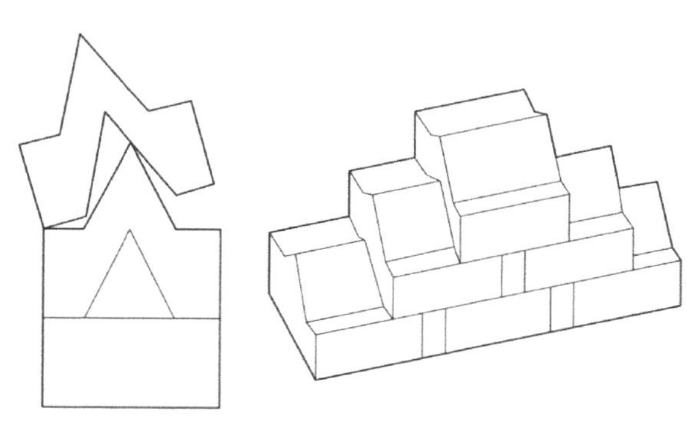

图 5-5-7 生态砌块自卡锁与整体连锁结构示意

第六章　给水排水工程材料

水是园林中具有活跃与魅力的造园要素之一，也是园林生产、生活和养护管理中不可缺少的物质，为此需在园林中设置水景、布置喷灌系统和给水排水系统，以满足园林用水要求。

第一节　给水排水管材

园林中需要设置给水系统为人们提供满足水量、水质和水压要求的园林用水。水在使用过程中受到污染，成为污水，要经过处理后才能排放，另外，园林中还要考虑降水的排放，故需设置排水系统。完善的给水排水系统对园林景观的维护、使用以及游憩活动的开展都具有重要作用。而对于给水排水系统的设计，主要的管材及附件的选用是一个重要的环节。

一、管材类型

（一）塑料管

塑料管是合成树脂加添加剂经熔融成型加工而成的制品。塑料管具有自重轻、耐腐蚀、耐压强度高、美观、不生锈、不结垢、水流阻力小、使用寿命长、安装方便等优点。塑料管代替传统的钢管和铸铁管可以节省投资和节约能源，目前塑料管的开发应用成为管道行业的主流。但塑料管材也有强度低、性质脆、抗外压和冲击性差等缺点，故多用于小于 200mm 的小口径管道。另外，塑料管易燃，在发生火灾等事故时，管道燃烧时会产生有毒气体。例如聚苯乙烯材质燃烧时产生甲苯、聚氯乙烯（PVC）材质燃烧产生氯化氢，均为有毒气体。

1. 根据外观分类

根据塑料管材外观的不同，可将其分为光滑管和波纹管。

（1）光滑管

光滑管内外壁均光滑，承压规格有 0.20MPa、0.25MPa、0.32MPa、0.63MPa、1.00MPa 和 1.25MPa 几种，后三种规格的管材能够满足绿地喷灌系统的承压要求，常被园林灌溉工程采用。

（2）波纹管

波纹管是一种内壁光滑、外壁成梯形波纹状的管材。在结构设计上采用特殊的“环形槽”式异形断面形式，这种管材设计新颖、结构合理，突破了普通管材的“板式”传统结构，使管材具有足够的抗压和抗冲击强度，又具有良好的柔韧性。波纹管按承压等级分为 0.00 MPa（不承压）、0.20MPa 和 0.40MPa 三个规格，由于其承压能力低，常被用作排水管。根据成型方法的不同可分为单壁波纹管、双壁波纹管。

波纹管除具有一般塑料管的优点外，还具有以下特点：①刚柔兼备，在具有足够的力学性能的同时，兼备优异的柔韧性；②抗外加压力强，与板式管材相比，单位长度的波纹管质量轻、省材料、降能耗、工程造价低；③波纹形状能加强管道对土壤的负荷抵抗力，又不增加它的挠曲性，以便于连续敷设在凹凸不平的地面上；④接口方便且密封性能好，搬运容易，安装方便，减轻劳动强度，缩短工期。

2. 根据制作材料分类

根据塑料管材制作材料的不同，主要有聚氯乙烯（PVC）管道、聚乙烯（PE）管道、聚丙烯（PP）管道等。我国目前已经建立了以PVC、PE、PP材料为主的塑料管道加工和应用产业，这三类材料产品占据了塑料管道市场的主要份额。PVC以国产原料为支撑，其配套产业链最为完善，使得PVC管材近些年来占据了市场半壁江山。随着消费升级与化工材料发展带动管道升级，我国的PE、PP等管材应用比例正逐步提升。PVC管材中以硬制品（PVC-U）为主要产品，主要用于给水、排水和护套等；PE管材主要用于给水、排水和燃气输送；PP管材中PP-R为主要品种，它主要应用在建筑物内的冷、热水输送上。

（1）聚氯乙烯（PVC）管

聚氯乙烯管材是将聚氯乙烯树脂、增塑剂、稳定剂、填充剂和其他外添加剂按照一定比例均匀混合，加热塑化后，挤出、冷却定型而成。聚氯乙烯材具有刚性好、易粘合、接头方便、价格低廉等优点，但耐热性差，在0℃以下时耐冲击性能差，管材较脆。聚氯乙烯管有硬质聚氯乙烯管和软质聚氯乙烯管之分，绿地系统中较常使用的是硬质聚氯乙烯（PVC-U）管，具有以下优点：耐腐蚀性能好，不生锈；耐老化性好，可在低于60℃温度下使用20 ~ 50年；内壁光滑，很难形成水垢，流体输送能力比铸铁管高43.7%；质量轻，易扩口，能弯曲，连接方式简单，安装工作量仅为钢管的1/2，工期短；阻电性能良好；价格低廉。管道主要连接方式有承插式连接、胶粘剂粘结，施工方便。聚氯乙烯管材的性能见表6-1-1。

聚氯乙烯管材性能　　表6-1-1

项目	硬质PVC	软质PVC	项目	硬质PVC	软质PVC
相对密度	1.4 ~ 1.45	1.16 ~ 1.35	冲击强度（KJ/m²）	25	
硬度	65 ~ 85（肖式D）	50 ~ 100（肖式A）	热传导率	0.11 ~ 0.14	
吸水率（%）	0.04 ~ 0.4	0.15 ~ 0.75	软化温度（℃）	86	
拉伸强度（MPa）	50 ~ 55	15 ~ 35	燃烧性	自熄	自熄
抗弯强度（MPa）	86		耐电压（kV/mm）	40	
压缩强度（MPa）	66		熔接温度（℃）	175 ~ 180	150 ~ 160

PVC-U小口径管材使用性价比高于钢管和球墨铸铁管，但管材的力学性能与钢管、球墨铸铁管相比要差，机械强度只是钢管的1/8。

（2）聚乙烯（PE）管

聚乙烯（PE）管是一种新型环保建材，管材的抗推拉、抗剪切、耐腐蚀性能都很好。但此管不耐高压，耐压最好的PE100给水管的最大工作压力仅为1.6MPa。另外PE材料阻燃性差、易老化，不宜明敷。HDPE管在温度190 ~ 240℃之间将被熔化，利用这一特性，将管材（或管件）两端熔化的部分充分接触并保持适当压力，冷却后两者便可牢固地融为一体。因此，PE管的连接方式与PVC-U管不同，通常采用电热熔连接及热熔对接两种方式，按照管径大小情况具体可分为：$DN \leqslant 63$时，采用注塑热熔承插连接；$DN \geqslant 75$时，采用热熔对接连接或电熔承插连接；与不同材质连接时采用法兰或丝扣连接。因热熔、电熔连接需要专门工具和电源，所以PE管施工不如PVC管方便。聚乙烯管材的物理性能见表6-1-2，静液压强度见表6-1-3。

聚乙烯管材物理性能要求　　表 6-1-2

序号	项目	要求
1	断裂伸长率（%）	≥ 350
2	纵向收缩率（110℃，%）	≤ 3
3	氧化诱导时间（200℃，min）	≥ 20

聚乙烯管材的静液压强度　　表 6-1-3

序号	项目	环向应力（MPa）			要求
		PE63	PE80	PE100	
1	20℃静液压强度（环向应力 8.0Mpa，100h）	8.0	9.0	12.4	不破裂，不渗漏
2	80℃静液压强度（环向应力 3.5Mpa，165h）	3.5	4.6	5.5	不破裂，不渗漏
3	80℃静液压强度（环向应力 3.2Mpa，1000h）	3.2	4.0	5.0	不破裂，不渗漏

PE 管按其密度不同分为高密度聚乙烯管（HDPE）、中密度聚乙烯管（MDPE）和低密度聚乙烯管（LDPE）。HDPE 管具有较好的物理学性能，强度和刚度较高，使用方便，具有较强的耐磨性和良好的抗冻性能，可用于室外、室内给水管道，而且使用年限长，易回收利用；MDPE 管除了具有 HDPE 管的耐压强度外，还具有良好的柔性和抗蠕变性能；LDPE 管材质较软，力学强度低，但管的柔性、伸长率、耐冲击性能好，适合在较复杂的地形敷设，是绿地喷灌系统中常使用的管材。

PE 管中最常使用的还是 HDPE 管材，其重量轻、耐低温性较好，在 -60℃寒冷地区仍能保持良好的挠曲性，这种管材以其优秀的化学性能、韧性、耐磨性以及材料较低的成本和安装费用得到广泛应用，它是仅次于聚氯乙烯，使用量占第二的塑料管道材料。

HDPE 双壁波纹管是一种用料省、刚性高、弯曲性优良，具有波纹状外壁、平滑内壁的管材。双壁管较同规格、同强度的普通管可省料 40%，具有密封性能好、韧性好、高抗冲、高抗压的特性，是目前重点推广使用的管材。在欧美等国中，HDPE 双壁波纹管在相当范围内取代了钢管、铸铁管、水泥管、石棉管和普通塑料管，广泛用作排水管、污水管、地下电缆管、农业排灌管等。

（3）聚丙烯（PP）管

PP 管中最常见的种类是 PP-R 管，也叫三型聚丙烯管，即无规共聚聚丙烯管，PP-R 管除具有一般塑料管材质量轻、强度好、耐腐蚀、使用寿命长等优点外，其最大特点是耐热性优良。不管是 PVC 管材，还是 PE 管材，一般使用温度均局限于 60℃以下，但 PP-R 管的最高耐热可达 131.3℃，最高使用温度为 95℃，适用于建筑物室内冷热水供应系统，也广泛适用于采暖系统。缺点是低温脆性差、线性膨胀系数大、易变形，不适合于建筑物明装管道工程。PP-R 管道的连接方式主要有热熔连接、电熔连接，也可用专用丝扣连接或法兰连接。聚丙烯管材性能见表 6-1-4。

PP-R 管材主要应用于公共及民用建筑的日常用水、采暖系统；工业建筑和设施中化学废液的排放系统；由于对盐的耐腐蚀性能好，用于海水设施中的盐水管道；空调管道系统及农业施肥灌溉系统等。

聚丙烯管材性能 表 6-1-4

项　目	要　求	项　目	要　求
相对密度	0.90 ~ 0.91	使用温度（℃）	110 ~ 120
拉伸强度（MPa）	25 ~ 36	脆化温度（℃）	0 附近
弯曲强度（MPa）	42 ~ 56	体积电阻率（Ω · cm）	≥ 1016
压缩强度（MPa）	39 ~ 55	介电强度（kV/mm）	30

（二）金属管

金属管常用的有钢管和铸铁管两种。其强度高、抗渗性好、内壁光滑、水冲无噪声、防火性能好、抗压抗震性能强，但价格较贵、耐酸碱腐蚀性差，常用在压力管上。与铸铁管相比，钢管具有韧性好、强度大、管材长、接口少、管壁较薄、节省金属等优点。但钢管的耐腐蚀性比铸铁管差。

1. 钢管

钢管材料分为焊接钢管和无缝钢管，焊接钢管适用于大型或中型口径的管道材料，无缝钢管适用于中型或者小型口径的管道材料。焊接钢管又分为镀锌钢管（白铁管）和非镀锌钢管（黑铁管）。焊接钢管中的镀锌钢管是防腐处理后的钢管，它防腐、防锈，水质不易变坏，使用寿命长，是生活用水的主要给水管材。无缝钢管的耐压程度大于普通钢管，耐震动，质量轻。但无缝钢管工艺复杂，造价高，一般应用很少，只有当焊接钢管不能满足压力要求的情况下才采用。钢管连接方法有焊接、法兰连接、小口径管用螺纹接口连接。

钢管的优点是有较好的机械强度、耐压程度高、耐高温、耐震动、材料及配件容易回收再利用、长度长、接头方便且数量少、内表面光滑水力条件好等。但钢管耐腐蚀性差、刚度较小易变形、不够稳定、价格较高。

2. 铸铁管

铸铁管指用铸铁浇铸成型的管子，用于给水、排水和煤气输送管线。按铸造方法不同，分为连续铸铁管和离心铸铁管，其中离心铸铁管又分为砂型铸造和金属型铸造（分别指铸型是砂型或金属型）两种；按制造材质不同分为灰口铸铁管和球墨铸铁管两种。

（1）灰口铸铁管和球墨铸铁管

铸铁是铁和石墨的混合体，球墨铸铁和灰口铸铁里都含有石墨单体。灰口铸铁中的石墨是片状存在的，石墨的强度很低，所以相当于铸铁中存在许多片状的空隙，所以灰口铸铁强度比较低，较脆；石墨铸铁中的石墨是呈球状的，相当于铸铁中存在许多球状的空隙，球状空隙对铸铁强度的影响远比片状空隙小，所以球墨铸铁强度比灰口铸铁强度高许多。石墨铸铁中的石墨为什么呈球形呢？那是因为球墨铸铁在熔化浇铸前的铁液中加入了球化剂和孕育剂，使石墨呈球状石墨存在，球墨铸铁经过热处理后可以得到较好的力学性能，强度高、有韧性、耐磨，又有良好的铸造性能，价格较低，在很多地方可代替钢件，一些重要的管道阀门壳体也采用球墨铸铁取代铸钢件。球墨铸铁管除具备灰口铸铁管所有的如抗腐蚀、易加工等优点之外，还具有很好的延伸率，而且管壁厚度只有灰口铸铁管的 2/3，因此可大量节省钢铁。

灰口铸铁管规格：连续灰口铸铁管的公称口径为 75 ~ 1200mm，直管长度有 4m、5m 及 6m，按壁厚不同分 LA、A 和 B 三级；砂型离心灰口铸铁管的公称口径为 200 ~ 1000mm，有效长度有 5m 及 6m，按壁厚不同分 P、G 两级。

球墨铸铁管规格：球墨铸铁管的公称口径为 80 ~ 2200mm，有效长度有 5m、6m 及 8m，按壁厚不同分 P、G 两级。与灰口铸铁管相比，球墨铸铁管强度高、韧性好、管壁薄、金属用量少，能承受较高的压力，抗压抗震性能有所提高，价格也相对低一些，是铸铁管材的发展方向。

（2）给水铸铁管和排水铸铁管

给水铸铁管能承受较大工作压力，价格相对较低，适合于埋设地下，因而被大量用于外部给水管上。但是它的缺点是质硬而脆、质量大、施工困难。给水铸铁管常用承插和法兰连接。给水铸铁管按制造材质不同分为灰口给水铸铁管和球墨给水铸铁管两种。

灰口给水铸铁管道材料比较耐腐蚀，经久耐用，但质地较脆，不耐振动和弯折，重量大。在前几年，其应用比较广泛，主要用在 *DN*80 ~ 1000 的地方。砂型离心铸铁直管和连续铸铁直管之材质均为灰口铸铁，两者均适用于水及煤气等压力流体的输送。

球墨给水铸铁管是用 18 号以上的铸造铁水经添加球化剂后，经过离心球墨铸铁机高速离心铸造成的管道，球墨铸铁管具有铁的本质、钢的性能，采用橡胶密封圈密封，密封效果好，防腐性能优异，延展性能好，安装简易，管径可达 2600mm。应用比较广泛，主要用于市政、工矿企业给水、输气、输油等，是供水管材的首选，具有很高的性价比。

排水铸铁管主要指采用离心浇注工艺生产的柔性接口排水铸铁管，柔性铸铁管的材质为灰口铸铁，采用柔性连接方式，橡胶密封圈密封，螺栓紧固，在内水压下具有良好的挠曲性、伸缩性。其组织致密、管壁光滑、厚薄均匀、重量轻，接口一般为 W 型卡箍式或 A 型法兰承插式。W 型无承口铸铁排水管在安装施工中采用不锈钢柔性卡箍连接；A 型铸铁排水管在安装施工中采用柔性法兰及密封胶圈连接。具有以下优点：强度高，刚性大；耐火性能好，适用介质温度高；噪音低，橡胶密封连接能阻止声响的传递，具有高效的抗噪音特性；耐久性强，寿命在 100 年以上；抗震性能好，横向震动能力可达 31.5mm 而管道不渗不漏；密封性能良好，采用法兰压盖和氯丁烯橡胶等高弹性的楔形圈连接，允许在 ±15° 范围内摆动而不会产生渗漏；施工快捷，检修方便，适用于建筑物地下或者高层。管径为 *DN*50 ~ 300，单管长度一般为 3m。

（3）给水球墨铸铁管和排水球墨铸铁管

给水球墨铸铁管和排水球墨铸铁管的材质均为球墨铸铁，由于给水球墨铸铁管需要承受压力，常用 HPT200、HT250 灰铸铁，排水球墨铸铁管常用 HT150 以下的灰铸铁。给水球墨铸铁管都采用离心浇筑，铁管外表光滑，如是承插式球墨铸铁管，则承口较深，管壁也较厚，单根管长度为 6m；排水球墨铸铁管有些采用立模浇注，或小型离心浇注机铸造，铁管外表较粗糙，单根管长度为 3m，承口较浅，管壁较薄。

（三）混凝土管

混凝土管道材料是指用混凝土或钢筋混凝土制作成的管道材料，其作用是用于传输水、油、气体等物体。混凝土管的优点在于取材制造方便、强度高、造价较低，防腐能力强，不需要作任何防腐处理，有较好的抗渗性和耐久性。但混凝土管质地脆、抗剪切性能差、抵抗酸碱侵蚀及抗渗性差，其管节短、接口多，尤其在接口部位易渗漏，而且其重量大，搬运不便。

混凝土管道材料又可分为素混凝土管、普通钢筋混凝土管、自应力钢筋混凝土管和预应力钢筋混凝土管，这几种混凝土管的内径各不相同，所承受的压力范围也有所不同，有低压管材和高压管材之分。混凝土管道材料接口形式各有不同，管口通常有承插式、企口式、平口式。管道连接方式有承插式、套环式等。

大管径给水工程适宜用钢筋混凝土管。给水工程中，自应力钢筋混凝土管会后期膨胀，可使管疏松，不用于主要管道；预应力钢筋混凝土管能承受一定压力，在国内大口径输水管中应用较广，但其由于接口问题易爆管、漏水。为克服这个缺陷，现采用预应力钢筒混凝土管（prestressed concrete cylinder pipe，简称 PCCP 管），它是带有钢筒的高强度混凝土管芯缠绕预应力钢丝，喷以水泥砂浆保护层组成的复合结构，连接方式采用同钢筒焊在一起的钢制承插口，承插口有凹槽和胶圈形成滑动式胶圈的柔性接头，具有抗震性好，使用寿命长，不易腐蚀、渗漏的特点，是较理想的大水量输水管道。

雨水、污水的排除宜使用素混凝土管和钢筋混凝土管。排水工程中一般管径在 300mm 以上才用混凝土管，小于 300mm 的基本都用塑料排水管。素混凝土管的管径一般小于 400mm，长度多为 1m，适用于管径较小、埋深浅的无压管。当管道埋深较大或敷设在土质条件不良的地段或当管径大于 400mm 时，排水管通常都采用抗外压强的钢筋混凝土管。

（四）陶土管

陶土管是用低质黏土及瘠性料经成型烧成的多孔性陶器，可用于污水、废水、雨水或酸性、碱性废水等排水工程。其内壁光滑、水阻力小、不透水性能好、抗腐蚀，但易碎，抗弯、抗拉强度低，节短，施工不方便，不宜用在松土和埋深较大之处。

（五）复合管

用铝、钢等金属和聚乙烯、聚丙烯等塑料材料通过多层组合或管内衬塑等方式制造的管材。室内用的有直径较小的铝塑管等，室外用的有直径大于 300mm 以上的以高强软金属作支撑、内衬聚氯乙烯的钢管等。

铝塑复合管简称 MP，由内外层塑料、中间层纵焊铝管（塑料与铝管中间还有一层热熔胶），通过高温高压复合而成。内外层塑料为保护层，以提高管道的耐腐蚀能力，中间的铝合金为管道的骨架。铝塑复合管的结构形式有 3 种：PE-AL-PE、PE-AL-PEX、PEX-AL-PEX。它们的中部层均为铝层。第一种结构的内外层都为聚乙烯；第二种结构的内层为交联聚乙烯，外层为聚乙烯；第三种结构的内外层均为交联聚乙烯。铝塑复合管有较好的保温性能；内外壁为塑料，不易腐蚀；内壁光滑，对流体阻力很小；可随意弯曲，安装施工方便；作为供水管道，有足够的强度。

铝塑管由于在国内推广较早，已广泛为大众所接受。正因如此，其生产厂家也多，市场受伪劣产品冲击也最为严重。鉴别这种管材只要将其置于 150℃烘箱中烤一段时间即可，塑层熔化的即为冷水型。有些铝层仅卷成管形，不焊接，称为夹铝塑料管，这种管只需将塑层刮去即可看到。它的胶水层用普通胶水，而非用专用热熔胶，有的甚至不用胶，剪切时就可看出塑料与铝明显分层。

钢塑复合管是以无缝钢管、焊接钢管为基管，内壁涂装塑料制成的涂塑复合钢管。它兼有金属管材强度大、刚性好和塑料管材耐腐蚀的优点，同时也摈弃了这两类材料的缺点。

镀锌衬塑（PVC）钢管是由聚氯乙烯与镀锌钢管复合而成。它采用螺纹连接方式，管件配套多、规格齐全，这也是它在使用中的优点之一。但是，这种复合管材的材料用量多，管道内实际使用管径变小，而在生产中需要增加复合成型工艺，其价格要比单一管材的价格高。此外，在镀锌钢管与内衬 PVC 的热膨胀系数之间存在着较大的差异。如粘合不牢固、环境温度和介质温度变化大，容易产生分离层而导致管材质量下降。

当前，市面上最为流行的是钢带增强钢塑复合管，也就是我们常说的钢塑复合压力管，这种管材中间层为高碳钢带通过卷曲成型对接焊接而成的钢带层，内外层均为高密度聚乙烯（HDPE）。这种管材中间层为钢带，所以管材承压性能非常好，钢塑管的最大口径可以做到200mm，甚至更大，而铝带承压不高，管材最大口径只能做到63mm。由于管材中间层的钢带是密闭的，所以这种钢塑管同时具有阻氧作用，可直接用于直饮水工程，而其内外层又是塑料材质，具有非常好的耐腐蚀性。如此优良的性能，使得钢塑复合管的用途非常广泛，石油、天然气输送，工矿用管，饮水管，排水管等等各种领域均可以见到这种管的身影。

二、管材的选用

（一）管道常用规格

园林给水排水所用管道的规格有国家标准，选用时需按公称直径选择。

常用各种给水管材规格见表6-1-5。

给水管道规格表　　表6-1-5

管材名称	管材规格	连接方式	备注
焊接钢管	公称直径*DN*：15、20、25、32、40、50、65、80、100、150、200、250、300、350、400、500、600、700、800、900、1000、1200	① *DN* ≤ 80螺纹连接 ② *DN* ≥ 100焊接或法兰连接	
硬聚氯乙烯（PVC-U）给水管	公称外径*dn*：20、25、32、40、50、63、75、90、110、125、140、160、180、200、225、250、280、315、355、400、450、500、560、630、710、800、900、1000 公称压力（MPa）：0.63、0.80、1.00、1.25、1.60、2.00、2.50	①胶粘承插接口（*dn* ≤ 225） ②橡胶圈承插柔性连接（*dn* ≥ 63）	《给水用硬聚氯乙烯(PVC—U)管材》GB/T 10002.1—2006
聚乙烯（PE）给水管（PE63、PE80、PE100）	公称外径*dn*：20、25、32、40、50、63、75、90、110、125、140、160、180、200、225、250、280、315、355、400、450、500、560、630、710、800 公称压力（MPa）： PE63：0.32、0.40、0.60、0.80、1.00 PE80：0.40、0.60、0.80、1.00、1.25 PE100：0.60、0.80、1.00、1.25、1.60	① *dn* ≤ 63承插热熔连接 ② *dn* ＞ 63对接热熔连接 ③ *dn* ≤ 160电熔连接 ④ *dn* ＞ 160法兰连接	《给水用聚乙烯(PE)管材》GB/T 13663—2000
球墨铸铁给水管	公称直径*DN*：40、50、65、80、100、125、150、200、250、300、350、400、450、500、600、700、800、900、1000等直至2600	①承插胶圈接口 ②法兰胶圈接口	《水及燃气用球墨铸铁管、管件和附件》GB/T 13295—2003
铝塑复合给水管	公称外径*dn*：16、20、25、32、40、50	①卡压式连接（不锈钢接头） ②卡套式连接（铸铜接头*dn* ≤ 32） ③螺旋挤压式连接（铸铜接头*dn* ≤ 32）	《铝塑复合压力管铝管对接焊式铝塑管》GB/T 18997.2—2003

常用各种排水管道规格见表 6-1-6。

排水管道规格表　　表 6-1-6

管材名称	管材规格	连接方式	备注
硬聚氯乙烯（PVC-U）排水管	公称外径 *dn*：32、40、50、75、90、110、125、160、200、250、315	①承插胶粘剂粘接 ②承插弹性密封圈连接	《建筑排水用硬聚氯乙烯（PVC-U）管材》GB/T 5836.1—2006
高密度聚乙烯（HDPE）排水管	公称外径 *dn*：32、40、50、56、63、75、90、110、125、160、200、250、315	①对焊连接 ②电焊管箍连接 ③承插胶圈连接	《建筑排水用高密度聚乙烯（HDPE）管材及管件》CJ/T 250—2007
硬聚氯乙烯（PVC-U）双壁波纹管	公称内径 *DN/ID*：100、125、150、200、225、250、300、400、500、600、800、1000 公称外径 *DN/OD*：110、125、160、200、250、280、315、400、450、500、630、710、800、1000	承插胶圈接口	《埋地排水用硬聚氯乙烯（PVC-U）结构壁管道系统 第 1 部分：双壁波纹管材》GB/T 18477.1—2007
聚乙烯（PE）双壁波纹管	公称内径 *DN/ID*：100、125、150、200、225、250、300、400、500、600、800、1000、1200 公称外径 *DN/OD*：110、125、160、200、250、280、315、400、450、500、630、800、1000、1200	①承插胶圈接口 ②管件胶圈接口 ③哈夫外固接口	《埋地用聚乙烯 (PE) 结构壁管道系统 第 1 部分：聚乙烯双壁波纹管材》GB/T 19472.1—2004
钢筋混凝土管	公称直径（内径）*d*：300、400、500、600、700、800、900、1000、1100、1200、1350、1500、1650、1800、2000、2200、2400	接口形式：平口、承插口、企口 ①刚性接口（水泥砂浆） ②柔性接口（承插胶圈）	《混凝土和钢筋混凝土排水管》GB/T 11836—2009

（二）管道选用

园林给水管道要求能承受一定的压力，并考虑管道对水质的影响，必须确保管道中的水不被二次污染，故要求管材性能稳定。排水管道对压力的要求相对较低，但考虑污水排出，管道应具有耐酸、耐碱、抗污染性能。另外，管网属于地下半永久性隐蔽工程设施，要求很高的安全可靠性，要求管道具耐久性，方便施工。

近年来，给水排水工程中新型管材得到广泛应用，传统的镀锌钢管和铸铁管由于易锈蚀、自重大、运输施工不便等原因，在工程应用中逐渐被具有对人体无害、耐腐蚀、导热系数小等优点的塑料管取而代之。塑料管材与传统的铸铁管、镀锌钢管、混凝土管等管道相比，具有节能节材、环保、轻质高强、耐腐蚀、内壁光滑不结垢、流体阻力小、施工和维修简便、使用寿命长等优点，广泛应用于给水排水工程中。

塑料管道因材料品种、制作工艺不同，性能也就不同，其可承受的介质温度和耐腐蚀性也不一样。选用管材时要充分了解不同管材的性能差异，选择性价比高、施工方便、可靠、技术成熟的管材，以满足工程设计的需要。下面对常用的几种塑料管进行对比分析：

（1）聚氯乙烯管材具有刚性好、易粘合、接头方便、价格低廉等优点，但耐热性差，在 0℃以下时耐冲击性能差，管材较脆，在温度较高时，如 80℃时就呈软状，因此在冬季冰冻地区应用或做热水管应用时是不合适的。由于建筑用上、下水管一般不直接外露，其使用温度不会太高或太低，且聚氯乙烯管的使用寿命较长，美国、日本等标准规定聚氯乙烯使用寿命在 50 年以上。因而建筑上采用聚氯乙烯管的量，大于高密度聚乙烯管及其他类型塑料管的量。

在建筑领域内，聚氯乙烯管作为上、下水管代替传统的白铁管、铸铁管已是一种成熟的技术，应用甚广。PVC-U 管（指直径 50mm 及以下的直径较小部分）作为埋地给水管，由于强度、冷脆方面的问题，很多国家、地区持有保留意见。国内建筑中 PVC-U 管材应用所遇到的最大问题是安装后时有漏水，从而影响发展应用。但总体而言，PVC-U 管在很多国家都是应用最为广泛的给水管，是迄今用量最大的给水管材。

（2）聚乙烯管材重量轻，耐低温性较好，在 –60℃寒冷地区仍能保持良好的挠曲性，但刚性较差、不易粘合、易燃。重量轻，搬运和连接都很方便，施工速度快。HDPE 管更大的优势在于更能适应地质条件差的地基。由于 HDPE 管属软性管材，对于软土地基，管道基础可采用铺 100 ~ 150mm 厚的碎石，上层铺厚度不小于 50mm 中粗砂即可，比钢混凝土更能抵御一定程度的地基不均匀沉降。室外露天敷设在有阳光照射处应做遮蔽措施。在埋地情况下，HDPE 管使用年限可达 50 年以上。HDPE 管具有相对较高的强度和刚度；MDPE 除了有 HDPE 管的耐压强度外，还具有良好的柔性和抗蠕变性能；LDPE 管的柔性、伸长率、耐冲击性好。在国外 HDPE 管和 MDPE 管被广泛作为城市燃气管道；国内 HDPE 管和 MDPE 管主要用作城市燃气管道，少量用作城市供水管道；LDPE 管大量作为农用排灌管道。

（3）PP-R 管为聚丙烯管改性后的共聚聚丙烯给水管，是继 PVC-U 管之后的另一种新型环保管材，在所有塑料管材中是最轻的。具有优良的耐热性能和较高的强度，适用于建筑物室内冷热水供应系统，也广泛适用于采暖系统。其缺点是低温脆性差、线性膨胀系数大、易变形、耐应力开裂性及耐候性差，不适合于建筑物明装管道工程，且价格较高。由于 PP-R 管的热熔连接安全、可靠，目前主要应用于供水系统的暗装管道，应设于管道中或建筑物内部，以延长管道的寿命。PP-R 管是目前生活热水用管与散热器系统用管的一个理想产品。由于其耐低温冲击性能和柔性较差，使得在地板辐射采暖用管方面应用较少，铺设时需要在管材中流通热水。

（4）铝塑复合管兼塑料管和金属管的优点，由于其含有铝层，可增加耐内压强度，阻隔氧气、二氧化碳等，塑料层卫生无毒、水力性能好、耐腐蚀，其连接较为方便，不需特殊工具，具有易于安装等优点，在国内推广较早，已广泛为大众所接受。但铝塑复合管的抗紫外性能和耐热性较差，所以不适用于室外安装。铝塑复合管密封性能较差，而且生产时要求工艺较高，价格昂贵。

（5）衬塑及涂塑钢管、衬塑铝管等可以应用于供水领域。这些衬塑或涂塑的金属管也各自有其独特的优点和缺点，例如衬塑或涂塑钢管以镀锌钢管为基体，其机械性能最为可靠。

由以上对比可以看到这 5 种塑料管都各有其优点和缺点，铝塑复合管独特的性能是能够阻隔气体的渗透，这在应用于封闭循环的热水系统（如地面铺热水管的采暖系统）时是有益的，因为可以防止氧气的渗入，避免系统中的氧化腐蚀。其他塑料管也可以用一些方法来弥补其阻隔氧气性差的缺点，所以同样可以应用于封闭循环的热水系统。目前国内外在给水排水领域内上述各种管材实际上都在使用，而且都在不断地改进和发展。

常用塑料管道种类与应用范围见表 6-1-7。

焊接钢管承压能力较强，管材的力学性能较好，连接、施工容易，但耐腐蚀性能差，需经镀锌或涂塑处理。

球墨铸铁给水管的强度、刚度均较好，管材的耐腐蚀性亦较好，且其施工、安装难度也不大，但价格较高。

塑料管道种类与应用范围 表 6-1-7

编号	管道种类	市政供水	市政排水	建筑给冷水	建筑给热水	建筑排水	主要连接方式	刚度
1	UPVC 硬聚氯乙烯管	用	用	用		用	溶剂粘接 / R-R 橡胶圈	直管
2	HDPE 高密度聚乙烯管	用	用	用		用	（电）热熔接	盘卷 / 直管
3	塑料波纹管		用				套管粘接	直管
4	衬塑或涂塑钢管	用	用	用			螺纹连接	直管
5	PAP 铝塑复合管			用	用		铜件挤压夹紧	盘卷 / 直管
6	PPR 无规共聚聚丙烯管			用	用		（电）热熔接	盘卷 / 直管

目前给水排水工程管材使用情况是管径 300mm 以下管道一般用 PE 和 PVC-U 管；管径 300 ~ 1200mm 管道给水一般用球墨铸铁管，排水用塑料波纹管；超过 1200mm 的给水可用预应力钢筒混凝土管或钢管，排水用钢筋混凝土管。管材的选用取决于承受的水压、价格、输送的水量、外部荷载、埋管条件、供应情况等，需综合考虑，可根据管径参照表 6-1-8 选用管材。

管材选用 表 6-1-8

管径（mm）	主要选用管材
≤ 50	（1）镀锌钢管（逐渐少用） （2）硬聚氯乙烯等塑料管
≤ 300	（1）普通灰口铸铁管用于建筑排水，采用柔性接口 （2）硬聚氯乙烯、聚乙烯塑料管，价低，耐腐蚀，但抗压较差
300 ~ 1200	（1）球墨铸铁管用于给水工程较为理想，但价格较高 （2）铸态球墨铸铁管是可选用的管材，与经过热处理的球墨铸铁管相比，其价格较便宜，但强度更低 （3）质量可靠的预应力和自应力钢筋混凝土管，价格便宜，可以选用 （4）排水使用塑料波纹管，耐腐蚀，使用可靠
> 1200	（1）薄型钢筒预应力混凝土管，性能好，价格适中 （2）钢管性能可靠，价贵，在必要时使用，但要注意内外防腐 （3）质量可靠的预应力钢筋混凝土管是较经济的管材

三、给水排水管网附属设施

（一）给水排水管道管件

给水排水管道的管件种类很多，不同的管材有些差异，但分类差不多，有接头、弯头、三通、四通以及管堵、活性接头等等。每类又可再细分，如内接头、外接头、内外接头、同径或异径接头等等。园林给水排水系统与景观喷泉、绿地喷灌系统主要使用聚氯乙烯和聚乙烯塑料管，下面分别介绍它们的各种管件。

聚氯乙烯给水管的管件主要有粘结式承插型、弹性密封圈承插型、螺纹连接型和法兰连接型管件。常用的硬质聚氯乙烯和聚乙烯标准管件的类型与公称直径见表 6-1-9。

PVC-U 给水管标准管件的类型与公称直径　　表 6-1-9

<table>
<tr><th colspan="3">PVC-U 塑料管件</th><th>公称直径（连接管材的公称外径）(mm)</th><th>备注</th></tr>
<tr><td rowspan="7">粘结式连接</td><td rowspan="2">弯头</td><td>90° 等径</td><td>20、25、32、40、50、63、75、90、110、125、140、160、180、200、225</td><td></td></tr>
<tr><td>45° 等径</td><td>同上</td><td></td></tr>
<tr><td rowspan="2">三通</td><td>90° 等径</td><td>同上</td><td></td></tr>
<tr><td>45° 等径</td><td>同上</td><td></td></tr>
<tr><td colspan="2">直接头</td><td>同上</td><td></td></tr>
<tr><td colspan="2">90° 长弯头</td><td>20、25、32、40、50、63、75、90、110、125、140、160</td><td></td></tr>
<tr><td colspan="2">变径接头（长型）</td><td>25（20）~ 160（140）</td><td>变径跨越相邻 4 级</td></tr>
<tr><td rowspan="3">弹性密封圈连接</td><td colspan="2">双承口管件</td><td>63、75、90、110、125、140、160、200、225</td><td></td></tr>
<tr><td colspan="2">三承口管件</td><td>63、75、90、110、125、140、160、200、225</td><td></td></tr>
<tr><td colspan="2">异径接头</td><td>75（63）~ 225（200）</td><td>变径跨越相邻 2~3 级</td></tr>
<tr><td rowspan="3">法兰连接</td><td colspan="2">法兰支管、双承口接头及三通</td><td>63 ~ 225</td><td>法兰支管、承口主管，主管可以和任何更小的支管连接</td></tr>
<tr><td colspan="2">法兰和承口接头</td><td>63 ~ 225</td><td>等径连接</td></tr>
<tr><td colspan="2">法兰和插口接头</td><td>63 ~ 225</td><td>等径连接</td></tr>
<tr><td>螺纹连接</td><td colspan="2">90° 弯头及三通</td><td>20 ~ 63</td><td></td></tr>
</table>

资料来源：《给水用硬聚氯乙烯（PVC-U）管件》GB/T 10002.2—2003。

聚氯乙烯排水管的管件主要有胶粘剂连接型管件和弹性密封圈连接型管件。常用的硬质聚氯乙烯排水管标准管件的类型与公称直径见表 6-1-10。

PVC-U 建筑排水管标准管件的类型与公称直径　　表 6-1-10

<table>
<tr><th colspan="2">PVC-U 塑料管件</th><th>公称直径（连接管材的公称外径）(mm)</th><th>备注</th></tr>
<tr><td rowspan="7">胶粘剂连接型管件，弹性密封圈连接型管件</td><td>45° 和 90° 弯头</td><td>32、40、50、75、90、110、125、160、200、250、315</td><td></td></tr>
<tr><td>45° 斜三通</td><td>50（50）~ 315（315）</td><td>主管可以和任何更小口径的支管组合</td></tr>
<tr><td>90° 顺水三通</td><td>32、40、50、75、90、110、125、160、200、250、315</td><td>各个口径相同</td></tr>
<tr><td>45° 斜四通</td><td>50、63、75、90、110、125、140、160、200、250、315</td><td>主管口径可以和任何更小的支管组合</td></tr>
<tr><td>90° 顺水四通</td><td>32、40、50、63、75、90、110、125、140、160、200、250、315</td><td>各个口径相同</td></tr>
<tr><td>变径接头</td><td>75（50）~ 200（160）</td><td>口径可以任意组合</td></tr>
<tr><td>直接头</td><td>32、40、50、75、90、110、125、160、200、250、315</td><td></td></tr>
</table>

资料来源：《建筑排水用硬聚氯乙烯（PVC-U）管件》GB/T 5836.2—2006。

聚乙烯给水管的连接方式有三类，分别是熔接连接管件、机械连接管件、法兰连接管件。其中，熔接连接有电熔连接和热熔连接。常用的聚乙烯给水管标准管件的类型与公称直径见表 6-1-11。

PE 给水管标准管件的类型与公称直径　　表 6-1-11

PE 塑料管件	公称直径（连接管材的公称外径）(mm)
电熔连接管件	20、25、32、40、50、63、75、90、110、125、140、160、180、200、225、250、280、315、355、400、450、500、560、630
热熔连接管件	16、20、25、32、40、50、63、75、90、110、125
法兰接头	20、25、40、50、63、75、90、110、125、140、160、180、200、225、250、280、315、355、400、450、500、560、630、710、800、900、1000

资料来源：《给水用聚乙烯（PE）管道系统　第2部分：管件》GB/T 13663.2—2005。

聚乙烯排水管的连接方式为对焊连接和电熔连接，特殊管件如密封圈承插接头采用承插连接，常用的聚乙烯排水管标准管件的类型与公称直径见表 6-1-12。

HDPE 建筑排水管标准管件的类型与公称直径　　表 6-1-12

HDPE 塑料管件		公称直径（连接管材的公称外径）(mm)
对焊连接和电熔连接	45°（135°）和 90° 弯头	40、50、56、63、75、90、110、125、160
	91.5°（88.5°）弯头	50、56、63、75、90、110、125、160
	45°（135°）三通	32、40、50、56、63、75、90、110、125、160、200、250、315
	60° Y 型三通	50、56、63、75、110
	91.5°（88.5°）扫入式顺水三通	110
	91.5°（88.5°）普通顺水三通	32、40、50、56、63、75、90、110、125、160、200、250、315
	同心异径接头	40、50、56、63、75、90、110、125
	偏心异径接头	50、56、63、75、90、110、125、160

资料来源：《建筑排水用高密度聚乙烯（HDPE）管材及管件》CJ/T 250—2007。

（二）给水管网附属设施

1. 地下龙头

一般用于绿地浇灌之用，它由阀门、弯头及直管等组成，通常用 *DN*20 或 *DN*25。一般把部件放在井中，埋深 300 ~ 500mm，周边用砖砌成井，大小根据管件多少而定，以操作方便为宜，一般内径（或边长）300mm 左右，地下龙头的服务半径 50m 左右。

2. 阀门井

阀门用来调节管线中的流量和水压。一般把阀门放在阀门井内，其平面尺寸由水管直径及附件种类和数量决定，一般阀门井内径 1000 ~ 2800mm（管径 *DN*75 ~ 1000 时），井口一般 *DN*600 ~ 800，井深由水管埋深决定。

3. 排气阀井和排水阀井

排气阀装在管线的高起部位，用以排出管内空气。排水阀设在管线最低处，用以排出管道中沉淀物和检修时放空存水。两种阀门都放在阀门井内，井的内径为 1200 ~ 2400mm 不等，井深由管道埋深决定。

4. 消火栓

分地上式和地下式，地上式易于寻找，使用方便，但易碰坏。地下式适于气温较低地区，一般安装在阀门井内。在城市，室外消火栓间距在 120m 以内，公园和风景区根据建筑情况而定。消火栓距建筑物在 5m 以上，距离车行道不大于 2m，便于消防车的连接。

（三）排水管渠系统附属设施

为排除污水，除管渠本身之外，还有许多排水附属构筑物，这些构筑物较多，占排水管渠投资很大一部分，常见的有检查井、跌水井、雨水口、出水口等。

1. 检查井

检查井用来对管道进行检查和清理，同时也起连接管段的作用。检查井常设在管渠转弯、交汇、管渠尺寸变化和坡度改变处，直线管段相隔一定距离也需设检查井。相邻检查井之间管渠应成一直线。检查井分不下人的浅井和需下人的深井，井口常用为 600 ~ 700mm。

2. 跌水井

跌水井是设有消能设施的检查井，常见跌水井有竖管式、阶梯式、溢流堰式等。当遇到下列情况且跌差大于 1m 时需设跌水井：①管道流速过大，需加以调节处；②管道垂直于地形的等高线布置，在陡峭地段将露出地面处；③接入较低的管道处；④管道遇上地下障碍物，必须跌落通过处。

3. 雨水口

雨水口是雨水管渠上收集雨水的构筑物。地表径流通过雨水口和连接管道流入检查井或排水管渠。雨水口常设在道路边沟、汇水点和截水点上。雨水口的间距一般为 25 ~ 60m。雨水口由进水管、井筒、连接管组成，雨水口按进水在街道上的设置位置可分为边沟雨水口、侧石雨水口、联合式雨水口等。

4. 出水口

出水口的位置和形式，应根据水位、水流方向、驳岸形式等而定，雨水管出水口最好不要淹没在水中，管底标高在水位以上，以免水体倒灌。出水口与水体岸边连接处，一般做成护坡或挡土墙，以保护河岸及固定出水管渠与出水口。

第二节 喷泉工程材料

喷泉是将压力水喷出后形成各种姿态用于观赏的动态水景，起装饰点缀园景的作用。近年来随着新技术、新材料的广泛应用，喷泉设计更是丰富多彩，新型喷泉层出不穷，成为城市主要景观之一。

一、喷泉喷头

（一）喷泉喷头的类型

喷泉射流的形状与喷头类型相关，各种各样的喷头实现不同形态的水流造型，通过改变喷头出水口的形状可以获得线形、柱形、膜形等不同形状的水流。喷头材质一般为铜或者不锈钢，但是也有铁材表面镀防腐表层的，往往是为了降低造价。目前国内外经常使用的喷头式样很多，可以归纳为以下几种类型。

1. 单射流喷头

又称直流喷头，射流从出水口直线喷出，是压力水喷出的最基本形式，也是喷泉造景中应用最广的一种喷头。它能喷射出单一的水线，垂直喷射时，射流呈直线形，升空后散成水珠落下;倾斜喷射时，射流成抛物线形，优美动人。可单独使用，也可组合造型，实际应用中，常用多条射流组合成各种图案。其构造简单，分为下面几类：

（1）定向直射喷头：喷嘴与底座是一整体，安装后喷嘴角度不可调节。

（2）万向直射喷头：喷嘴与底座间用套环固定，安装后喷嘴的角度可以调节，从而可以根据需要来调节射流方向。规格较小的万向直射喷头上装有可调节流量的小阀门，可直接调节喷头射流的高低。

（3）集流直上喷头：垂直向上的小型直射喷头组合可成集流直上喷头，喷水时多条单射流集中在一起，粗壮高大，气势雄伟。常用作水池中心水柱。

2. 散射喷头

在壳体顶部的平面或曲面上开有多个小孔或装上多个小的直流喷嘴，水流呈散射状喷出，可形成多种造型不同的水花。

（1）三层花喷头：这种喷头有两种形式，一种是喷头有三个不同高度的台面，各台面上有不同数量、不同大小的出水孔，射流形成三层花的形状；另一种是在一个台面上装了三组小的直流喷头，中心为垂直向上的直射喷头，外侧两圈以不同角度外倾的直射喷头，形成由中心垂直水柱和外侧两层不同出水角度的抛物线水流组成的水花。小喷头一般用万向可调式的小直射喷头，可以调节角度和水压。

（2）莲蓬式喷头：壳体顶部台面上的喷嘴组合成一支莲蓬式造型，喷出的水花向四周散开，花形美观。

（3）凤尾喷头：在扁形壳体顶部弧面上装一排喷嘴，喷出的水形状如凤尾。

（4）银缨喷头：壳体顶部沿边装有一圈向外倾斜的喷嘴，喷水时形成一圈朝外的抛物线水流，水形似缨穗。

（5）半银缨喷头：似银缨喷头，只是仅装半圈喷嘴，形成半个缨穗。适宜一侧靠墙面之类的地方安装。

3. 水膜喷头

喷头出水口处理成不同形式的线形细口，水流挤压成薄膜状喷出，从而形成各种晶莹透亮的膜状水形。根据出水口形状与角度的不同，水膜喷头分为以下几种类型：

（1）喇叭花喷头（牵牛花喷头）、蘑菇喷头：该类喷头在出水口的上面，有一个喇叭形或弧形的导水板，导水板与喷头管筒间形成一圈细缝，当水流沿导水板喷出时，能形成中部凹陷的水膜，形状像牵牛花或蘑菇。喇叭花喷头的反射器角度比蘑菇喷头大，水膜中心凹陷程度比蘑菇喷头更深。

（2）半球喷头：这种喷头在出水口的上面，有一个水平的反射器，水流通过反射器的导引，从水平方向喷出，再自由下落形成半球形水膜。

（3）伞形喷头：这种喷头在出水口的上面，有一个伞状的反射器，水流通过反射器的导引，使水斜向往下喷射，形成雨伞状水膜。

（4）环形喷头：喷头管筒分内外两环，水从两环中间缝隙喷出，形成中空的环状水柱，故也称玉柱喷头。

（5）扇形喷头：喷头扁平似鸭嘴，水流从线形的喷嘴喷出，形成扇形水膜。在彩灯的映射下，似孔雀开屏，绚丽多彩。

4. 吸力喷头

此种喷头是利用压力水喷出时，因水的高速流动在喷嘴的出水口附近形成负压区。由于压差的作用，它能把空气和水吸入喷嘴外的套筒内，与喷嘴内喷出的水混合后一并喷出，这时水柱的体积膨大，同时因为混入大量细小的空气泡，形成白色不透明的水柱。它能充分地反射阳光，因此光彩艳丽，夜晚如有彩色灯光照明则更为光彩夺目。吸力喷头有以下几种：

（1）冰塔喷头（雪松喷头）

这是一种吸水喷头，套筒内喷嘴喷水时，将周围的水吸入到套管内一起喷出，水柱加大，水柱垂直向上，到达顶部后往四周落下，形成雪松状造型，能喷出雄伟挺拔、气势壮观的巨大水柱。

（2）鼓泡喷头（涌泉）

这是一种吸气喷头，喷头内水流高速运动时，可通过进气管将水面上的空气吸入，与喷头内部水流混合后喷出，形成水气混合的白色泡沫状水团。

（3）吸水吸气喷头

喷头喷水时，通过喷头内高速水流形成的负压，同时将水和空气吸入，形成直上的白玉色水柱，雄伟壮观。灯光配合效果更好，可广泛用于各种室外喷泉中。

5. 旋转喷头

这种喷头是利用喷嘴喷水时的反作用力，推动喷头的转筒旋转，而使喷嘴不断地旋转，从而形成旋转的喷水造型。喷头不断地转动而形成欢乐愉快的水姿，并形成各种扭曲的线型，飘逸荡漾，婀娜多姿。现在国内厂家生产有蟹爪喷头、旋转式礼花喷头、旋转舞蹈喷头及旋转凤凰喷头。

6. 球状喷头（蒲公英喷头）

这种喷头是在圆球形的壳体上，装有密布的同心放射状喷管，在每个短管的顶部又装有一个伞形喷头。当喷水时，多片水膜组合成一个大的球形或半球形体。在光的照射下，能形成闪闪发光的球形体，似水晶球熠熠发光，白天的水花又酷似一朵美丽的蒲公英。此种喷头可单独、对称或高低错落组合使用，在自控或大型喷泉中应用，效果较好。根据喷管的分布状态，球状喷头有以下两种：①水晶球喷头：圆形壳体满布喷管，喷水呈球形；②水晶半球喷头：圆形壳体上半部布置喷管，喷水呈半球形。

7. 喷雾喷头

这种喷头一般在套筒内装有螺旋状导流板，使水沿导流板螺旋运动，当高压的水由出水口喷出后，能形成细细的雾状水珠。也可以在喷头出水口外，装一个雾化针，当水流与雾化针碰撞时，水流便被粉碎成水雾。每当天空晴朗、阳光灿烂，在太阳对水珠表面与人眼之间连线的夹角为 40° 36′ ~ 42° 18′ 时，明净清澈的喷水池水面上，就会伴随着蒙蒙的雾珠，呈现出色彩缤纷的虹。

8. 组合喷头

用两种或两种以上的喷头，可以组合成造型更为丰富的组合喷头。组合喷头常见形式有以下几种：

（1）玉蕊银缨：银缨喷头顶部加装一直射小喷嘴，银光闪闪的缨穗喷水中心有一玉蕊亭亭玉立。

（2）玉蕊半银缨：为半个玉蕊银缨，适宜靠墙而装。

（3）玉蕊叠银缨：银缨相叠，玉蕊中心而立。

（4）水晶球叠泉：叠泉之上，水晶球熠熠生辉。

9. 玻光喷头

玻光喷头是一种特制的单喷嘴喷头，能根据选择的间距和长度，由电子设备或微处理器控制，能喷射出实心水柱或断续的水流。喷头内置安全低压、高强度光源，光的颜色有红、黄、蓝、绿、紫5种，喷出的水柱宛如彩色光纤，不溅不散，水柱可跨越桥面形成五彩廊道，游客可从廊道下穿行，别有情趣。玻光喷头可安装由程序控制的气动切割装置，通过对水柱的断续控制，使水柱一段一段地间隔喷出，形成跳泉。

常用喷头类型见表6-2-1。

喷头类型表 表6-2-1

序号	名称	喷头形式	射流水型
1	直射喷头 ①固定式 ②万向式	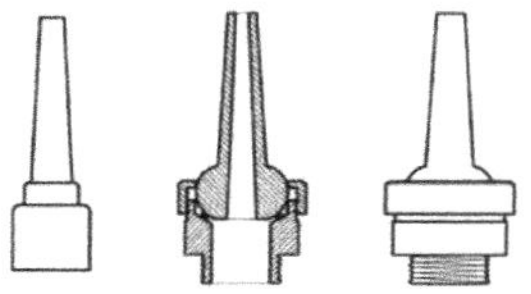	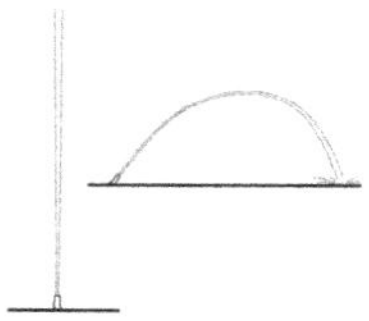
2	三层花喷头（台面打孔）	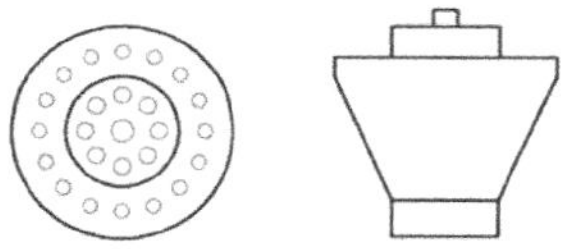	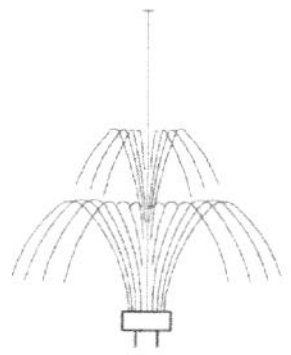
3	三层花喷头（台面装小喷头）	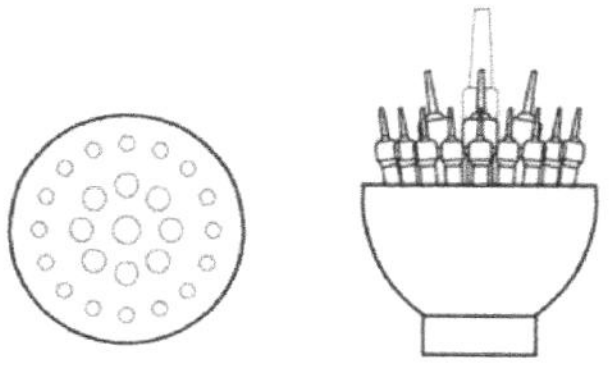	
4	莲蓬式喷头	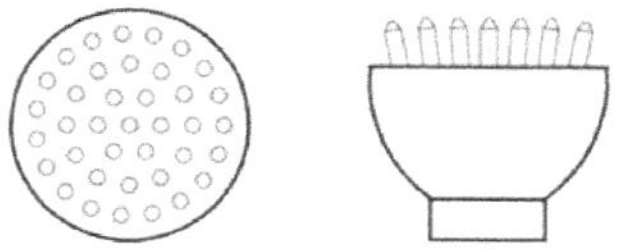	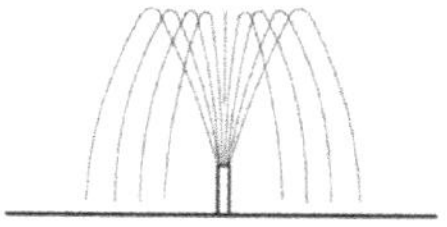
5	凤尾喷头	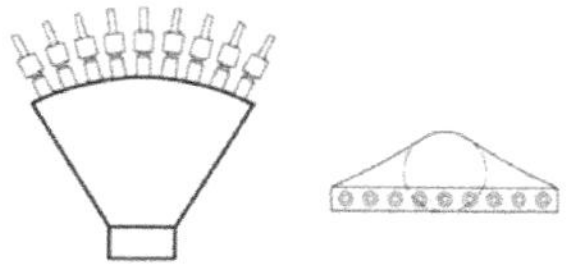	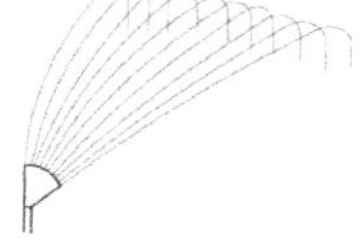

续表

序号	名称	喷头形式	射流水型
6	半银缨喷头、银缨喷头	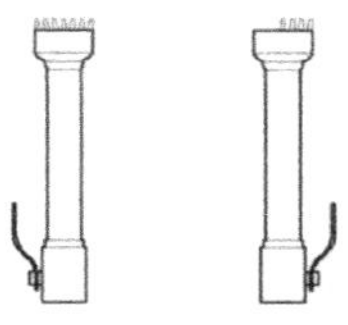	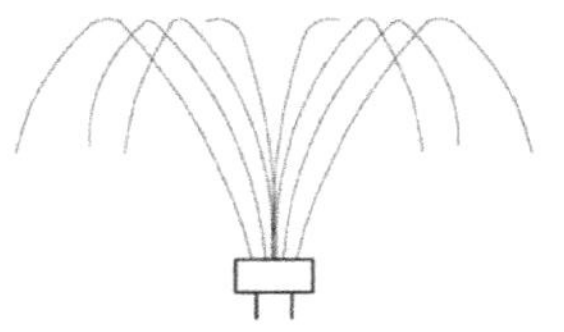
7	喇叭花喷头	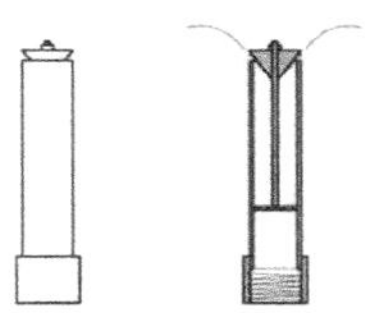	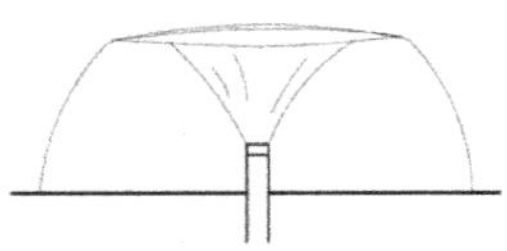
8	蘑菇喷头	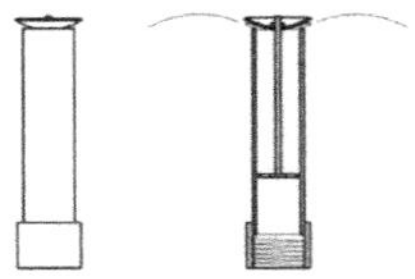	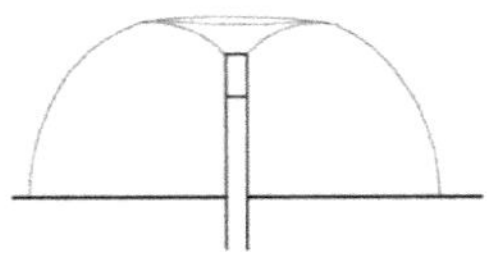
9	半球喷头	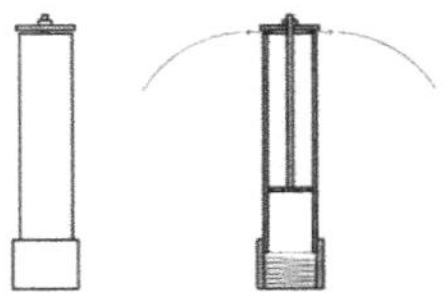	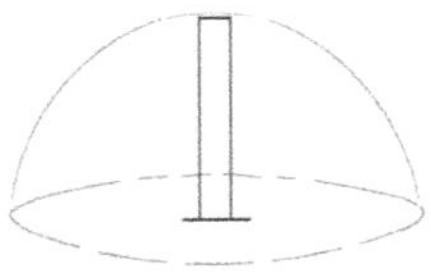
10	伞形喷头	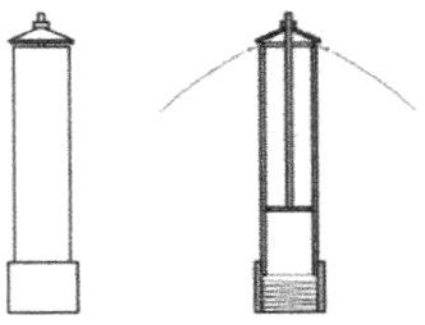	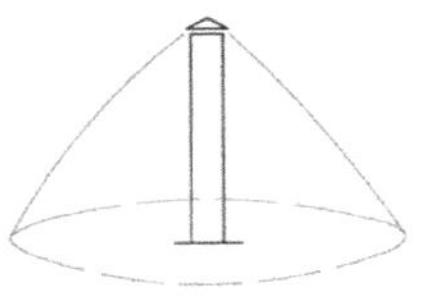
11	环形喷头	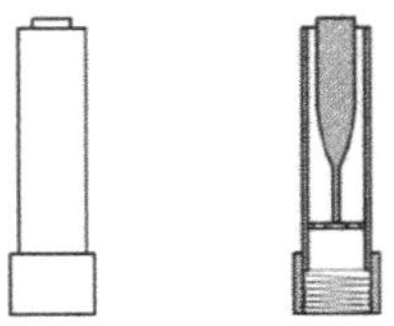	

续表

序号	名称	喷头形式	射流水型
12	扇形喷头	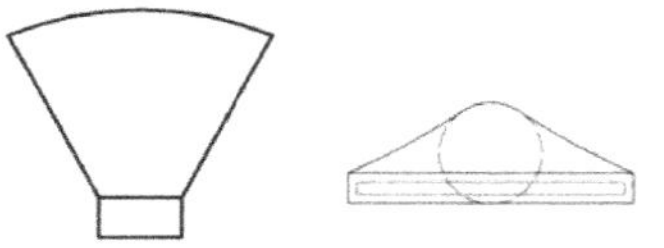	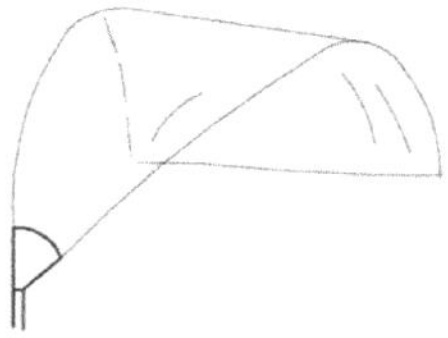
13	冰塔喷头（加水喷头）	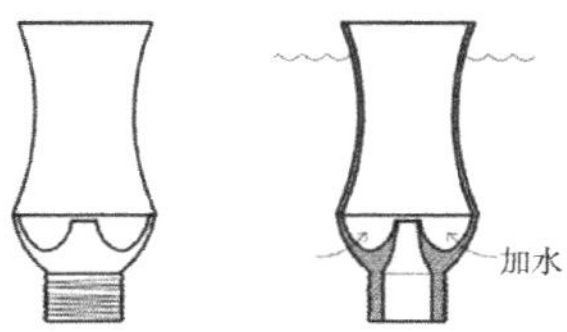 加水	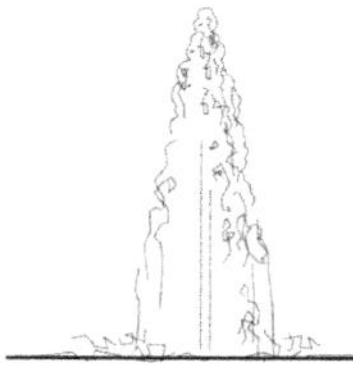
14	鼓泡喷头（吸气喷头）	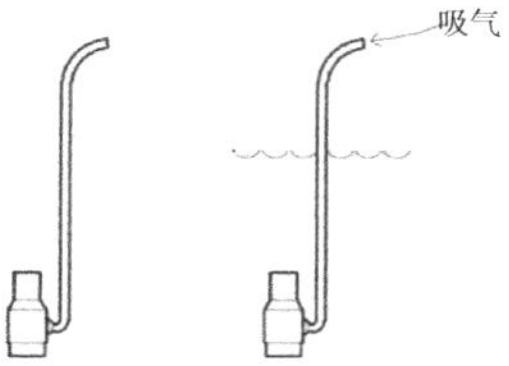 吸气	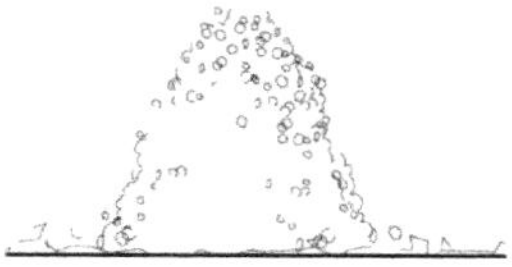
15	吸水吸气喷头	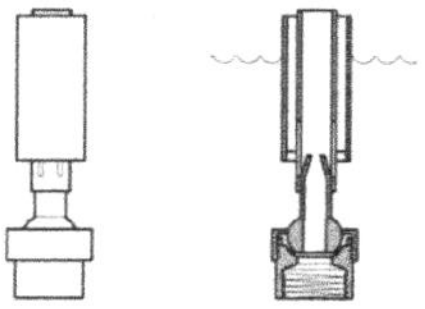	
16	旋转喷头	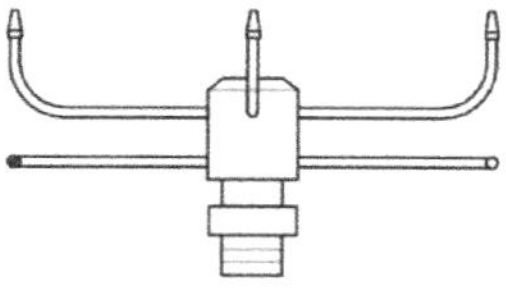	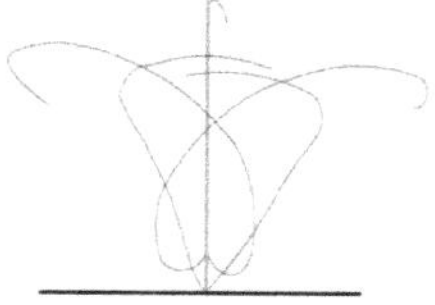
17	水晶球喷头	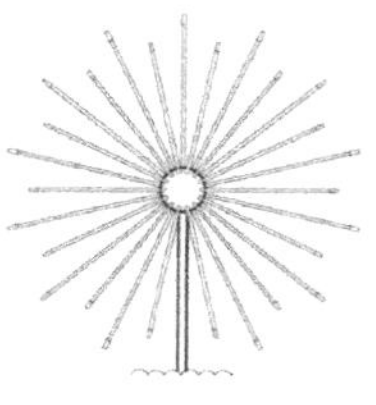	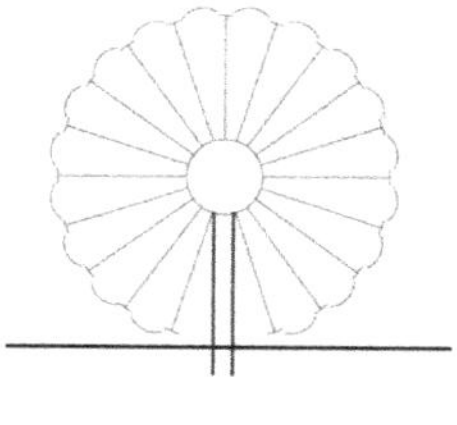

续表

序号	名称	喷头形式	射流水型
18	水晶半球喷头	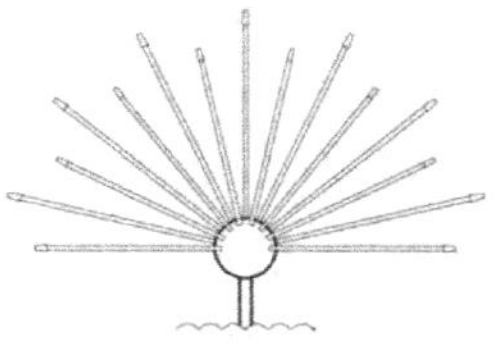	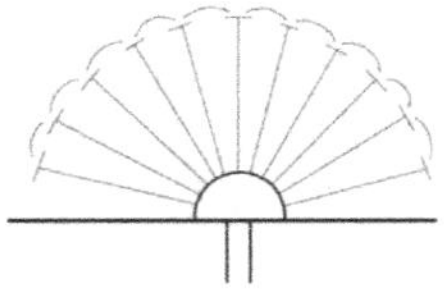
19	玉蕊半银缨 玉蕊银缨	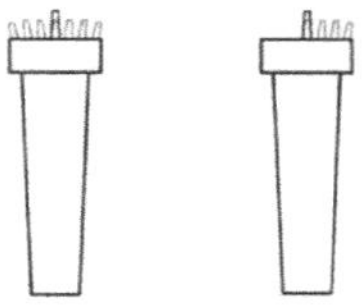	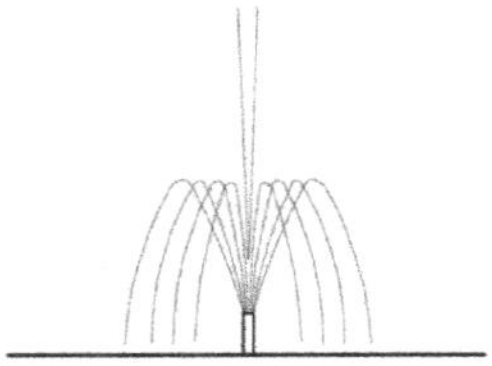
20	玉蕊叠银缨		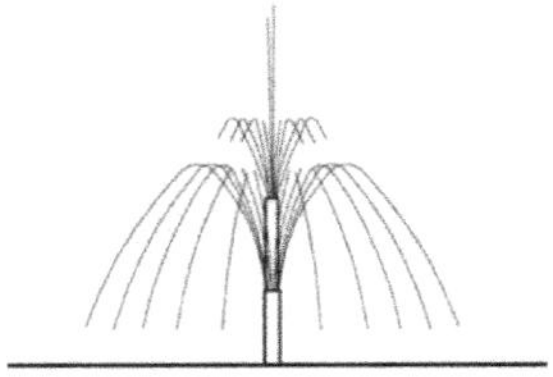

（二）喷头的选择

喷头的种类极其丰富，而且各喷头生产厂家的产品特点也不尽相同。很多人认为现在的喷泉设计只要考虑造型就行，喜欢哪个样子就选哪种喷头。实际上喷头的选择并非如此简单，各种喷头的使用条件是有限制的。选择喷头不仅要考虑造型、艺术特点，还要考虑技术及环境要求，要因地制宜、合理设计喷射水姿，并选择恰当的喷头类型。例如，室内环境风小、灰少、娴静，就可选择半球形、牵牛花、喇叭花喷头等水膜喷头为主要造型的喷头，射流纤细、水膜薄、变化较多；而室外开阔处或多风地带就宜使用水流粗大的喷头。选择喷头时具体要注意以下几个方面：

1. 声音

喷头的作用是把具有一定压力的水，经过喷嘴的造型，喷出理想的水流形态。外形要美观、耗能小、噪声低。有的喷头喷水噪声很大，如吸水喷头；而有的却是有造型而无声，很安静，如喇叭喷头。要根据周围环境的要求选择，办公、住宅等室内环境的喷水都应选用安静的喷头类型。

2. 风力的干扰

有的喷头受外界风力影响很大，如膜状喷头，此类喷头形成的水膜很薄，强风下几乎不能成型；有的则没什么影响，如冰塔喷头几乎不受风的影响。所以选择喷水的形式时要考虑所处位置的环境。

3. 水质的影响

有的喷头喷孔较细小，受水质的影响很大，如果水质不佳或硬度过高，容易发生堵塞，如蒲公英喷头，一旦堵塞局部，就会破坏整体造型。但有的影响很小，如涌泉喷头。

4. 高度和压力

各种喷头都有其合理、效果较佳的喷射高度。要营建出较高的喷水，用环形喷头比用直流喷头好，因为环形水流的中部空气稀薄，四周空气裹紧水柱使之不易分散。而儿童戏水池等场合为安全起见，要选用低压喷头，以免孩子的眼睛被水的压力损伤。射流的高度与喷头的出水口（喷嘴）大小相关，射流越高，喷头出水口口径相应越大。出水口口径是指喷射的水流出口的直径，与喷头直径概念不同。喷头的直径（*DN*）是指喷头进水口的直径，单位以 mm 表示。在选择喷头的直径时，必须与连接管的内径相配合，喷嘴前应有不少于 20 倍喷嘴口直径的直线管道长度或设整流装置，管径相接不能有急剧变化，以保证喷水的设计水姿造型。

5. 水姿的动态

多数喷头是安装或调整后按固定方向喷射的，如直流喷头。还有一些喷头是动态的，如摇摆和旋转喷头，这类喷头在机械和水力的作用下，喷射时喷头是移动的，经过特殊设计的喷头还可按预定的轨迹前进。即使同一种喷头，通过不同的设计，也可喷射出不同高度，形成此起彼伏的效果。有的设计可使喷射轨迹呈曲线形状，甚至时断时续，使射流呈现出点、滴、串的不同水姿，如间歇喷头。多数喷头是安装在水面之上的，但是鼓泡（吸气）喷头是安装在水面之下的，随着水面的波动，喷射的水姿会呈现出起伏动荡的变化。使用此类喷头，还要注意水面会有较大的波浪出现，所以水池的池沿设计要注意防溢，应向水面有一定的悬挑。

6. 射流和水色

多数喷头喷射时水色是透明无色的，但鼓泡（吸气）喷头、吸水喷头则由于空气和水混合，射流呈现不透明的白色；雾状喷头在阳光照射下会产生瑰丽的彩虹。

7. 喷头的材质

喷头材质要坚硬，便于精加工，并能长期使用。在可能的情况下，喷头优先采用铜和不锈钢材料，其表面应光洁、平滑，形状精准，以保证喷头的造型效果。喷头还可采用铝合金材料，低压喷头也可采用工程塑料等材料。

二、喷泉构筑材料

（一）喷水池材料

1. 砌筑水池材料

砌筑结构的喷水池指用砖、石或混凝土砌筑而成的水池，其结构与人工水景池相同，也由基础、防水层、池底、压顶等部分组成。

（1）基础材料

基础是水池的承重部分，由灰土（3∶7 灰土）或 C10 混凝土层组成。

（2）防水层材料

目前，水池防水材料种类较多。按材料分，主要有沥青类、塑料类、橡胶类、金属类、砂浆、混凝土及有机复合材料等。钢筋混凝土水池还可采用抹 5 层防水砂浆（水泥中加入防水粉）做法。

（3）池底材料

多用现浇钢筋混凝土池底，厚度应大于 200mm，如果水池容积大，要配双层钢筋网。

（4）池壁材料

池壁一般有砖砌池壁、块石池壁和钢筋混凝土池壁3种。池壁厚视水池大小而定，砖砌池壁采用标准砖，M7.5水泥砂浆砌筑，壁厚≥240mm。钢筋混凝土池壁宜配直径8mm、12mm钢筋，采用C20混凝土。

（5）压顶材料

压顶材料常用混凝土、块石等。

（6）水池管网材料

喷水池中还必须配套有供水管、补给水管、泄水管和溢水管等管网，一般采用塑料管和镀锌钢管。

2. 衬砌水池材料

简易的水池做法可以在地面挖坑，表土整平或垫沙层整平后铺底层衬垫，然后铺上厚的防水膜做临时性水池。衬砌水池常用防水膜的种类有聚乙烯（PE）、聚氯乙烯（PVC）、丁基橡胶（IIR）、三元乙丙橡胶（EPDM）薄膜等；底层衬垫有各种土工布等。

3. 预制模水池材料

预制模是现在国外较为常用的小型水池制造方法，通常用高强度塑料制成。预制模水池的材料有塑料、玻璃钢和加纤维的混凝土等。

（1）塑料水池

塑料水池基本上是由合成树脂所制成，如聚氯乙烯、高密度聚乙烯、ABS工程塑料等，应用较广，但寿命有限。

（2）玻璃钢水池

玻璃钢学名是纤维增强塑料，俗称FRP（fiber reinforced plastics）。它是以玻璃纤维等作为增强材料，以合成树脂作基体材料的一种复合材料，可被浇铸成任意形状，用来建造规则或不规则水池。

（3）有机纤维混凝土水池

由有机纤维、水泥，有时再加上少量的石棉混合而成，它比水泥要轻，但比玻璃纤维重，可以被浇铸成各种形状。

（4）玻璃纤维混凝土水池

这种材料将玻璃纤维与水泥混合，使其更为坚硬，比玻璃钢和天然的有机纤维混凝土造价低，是一种应用很广的新型建材，不仅可用于建自然式水池、流水道、预制瀑布等，还可用于人造岩石。

（二）阀门井

有时在给水管道上要设置给水阀门井，根据给水需要可随时开启和关闭，便于操作。给水阀门井内安装截止阀控制。

1. 给水阀门井

一般为砖砌圆形结构，由井底、井身和井盖组成。井底一般采用C10混凝土垫层，井底内径不小于1.2m，井身采用MU10红砖，用M5水泥砂浆砌筑，井深不小于1.8m，井壁应逐渐向上收拢，且一侧应为直壁，便于设置铁爬梯。井口圆形，直径600mm或700mm。井盖采用成品铸铁井盖。

2. 排水阀门井

排水阀门井的构造同给水阀门井，专门用于泄水管和溢水管的交接，并通过排水阀门井排入下水管网。泄水管道应安装闸阀，溢水管接于阀后，确保溢水管排水畅通。

（三）管道材料

喷泉管道的材料主要有镀锌钢管、不锈钢管及 PVC 塑料管等。镀锌钢管强度高，但接口易腐蚀；不锈钢管在喷泉质量要求高时采用，但造价高；PVC 塑料管强度高、质轻、运输方便，管道的弯曲、连接加工方便，管件齐全，耐腐蚀性能良好，主要缺点是质脆，抗压、抗冲击性能比钢管差，较容易破损。

第三节　喷灌工程材料

园林喷灌工程利用喷灌系统合理供水，可以及时高效地对绿地进行灌水，避免了传统的胶皮管浇灌造成的水资源浪费现象，能满足现代园林的浇灌需要，已成为各种园林绿地工程必不可少的组成部分。而园林喷灌系统是由喷灌设备按照一定的方式安装连接而成，所以喷灌工程设备材料的质量及其选型的合理性，直接关系到喷灌系统的合理性。掌握各种设备和材料的特点，对于喷灌工程的建设是非常必要的。

一、喷灌喷头

（一）喷头的分类

能够用于喷灌的喷头种类很多，根据喷头在非工作时的状态、工作时的状态以及喷洒射程进行分类。

1. 按非工作状态分类

（1）外露式喷头

指非工作状态下暴露在地面上的喷头。这类喷头的材质一般为工程塑料、铝锌合金、锌铜合金或全铜，喷洒方式有单向出水和双向出水两种。早期的绿地喷灌系统多采用这类喷头，其原因是它的构造简单、价格便宜、使用方便。另外，这类喷头对喷灌系统的供水压力要求不高，给实际应用带来一些方便。

外露式喷头在非工作状态下暴露在地面以上，不便于绿地的养护和管理，并有碍于园林景观；特别是在体育运动场草坪场地，这种喷头的使用更是受到限制。另外，这类喷头的射程、射角及覆盖角度不便调节，难以实现专业化喷灌。外露式喷头一般用在资金不足或喷灌技术要求不高的场合。

（2）地埋式喷头

指非工作状态下埋藏在地面以下的喷头。工作时，这类喷头的轴芯（以下简称“喷芯”）在水压的作用下伸出地面，然后按照一定的方式喷洒；关闭水源后，水压消失，喷芯在弹簧的作用下又缩回地面。

地埋式喷头的最大优点是非工作状态下，无任何部分暴露在地面以上，既不妨碍人们的活动，也不妨碍园林绿地的养护工作，还不影响整体的景观效果。这类喷头的射程、射角和覆盖角度等喷洒性能容易调节，雾化效果好，能更好地满足不规则地形、不同种植条件对喷灌的要求，尤其适宜运动场草坪的专业化喷灌要求。

地埋式喷头的构造复杂，工作压力较高，自带过滤装置，对喷灌水源的水质无苛刻要求。止溢阀结构可以有效防止系统停止运行后，管道中的水从地势较低处的喷头溢出，避免形成地表径流或积水。这种喷头具有较稳定的压力—射程—流量关系，便于控制喷灌强度和喷洒均匀度等喷灌技术要素。对喷灌系统规划设计和绿地管理水平的要求较高。

2. 按工作状态分类

（1）固定式喷头

指工作时喷芯处于静止状态的喷头。这种喷头也称散射式喷头。工作时压力水流从预设的线状孔口喷出，同时覆盖整个喷洒区域。

固定式喷头的结构简单、工作可靠、使用方便；另外，它的工作压力低、喷洒半径小和雾化程度高。这类喷头在喷洒时能够产生美妙的景观效果，是庭院和小规模绿化喷灌系统的首选。

（2）旋转式喷头

指工作时边喷洒边旋转的喷头。这类喷头在喷洒时，水流从一个方向或相对的两个方向的孔口喷出，由于紊动水流掺气混合和重力作用，水流在空中分裂成细小的水滴洒落在绿地上。多数情况下这类喷头的射程、射角和覆盖角度可以调节，是大面积园林绿地和运动场草坪喷灌的理想产品。这类喷头对工作压力的要求较高、喷洒半径较大。采用旋转式喷头的喷灌系统有时需要配置加压设备。

3. 按射程分类

需要指出的是，按喷头的射程进行分类不是绝对的，这样做完全是为了便于叙述。

（1）近射程喷头

指射程小于 8m 的喷头。固定式喷头大多属于近射程喷头，这类喷头的工作压力低，只要设计合理，市政或局部管网压力就能满足其工作要求。近射程喷头适用于市政、庭院等小规模绿地喷灌。

（2）中射程喷头

指射程为 8 ～ 20m 的喷头。这类喷头适合较大面积园林绿地的喷灌。

（3）远射程喷头

指射程大于 20m 的喷头。这类喷头的工作压力较高，一般需要配置加压设备，以保证正常的工作压力和雾化效果。远射程喷头多用于大面积观赏绿地和运动场草坪的喷灌。

（二）喷头的构造

喷头一般由喷体、喷芯、喷嘴、滤网、弹簧和止溢阀等部分组成，旋转式喷头除以上部分外还有传动装置。

1. 喷体

喷体是喷头的外壳部分，其作用是支撑喷头的部件结构。喷体一般由工程塑料制成，底部有标准内螺纹，用于和管道连接。螺纹规格与喷头的射程有关，常见的直径规格有 20mm、25mm 和 40mm 等。喷体总高度随喷芯的伸缩高度而变，当喷体高度较大时，喷体自带侧向进口，这样将会便于施工和满足冬季泄水的安装要求。侧向进口的内螺纹规格通常与底部相同。

2. 喷芯

喷芯是喷头的伸缩部分，为喷嘴、滤网、止溢阀、弹簧和传动装置（在旋转喷头的场合）提供结构支撑。水流从喷芯内部经过，流向喷嘴。喷芯材质一般为工程塑料或不锈钢。喷芯的伸缩高度通常为 5cm、10cm、15cm 和 30cm，可根据植物的种植高度合理选择。

3. 喷嘴

喷嘴是水流完成压力流动进入大气的最后部分，是喷头的重要部件之一。在一定的工作压力下，喷嘴的形状和内径决定了喷头的水量分布和雾化效果，对喷洒效果有着举足轻重的作用。

（1）固定式喷头的喷嘴

固定式喷头多为线状喷嘴，喷嘴与喷芯螺纹连接，便于施工人员根据设计要求现场调换；个别情况下，喷嘴与喷芯是连为一体的，不可调换，设计选型和材料准备时应加以注意。

固定式喷头的喷洒覆盖区域一般呈扇形或矩形。当呈扇形时，可使用专用工具从喷头顶部调节扇形的角度。扇形角度的调节方式有两种，一种是单区调节方式，另一种是多区调节方式。单区调节喷嘴的覆盖区域在 0° ~ 360° 范围内连续变化，当圆心角为 0° 时，喷嘴完全关闭，当圆心角为 360° 时，喷洒覆盖区域呈圆形，称为全圆喷洒。多区调节喷嘴将全圆分成几个区域，每个区域的喷洒范围可根据需要单独调节。工作时它的喷洒水形可以是连续的，也可以是间断的，主要取决于绿地形状。多区调节喷嘴能够更好地满足不规则地形的喷灌要求，有利于降低工程造价。

为了便于使用，喷头的生产厂家通常为一个型号的喷头提供几个不同规格的喷嘴与其配套，以满足不同射程的要求。各种规格喷嘴采用不同的颜色，便于区别。

固定式喷嘴顶部的螺钉通常具有调节射程的作用，一般可将正常射程缩短 25%左右。

（2）旋转式喷头的喷嘴

旋转式喷头一般采用单孔或多孔的置换式喷嘴。所谓置换式喷嘴是一组由喷头的生产厂家提供的不同仰角和孔径的孔口喷嘴，它们与喷头配套，以满足不同的水源、气象和地形条件对喷灌的要求。不同孔径的喷嘴通常用颜色来加以区别，以方便使用。

置换式喷嘴安装后应旋紧顶部螺钉，对喷嘴加以固定。置换式喷嘴的安装不太方便，在满足射程和射角的要求方面有时也不尽人意。作为对这种缺憾的弥补，非置换式喷嘴应运而生。所谓非置换式喷嘴，是一种与喷头固定在一起的喷嘴。使用时根据现场距离和风力情况，通过调节喷头顶部的螺钉，就可以达到改变射程或射角的目的。使用这种喷嘴不但省去了置换喷嘴的麻烦，同时还能实现射程和射角的连续变化，更好地满足不规则地形的喷灌要求。

4. 滤网

滤网一般由抗老化性能较好的尼龙材料制成。滤网的作用是截留水中的杂质，以免堵塞喷嘴。按照安装位置的不同，滤网可分为上置式和下置式。上置式滤网安装在喷嘴的底部，多见于喷嘴和喷芯为分体结构的固定式喷头，这种滤网在使用时便于拆装清洗。下置式滤网安装在喷芯底部，多见于喷嘴和喷芯为连体结构的固定式喷头和各种旋转式喷头。下置式滤网的过水面积比上置式滤网大，在同样的水质条件下，清洗的次数要少一些。

5. 弹簧

弹簧由不锈钢制成，其作用是当喷灌系统关闭后使喷芯复位。弹簧的承压能力决定着启动喷头工作的最小水压。

6. 止溢阀

止溢阀位于喷芯的底部，一般属于选择部件。其作用是防止喷灌系统关闭后，管道中的水从地势较低处的喷头顶部外溢。造成地表径流、局部积水或土壤侵蚀。止溢阀的止溢水头一般为 2.0 ~ 5.0m 不等，应根据实际地形的高差选用。

7. 传动装置

传动装置的作用是驱使喷芯在喷洒过程中沿喷头轴线旋转。地埋式喷头最普遍的传动方式是齿轮传动。它的工作原理是：安装在传动装置底部的叶片受到水流的轴向冲击后绕喷头轴线旋转，然后借助一组齿轮将这种旋转向上传递，带动喷芯顶部的喷嘴部分，使其按照一定的方式匀速旋转。喷头工作时的旋转角度可以预先设置。设置方法有从喷头顶部通过工具调节，也有借助侧向调节环徒手调节。

喷头旋转动力的传递除了齿轮传动方式外，还有其他传动方式，如球传动方式等。无论采取什么方式，都有一个基本要求，那就是在喷洒过程中喷嘴应匀速转动。

（三）喷头的性能

喷头的性能参数包括工作压力、射程、射角、出水量和喷灌强度等。它们是喷头选型和布置的依据，直接影响着喷灌系统的质量。

1. 工作压力

工作压力是指保证喷头的设计射程和雾化强度时喷头进口处的水压，以 kg/cm^2、kPa 和 mH_2O（水柱）表示。不同的压力单位之间存在以下换算关系：$1\ kg/cm^2=98.07kPa=10mH_2O$。

工作压力是喷头的重要性能参数，因为它直接影响到喷头的射程和喷灌均匀度。在理想状态下，如果喷头的布置间距正好等于它在设计工作压力下的射程，可以获得最佳的喷灌均匀度。实际中的情况往往有所不同，主要原因除来自喷头性能和风的影响外，还有喷头实际工作压力的因素。喷头的工作压力过大或过小，单喷头喷洒水量沿径向的分布形式都会发生变化，都不利于得到较好的组合喷灌均匀度。所以，在喷灌系统的规划设计中应保证管网的压力均衡，使系统中所有的喷头都在额定压力范围内工作，以求得最高的组合喷洒均匀度。

2. 射程

喷头的射程是指在无风的情况下，从喷头到某一特定喷灌强度处的距离，以 m 计。机械行业标准《旋转式喷头》JB/T 7867—1997 中规定：喷头的射程是指喷头在正常使用条件下运转时，喷灌强度为 0.25mm/h（对流量大于 $0.075m^3/h$ 的喷头）或 0.13m/h（对流量小于或等于 $0.075m^3/h$ 的喷头）的那一点到喷头旋转中心的最远距离。

喷头的射程受工作压力的影响。在相同的工作压力下，射程往往成为喷头布置间距的依据。

喷头的射程对工程造价有一定的影响。虽然近射程喷头的单价较低，但是由于喷头的密度较大，管材数量增加，一般情况下会使工程造价增加。规划设计时应根据实际情况，分析比较后确定合适的喷头射程。

3. 射角

喷头的射角是指喷嘴处水流轴线与水平线的夹角。理想情况下 45° 射角的喷洒距离最大。但是受空气阻力和风的影响，实际的喷头射角往往比理想值小得多。常见的喷头射角有：

（1）低射角：小于 20°，具有良好的抗风能力，但以损失射程为代价，常用于多风地区的喷灌系统。

（2）标准射角：20° ~ 30°，广泛用于一般气象条件和地形条件下的绿地喷灌系统。

（3）高射角：大于 30°，抗风能力较差，多用于陡坡地形和其他特殊要求的喷灌系统。在同样压力下，高射角喷嘴的射程较大。

4. 出水量

喷头的出水量是指单位时间喷头的喷洒水量，以 m^3/h 计。在同样的射程下，出水量大表示喷灌强度大，出水量小表示喷灌强度小。出水量也间接地反映了水滴打击强度的大小，在其他条件不变的情况下，出水量大表明水滴打击强度大；反之，出水量小表明水滴打击强度小。规划设计时应根据植物种类确定合适的出水量。

喷头的出水量对工程造价的影响较为明显，这种影响主要表现在管径与工程造价的关系上。

5. 喷灌强度

喷灌强度是指单位时间喷洒在单位面积上的水量，用单位时间喷洒在灌溉区域上的水深（单位：mm/h）表示。一般情况下，当涉及喷头的喷灌强度时，总是有些附加条件。这些附加条件可能是“某特指区域”，也可能是“喷洒区域内的平均值”。这一点在喷头选型时应加以注意。

（四）喷头的规格

喷头的规格是指喷头的静态高度、伸缩高度、暴露直径、接口规格和喷洒范围等，这些参数与设备安装有直接的关系。所以，在喷灌系统的规划设计时，必须对各种喷头的规格有足够的了解，以便合理选择。

1. 静态高度

喷头的静态高度是指喷头在非工作状态下的高度。这个高度一般取决于喷头的伸缩高度，它决定了喷灌系统末端管网的最小埋深。

2. 伸缩高度

喷头的伸缩高度是指工作状态下喷芯升起的高度。绿地喷灌常用喷头的伸缩高度有：0cm、5.0cm、7.5cm、10.0cm、15cm 和 30cm 等几种，规划设计时可根据植物的高度进行选择。在灌木丛中设置喷头，可利用立管来抬高喷头，以满足使用要求。

3. 暴露直径

喷头的暴露直径是指喷头顶部的投影直径。喷头的这个参数决定了它是否能被用于激烈运动场草坪的喷灌系统。

4. 接口规格

喷头与管道一般采用螺纹连接，接口规格是指喷头与管道接口的口径。常见的规格有 1/2″、3/4″、1″ 和 1.5″ 等几种。

5. 喷洒范围

喷洒范围是指无风状态下，喷头喷洒时在绿地上形成的湿润范围。喷洒范围通常有扇形和圆形两种。扇形的角度是否可以调节，取决于喷头的结构。有些喷头的喷洒范围可以调节，使用时根据需要设置；有些喷头的覆盖角度是固定值，如 45°、90°、180°、270° 和 360° 等。

二、管材和管件

管材和管件将喷头、闸阀、水泵等设备按照特定的方式连接在一起，构成喷灌管网系统，以保证喷灌的水量供给。由于管材和管件在喷灌工程中需要的数量多、占用的投资大，所以在材料和规格选择上应给予足够的重视。

（一）喷灌管材

聚氯乙烯（PVC）、聚乙烯（PE）等塑料管逐渐取代其他材质的管道，成为喷灌系统主要采用的管材。PVC 管、PE 管的物理和化学性能不同，使用场合和价格也不同，在绿地喷灌系统规划设计中，应根据地形复杂程度、管道埋深和管网工作压力等条件合理分析，选择管材，并遵循以下技术要求：

（1）能承受设计要求的工作压力。管材允许工作压力应为管道最大正常工作压力的 1.4 倍。当管道可能产生较大水锤压力时，管材的允许工作压力应不小于最大水锤压力。

（2）在设计埋深条件下，地埋管在车辆等外荷的作用下管材的径向变形率（即径向变形量与外径的比值）不得大于5%。

（3）具有一定的轴向韧性，能适当承受局部沉陷应力。

（4）管材尺寸要均匀一致，壁厚误差不大于5%，管材和管件的配合公差应满足连接要求。

（5）管内壁光滑，水流阻力小，输水性能好。

（6）化学性能稳定，耐土壤化学物质的侵蚀，抗老化，使用寿命满足设计要求。

（7）满足施工要求，连接方便，连接处应满足工作压力、抗弯折、抗渗漏、强度、刚度及防冻等方面的要求。

（8）价格能适应社会消费的整体水平。

（二）管件

主要是一些连接件和控制件，与给水工程相同。

第四节　动力与控制设备

一、喷灌的动力与控制设备

喷灌系统的运行和管理依靠控制设备来完成，控制设备的技术含量和完备程度决定着喷灌系统的自动化程度和技术水平。根据控制设备的功能和作用的不同，可将控制设备分为状态性控制设备、安全性控制设备和指令性控制设备。

（一）状态性控制设备

状态性控制设备是指喷灌系统中能够满足设计和使用要求的各类阀门，它们的作用是控制喷灌管网中水流的流量、方向、速度和压力等状态参数。按照控制方式的不同，可将这些阀门分为手控阀、电磁阀和水力阀。

1. 手控阀

绿地喷灌系统常用的手控阀有闸阀、球阀和快速连接阀。无论是程控型喷灌系统还是手控型喷灌系统，手控阀都是不可缺少的设备。所以，了解和掌握各种手控阀的性能、特点和使用条件十分必要。

（1）闸阀

闸阀是一种使用广泛的阀门，其优点是水流阻力小，操作省力，可有效防止水锤的发生。但是闸阀的结构复杂，密封面容易擦伤，影响止水效果，高度较大。

闸阀的操纵部分有暗杆和明杆之分。暗杆适用于安装和操作空间受到限制的地方，明杆用于无空间限制的场合。闸阀的闸板有平行式和楔式两种，平行式多为双闸板，两密封面平行，楔式闸阀的闸板多为单板，两密封面成一角度，与平行式闸阀相比，有补偿磨损的作用。

闸阀在绿地喷灌系统中多与供水设备和过滤设备配套使用，也用在管网主干管或相邻两个轮灌区的连接管上。根据闸阀的规格不同，与管道的连接方式有法兰、螺纹、焊接和胶接等几种。

（2）球阀

球阀是用一个开有孔道的球体作为启闭机构，靠旋转球体达到开启或关闭水路的目的。球体形式有浮动球体和刚性支撑球体两种。浮动球体适用于小直径及低压管网系统，刚性支撑球体适用于大直径及高、中压管网系统。球阀是绿地喷灌系统中使用最多的一种阀门。它的优点是密封性好、结构简单、体积小、重量轻、对水流的阻力小。缺点是难以做到流量的微调节，启闭速度不易控制，容易在管道内产生较大的水锤压力。

在手控型喷灌系统中，球阀可直接用于轮灌区的运行控制；在程控型喷灌系统里，球阀一般与自控阀（电磁阀或水力阀）组合使用，以便自控阀的维护和检修。当与自控阀组合使用时，应安装在自控阀的上游，并处于常开状态。小规格的球阀在喷灌系统中也用于人工泄水，以满足冬季防冻的需要。

塑料球阀在绿地喷灌系统中普遍采用，主要是因为便于与塑料材质的管道和管件连接。塑料球阀的规格直径一般为 15 ~ 100mm，启闭较大规格的球阀时一定要缓慢，以免引起水锤现象。塑料球阀与塑料管道的连接方式主要有螺纹和胶接两种。

（3）快速连接阀

快速连接阀由阀体和阀钥匙组成，材质一般为塑料或黄铜。阀体与地下管道通过铰接杆连接，其顶部与草坪根部齐平。不使用时阀体内的底阀在弹簧的作用下使阀处于关闭状态，使用时将接有软管的阀钥匙旋转插入，阀体打开，借助软管可对植物实施浇灌。快速连接阀作为一种方便的取水口，为绿地喷灌系统提供了有效的补充。

快速连接阀经常作为绿地喷灌系统的配套设施广泛使用，其主要原因有：①单纯的喷灌方式难以满足多样化种植的灌水要求；②必须保证在喷灌系统故障维修期间对植物的有效灌水；③适当地使用快速连接阀，有利于降低工程总造价。

2. 电磁阀

电磁阀是自控型喷灌系统常用的状态性控制设备。它具有工作稳定、使用寿命长、对工作环境无苛刻要求等特点。了解电磁阀的工作原理和性能特点，掌握其使用方法将有利于做好设备选型工作。

（1）构造及工作原理

电磁阀主要由阀体、阀盖、隔膜、电磁包和压力调节装置等部分构成，阀体上有一个被称作导入孔的细小通道，它连接着隔膜上、下室和电磁包底部的空间。电磁阀有常开型和常闭型两种，绿地喷灌系统使用的电磁阀大多属于常闭导入型，即：电磁阀不工作时处于关闭状态，电磁阀工作时，安全电流通过电磁包，在电磁感应作用下电磁芯移动，从而开启导入孔；导入孔的开启意味着隔膜上、下室之间的压力平衡受到破坏，隔膜便在上游水压的作用下打开通道，阀门开启。

电磁阀的阀体一般由工程塑料、强化尼龙或黄铜制成，隔膜通常由具有良好韧性的橡胶材料制成，弹簧则由不锈钢制成。这些材料都具有较好的化学稳定性和力学性能。

（2）类型及规格

电磁阀分直阀和角阀两类。直阀的进、出水口轴线的夹角成 180°，角阀则成 90°。直阀一般用于干管和支管都在同一水平的场合，角阀则多用于干管低于支管的场合。为了方便使用，一些生产厂家也为市场提供直阀–角阀组合结构。

绿地喷灌系统常用的电磁阀规格有 20mm、25mm、32mm、40mm、50mm 和 75mm，与管道的连接有螺纹和承插方式。和手控阀不一样的是电磁阀的安装方向不可逆，安装时应加以注意。电磁阀的工作电压一般为 24V/50Hz，启动电流为 400mA 左右，吸持电流为 250mA 左右。不同品牌产品的性能参数会有些差异，选用时应详细阅读产品说明。

（3）特点

常闭导入型电磁阀通过启、闭细小的导入孔，实现对水流的控制。启动电磁阀所需的启动功率很小，而且只与维持导入孔水压平衡的最小压力有关，与电磁阀的过水量没有关系。这个特点使电磁包的定型设计和生产成为可能，给喷灌系统的设计、施工和运行管理带来方便。

电磁阀通常具备手动和自动两种控制方式。在系统调试阶段或出现电路故障时，可采用手动操作方式，以保证喷灌系统的运行。手动操作方式分内放水手动和外放水手动，内放水手动通过拧松、拧紧电磁包实现，外放水手动通过拧松、拧紧一个专用塑料放水螺钉来达到目的。

多数电磁阀具有压力调节功能，若电磁阀下游的压力偏高，顺时针缓缓转动压力调节手轮，直到压力符合要求或喷头的喷洒效果良好；如果电磁阀下游压力不高，电磁阀应保持全开状态，即压力调节手轮应沿逆时针方向转到最高位置。电磁包外壳为密封结构，可有效防止潮气进入，使电磁阀能够适应苛刻的工作环境。

（4）局部水头损失

系统设计时，不应忽略电磁阀的局部水头损失，以免造成喷头的工作压力不足。直阀和角阀的内部构造不同，对水流阻力的大小也不一样。在相同的流量和规格下，角阀的局部水头损失比直阀小30%左右。由此可见，在供水压力成为制约因素的场合，应首先考虑选用角阀。

（5）经济流量

类似于管道的“经济流速”，在这里我们引入了电磁阀“经济流量”的概念。所谓经济流量，是指当电磁阀在该流量范围内工作时，喷灌系统可以同时获得较高的经济指标和安全指标。具体地讲，按照“经济流量”选择电磁阀的规格，可以同时满足以下三项指标：①具有较低的前期投资；②具有较低的运行费用；③发生危害性水锤的概率低。表 6-4-1 给出不同规格电磁阀的经济流量，供设计参考。

电磁阀的经济流量　　表 6-4-1

规格（mm）	20	25	32	40	50	75
流量（m^3/h）	0.1 ~ 4.0	4.0 ~ 9.0	9.0 ~ 18.0	18.0 ~ 30.0	30.0 ~ 43.0	43.0 ~ 60.0

电磁阀的经济流量既是一个技术指标，又是一个经济指标。不同厂家的产品由于其内部构造不同，对水流的阻力大小会有些不同。所以，设计时应该根据具体情况确定经济流量。

3. 水力阀

水力阀的作用与电磁阀基本相同，它的启闭是依靠液压的作用，而不是靠电磁作用。水力阀也有常开型、常闭型和直阀、角阀之分，常见的规格从 50mm 到 200mm，连接方式为螺纹和法兰方式。绿地喷灌系统使用较多的是常闭阀。由于液压传输不像电信号传递那样方便，水力阀在绿地喷灌系统中使用不如电磁阀普遍。

水力阀是实现自动化控制和半自动化控制的远程控制阀门，其工作原理是利用隔膜将截面放大，从而将控制器给予的压力信号放大，使控制杆升降，完成阀门的启闭。

水力阀的特点是使用方便、准确、可靠、迅速（启闭只需几秒钟），并在泵的开启与关闭时可防止断电、通电所产生的回流。采用自动控制时，不需要外加动力源。

（二）安全性控制设备

安全性控制设备是指保证喷灌系统在设计条件下安全运行的各种控制设备，如减压阀、调压孔板、逆止阀、空气阀、水锤消除阀和自动泄水阀等。安全性控制设备的作用是保障喷灌系统的正常运行和管网安全。

1. 减压阀

减压阀的作用是在设备或管道内的水压超过其正常的工作压力时自动消除多余压力。如在地势很陡、管线急剧下降，使管内水压上升超过了喷头的工作压力或管道的允许压力时，应该安装减压阀适当降低管道压力，保证设备和管网的安全。

减压阀按其结构形式分成薄膜式、弹簧薄膜式、活塞式和波纹管式。除活塞式减压阀外，其余三种均可用于喷灌系统。常用的减压阀规格有 20mm、25mm、40mm 和 50mm，与管道的连接方式为螺纹。

选用减压阀时，一定要根据喷灌系统运行时设备或管道的允许压力范围，确定减压阀进、出口压力的具体数值。因为不同的进、出口压力需要配备的敏感器件的参数有所不同。

2. 调压孔板

调压孔板的工作原理是：在管道中设置带有孔口的孔板，对水流产生较大的局部阻力，从而达到消除水流剩余水头的目的。使用调压孔板比减压阀更经济、更方便。在绿地喷灌系统中，调压孔板常用于离水源较近的轮灌区入口处，或地势变化较大的场合。调压孔板的作用在于平衡管网压力，保证喷灌均匀度。

3. 逆止阀

逆止阀也称单向阀或止回阀，它是根据阀前阀后的水压差而自动启闭的阀门，其作用是防止管道中的水倒流。根据结构的不同，逆止阀可分为升降式、摆板式和立式升降式 3 种。

对于直接从市政或其他供水管网取水的自压型喷灌系统，需要在喷灌系统的入口处安装逆止阀。否则，当喷灌系统附近的供水管网出现故障检修时，喷灌系统管道中的非洁净水会因供水管网出现负压而倒灌，造成供水管网的水质污染，影响正常的生活和生产。对于加压式喷灌系统，通常在水泵出口处安装逆止阀，用以避免突然停泵时引起管道中的水倒流。

4. 空气阀

空气阀是喷灌系统中的重要附件之一，其作用是自动进、排空气，满足喷灌系统的运行要求。空气阀主要由阀体、浮块、气孔和密封件等部分构成，阀体一般是耐腐蚀性较强的工程塑料或金属材料。绿地喷灌系统常用空气阀的规格有 20mm、25mm 和 50mm，一般通过外螺纹与管道连接，设计中应根据空气阀的工作压力和使用场合正确使用，根据系统管网的敷设情况和水力条件在适当位置安装。

空气阀在绿地喷灌系统中的主要作用如下：

（1）当局部管道中存有空气时，使管道的过水断面减小，压力增加。空气阀可以自动排泄空气，保证管道正常的过水断面和喷头的工作压力，避免造成管道破裂。

（2）喷灌管网冬季泄水时，通过空气阀管道补充空气，保证管道中足够的泄水压力。避免因管道中的负压现象造成泄水不畅，留下管道破裂的隐患。

5. 水锤消除阀

水锤消除阀是一种当管道压力上升或下降到一定程度时自动开启的安全阀。根据水锤消除阀启动压力与管道正常工作压力的关系，可将水锤消除阀分为上行式和下行式两种。

（1）上行式水锤消除阀

上行式水锤消除阀当管道压力上升至一定程度时自动开启，用于减少管道超额的压力，防止水锤事故。上行式水锤消除阀分弹簧式和杠杆式。实际应用中，应根据喷灌系统管网的具体情况安装在管路的始端，或在几处同时安装。

上行式水锤消除阀最好和补气措施同时采用，这不仅可避免因水锤引起的压力突然上升，还可以减少阀门的过水量，降低成本。

（2）下行式水锤消除阀

下行式水锤消除阀是当管道中的压力降至某一数值后自动启动的安全阀。用于减少突然停泵时因压力下降所产生的直接水锤压力，而对启动水泵或迅速关闭闸阀所产生的由升压引起的水锤压力则无效。

一般情况下，下行式水锤消除阀常和逆止阀配合使用。国产的下行式水锤消除阀只有用于小流量、高扬程、长管道和单机单管的场合时，其防护效果才比较理想。当事故停泵过程中初始阶段的最大压降值接近管道的正常工作水压时，不宜采用下行式水锤消除阀进行水锤防护。

6. 自动泄水阀

自动泄水阀在绿地喷灌系统中的作用是自动排泄管道中的水，以免冰冻对管道的危害。自动泄水阀的底部有一个弹性底阀，当喷灌系统停止工作时，管道中的水压小于它的开启压力时，底阀则打开，管道中的水泄出。自动泄水阀通常由塑料制成，常用的规格有 20mm、25mm 和 50mm 几种，不同规格的泄水速度不一样，使用时应根据产品的性能参数加以选择。自动泄水阀应安装在高程较低的管道上，一般为螺纹连接，安装方式以阀底垂直向下为宜，也可水平安装，但不可阀底向上安装。

（三）指令性控制设备

指令性控制设备是指在喷灌系统的运行和管理中起指挥作用的各种控制设备，其中包括各种控制器、遥控器、传感器、气象站和中央控制系统等，它们运用现代电子、通信、传感和计算机技术，构成了绿地喷灌系统的中枢体系。指令性控制设备的采用为喷灌系统注入了智能化的特点，不仅可以降低系统运行和管理的费用，而且还提高了水的利用率。所以，在淡水资源日益缺乏的今天，逐步推广智能化喷灌系统，无疑有着重要的现实意义。

1. 控制器

控制器是直接给自控阀发送动作指令的装置。如果自控阀是电磁阀，控制器的指令通过电信号传递；如果自控阀是水力阀，控制器的指令则靠液压信号传递。

控制器的使用实现了对绿地喷灌系统的自动控制，使系统的运行和管理更为方便。控制器的工作电压通常为 24V，多数产品自带与其匹配的电源变压器。控制器的输出电压为 24V，输出电流为 0.3 ~ 2.5A 不等。控制器的输出电流（或输出功率）决定了它能同时启动几个电磁阀，当然这也和与其配套的电磁阀的启动电流有关。

控制器一般为壁挂式安装，防水型控制器可直接安装在室外，非防水型控制器应安装在室内，需要安装在室外时，应置于防水型控制箱内。控制器的安装位置和高度应便于操作，并应与电机、配电箱等设备保持一定的距离，以防止电磁场对控制器运行的干扰。

2. 遥控器

遥控器在绿地喷灌系统中的使用，不但提高了喷灌系统的技术含量，降低了绿地养护的劳动强度，而且也从观念上改变了人们对绿地养护的传统认识。根据遥控器作用对象的不同，可将其分为直接型和间接型。

（1）直接型遥控器

直接型遥控器是一种自备电源，直接安装在电磁阀上的控制器材。它具有一般控制器的程序设置和记忆功能，能够独立地对单阀进行喷灌控制。在以下场合，应考虑使用直接型遥控器：①喷灌区域附近无交流电源；②从电源位置到喷灌控制井敷设电缆十分困难。

（2）间接型遥控器

间接型遥控器由接收器和发射器组成，接收器一般安装在控制器的附近，并从控制器获得电源。发射器由蓄电池提供电源，一般采用微波方式发送信号。有效距离因产品的不同而异，通常在几十米到百余米的范围内。

3. 传感器

传感器在绿地喷灌系统中的使用，更加突出了喷灌方式的节水特征。对于程控型喷灌系统来说，传感器的使用是必要的。用于绿地喷灌系统的传感器主要有降水传感器和湿度传感器，两者的监控原理和监控对象不一样，但都是为了一个目的，即避免喷灌系统的无效喷洒。

（1）降水传感器

降水传感器作为自控型喷灌系统的耳目，将降水量作为监控对象，无论是天然降水还是喷灌降水，只要降水总量达到一定程度，传感器便向喷灌系统发出指令，喷灌停止。启动传感器的累积降水量可以事先设置。

降水传感器由承水元件、信号源和信号线组成，使用时将其安装在控制器附近，通过信号线与控制器相连。

（2）湿度传感器

湿度传感器监测的对象是土壤湿度。无论是天然降水还是人工喷灌，只要喷灌区域的土壤湿度达到了设计要求，湿度传感器便会向喷灌系统发出信号，提示土壤湿度已经达到要求。喷灌系统收到这种信号后，或立即停止喷灌作业，或调整下一步喷灌程序。

湿度传感器的使用并不影响喷灌系统预设程序的运行，当地表蒸腾和土壤入渗使得土壤湿度下降时，喷灌系统的运行程序会自动切换到预设状态。

4. 气象站

用于绿地喷灌系统的小型气象站，可以完成多种气象数据的自动采集任务，使大规模喷灌作业的集中控制成为可能。气象站一般由轻质合金材料制成，除了具有数据的自动采集功能外，还具有数据储存、数据分析和数据传递功能。

气象站自动采集的数据包括：气温、太阳辐射、相对湿度、风速、风向和降水量。内置式气象资料分析软件根据采集到的数据，自动计算出土壤水分蒸发蒸腾损失总量，并定期将结果传输给中央控制系统，为喷灌系统的集中控制提供依据。

气象站的安放位置应具有代表性，并便于与中央计算机连接。在一个中央控制喷灌系统里，气象站数量过多会增加系统投资，气象站数量太少，则会造成个别地区喷灌系统的运行失去合理性。

5. 中央控制系统

中央控制系统通过对气象条件和若干子喷灌系统的运行状况的监测，来完成大规模喷灌系统的集中控制。中央控制系统主要具备两个功能，一个是监测功能，另一个是控制功能。监测功能由分布在各处的气象站和各种传感器来完成，这些传感器对系统的运行状况和外部环境进行监测，并将信息反馈到中央控制系统。当得到的是故障信息，工作人员可根据信息类型判断故障原因和地点，然后赶赴现场排除故障。当得到的是作业信息，控制系统将自动做出反应，完成对远程子喷灌系统的运行控制。控制功能由计算机和专业喷灌软件完成。在计算机和现场控制器之间，还有一种称之为集群控制器的中间设备，其作用是从计算机接收信息然后对其他设备实行控制。计算机可通过气象站收集气象信息，并对不同子系统的灌水时间自动进行计算和调整。

中央控制系统可对若干个独立的子喷灌系统进行集中控制，可同时操作多个控制器，通过对整个系统的运行状况进行实时监测，使各级设备处于最佳工作状态，实现系统运行的无人化管理。中央控制系统可根据气象站提供的数据制定灌水制度，实现真正意义上的自动化管理，最大限度地节省人力，降低运行和管理成本。

中央控制系统与子喷灌系统和气象站的联络，可以通过电话线、无线电或光纤等完成。

二、喷泉的动力与控制设备

（一）喷泉的控制

1. 控制方式

（1）手动控制

这是最常见和最简单的控制方式，通过电源开关控制喷泉的开启，形成固定的喷水姿态。

（2）时间继电器控制

通常利用时间继电器按照设计的时间程序控制水泵、电磁阀、彩色灯等的启闭，从而实现水型、灯光可以自动变换的喷水姿态。

（3）音响控制

声控喷泉是用声音来控制喷泉水型变化的一种自控泉，随着音乐的抑扬顿挫，喷泉水流发生高低起伏的变化。它一般由以下几部分组成：声–电转换、放大装置，通常由电子线路或数字电路、计算机等组成；执行机构，通常使用电磁阀；动力，即水泵；其他设备，主要有管路、过滤器、喷头等。

2. 喷泉水流控制附件

水流控制附件用来调节水量、水压，关断水流或改变水流方向。喷泉工程管路常用的控制附件主要有闸阀、截止阀、逆止阀、电磁阀、电动阀等。各种阀门功能与特性可参见前面喷灌系统所述。

3. 水的净化装置

在喷泉的过滤系统中，一般在水泵底阀外设网式过滤器和在水泵进水口前装除污器。当水中混有泥沙时，用网式过滤器容易淤塞，这时采用砾料层式过滤器较为合适。

（二）喷泉动力设备

喷泉景观工程中从喷头喷射出来的水流是由水泵加压来完成，水泵是喷水工程给水系统的重要组成部分。喷泉使用较多的是卧式或立式离心泵和潜水泵。小型移动式喷水的供水系统可选用管道泵、微型泵等。

1. 离心泵

离心泵又分为单级离心泵、多级离心泵。具有结构简单、体积小、效率高、运转平稳、送水高程可达百米等特点，在喷水工程供水系统中广泛应用。离心泵是通过利用叶片轮高速旋转时所产生的离心力作用，将轮中心水甩出而形成真空，使水在大气作用下自动进入水泵，并将水压向出水管。离心泵在使用时要先向泵体及吸水管内灌满水排出空气，然后才可以开泵抽水，在使用时也要防止漏气和堵塞。

2. 潜水泵

潜水泵是由水泵、密封体、电动机等三大部分组成。潜水泵分为立式和卧式两种。潜水泵的泵体和电机在工作时都浸入水中，水泵叶轮可制成离心式或螺旋式，这种水泵的电动机必须有良好的密封防水装置。潜水泵具有体积小、质量轻、移动方便、安装简单等特点。开泵时不需灌水，成本低廉，节省大量管材，不装底阀和逆止阀，又减少了水力损失，提高了水泵效率。理想的是卧式潜水泵，因为它可使水池所需水深度降至最小值，节省成本。

3. 管道泵

管道泵可以用于移动式喷泉或小型喷泉，将泵体与循环水的管道直接相连。另外，还可以用自来水管路加压，以提高喷水的扬程。管道泵具有结构简单、重量轻、安装维修方便等优点。泵的入口和出口在一条直线上，能直接安装在管道之中，占地面积小，不需要安装基础。

第七章　供电工程材料

园林，尤其是城市开放性的公园、绿地的照明，作为城市"灯光工程"的重要组成部分之一，自然颇为人们所重视。现代园林灯具已不仅仅是单纯地将园景、道路照亮，更重要的是采用各种新的科学技术，通过对灯具的结构及功能的合理设计与运用，营造新的景观；园林照明是创造园林景观的手段之一，要选择合适的电线、光源和灯具，建立完善的供电系统。

第一节　园林灯具

园林照明的意义并非单纯将环境照亮，还需利用夜晚灯光的变幻使园林呈现出一种与白昼迥然不同的朦胧氛围，增强景物效果。因此，在光源类型上，应尽量选择方向、亮度等控制能力较好的光源，尽量减少使用普通的泛光照明灯具；应考虑各种电光源的显色性，充分利用其色彩特性以创造一个优美的视觉环境；尽量采用高效节能的新型电光源材料。现代园林照明迅速发展，新技术和新材料不断涌现，因而对灯具的要求也趋向装饰性和艺术性，所以选择灯具要同时注重实用功能和装饰效果，选择造型与园林环境相协调，并具有美观外形的灯具。

一、园林灯具的构成

园林照明中，由裸露光源放射的光往往不能满足现代照明的需要。因此，为了得到舒适的照明环境，就必须控制和调整由发光体发出的光，这就产生了灯具。它既是光源的保护构件，保证光的通过；又要通过其形状、色彩、质感等因素形成与园林环境协调的整体形象。园林灯常布置于室外，由于要经受风吹、日晒、雨淋，故灯具外壳必须具备防水、耐晒、防腐蚀等性能，表面处理要求比较高。园林灯具由光源、灯罩和附件三部分组成。

（一）光源

光源即人们通常所说的"灯泡"，自1879年爱迪生发明了白炽灯起，人类便告别了依靠自然光线生活的时代，进入了现代的电光源时代。电光源依照发光原理的不同，主要分为热辐射光源、电致发光光源和气体放电光源三种形式。

（1）热辐射光源：热辐射光源是指电流在流经导电的物体时，在高温下该物体辐射出光能的光源。包括卤钨灯和白炽灯两种。

（2）电致发光（也称场致发光）光源：在电场的作用下，能让固体物质发光的光源，它将电能直接转化为光能。主要有LED（发光二极管）光源等，LED灯以一块电致发光的半导体材料芯片作为发光材料。

（3）气体放电光源：气体放电光源是指电流流经气体或者是金属蒸气时，使气体或者是金属蒸气产生气体放电导致发光的光源。气体放电借助两电极间气体激发而发光，又可分为低压与高压气体放电，前者主要为荧光灯与冷极管（包括霓虹），后者即为高强度放电灯，包括汞灯、金属卤化物灯及高压钠灯。近年来逐渐朝无电极光源发展，包括感应灯、硫黄灯等。

各种电光源的发光效率有较大差别，气体放电光源比热辐射电光源高得多。一般情况下，可逐步用气体放电光源替代热辐射电光源，并尽可能选用光效高的气体放电光源，如金属卤化物灯、高压钠灯等。金属卤化物灯由于是金属原子放电放光，而金属原子种类较多，可以制成百万种光色不同的光源，其显色性好，但光效比钠灯差，周边的视野较多暗区。钠灯为暖光，光效较强，可以清晰地看到周围的环境，但显色性较差。LED灯为当前发展的节能高效新型光源。

（二）灯罩

灯罩用于固定光源及聚光或防风雨。灯罩可以起到保护光源的作用，也可以达到变直接发光源为散射光或反射光的效果，并可以防止触电。不同材质的灯罩可以避免眩光保护眼睛不受伤害，所以大多数园林灯上都设有灯罩。

色彩照明灯具往往利用彩色灯罩来达到变换光色的目的。国产的水下用封闭式灯具用无色的灯泡装入金属外壳，外罩采用不同颜色的耐热玻璃，而耐热玻璃与灯具间用密封橡胶圈密封，调换滤色玻璃片，可以得到红、黄（琥珀）、绿、蓝、无色透明五种色彩。

（三）附件

园灯的附件是除去光源和灯罩以外的其他物件，包括灯柱、基座和基础等。

（1）灯柱。支撑光源及确定光源的高度，常用有钢筋混凝土灯柱、金属灯柱、木灯柱等。在园路上，路灯灯柱有杆式和柱式两种。杆式可采用镀锌钢管做电杆，底部管径160 ~ 180mm，顶部管径可略小于底部，高度为5 ~ 8m，悬伸臂长度可为1 ~ 2m；柱式以石柱、砖柱、混凝土柱、钢管柱等作为灯柱，柱较矮，高度为0.9 ~ 2.5m。在隔墙边的园路路灯也可以利用墙柱作为灯柱。

（2）基座。起到固定和保护灯柱的作用，具有很强抗撞击性，一般使用混凝土、铸铁和砖块等制成，也可使用天然石块加工而成。

（3）基础。稳定基座，使其不下沉，可用素混凝土或碎砖、三合土等材料。

二、园林灯的分类

1. 路灯

路灯是在道路上设置为在夜间给车辆和行人提供必要能见度的照明设施。它可以改善交通条件，减轻驾驶员疲劳，并有利于提高道路通行能力和保证交通安全。道路灯具需要配光合理，其光源最好有寿命长、常年使用免维护、光效高、显色性好以及能在超低温环境下瞬时启动的特点。目前，道路灯常见的有白炽灯、高压汞灯、高压钠灯、低压钠灯、无极灯、金卤灯、荧光灯等。现阶段路灯光源的主流产品仍为高压钠灯，近年由于国家大力提倡节能减排，无极灯作为新型光源在道路照明中得到应用，相比传统光源，无极灯能使道路路面达到更好的光照均匀度。

金卤灯和高压钠灯为高效节能道路灯，具有以下优点：

（1）光效高、寿命长、穿透力强，能满足道路分散照明要求。

（2）外壳选用特殊高硬度轻质合金材料，外表静电喷塑处理，灯罩外表光滑、配合紧密，使用特制弧形钢化玻璃，耐高温、耐腐蚀、易清洁。

（3）优化设计的配光曲线，照明角度大、范围广，光线均匀，确保光通量的高输出和降低反射系数的衰减。

（4）易于安装，设有弹簧闭合装置，开启方便，安装角度可调，适应不同应用场所的需要。

（5）灯具结构设计成内换泡结构，密封性好，能防雨水、防虫类、防灰尘进入内部。

低碳无极道路灯具有以下优点：

（1）采用无极灯光源，与同亮度白炽灯相比节电 80%左右。

（2）光源寿命长达 6 万小时，极大地节约了使用成本，特别适合灯泡更换难度大的道路照明。

（3）光照自然，无频闪、无眩光，色温高，显色性优越，显色指数大于 80。

（4）通过优化配光设计，并选用进口 99.99%的高纯铝反射器，节能效果显著提高。

（5）灯具透明件表面经过特殊强化处理，透光率高，抗冲击性能好，确保可在恶劣环境中长期使用。

路灯要合理使用光能，防止眩光。其所发出的光线要沿要求的角度照射，落到路面上呈指定的图形，光线分布均匀，路面亮度大，且眩光小。为减少眩光，可在最大光强上方予以配光控制。道路照明用灯具可分为截光、半截光和不截光三种类型。

（1）截光型。照明器照射到路幅外的光线不超过光源额定流明的 10%，控制光线沿路分布，产生的眩光小。适用于主要街道、干线公路和高速公路。

（2）半截光型。照明器照射到路幅外的光线不超过光源额定流明的 30%，控制光线沿路分布。适用于一般等级的街道。

（3）不截光型。照明器对最大光强上方的光通量不加限制，眩光大，只适用于交通量很少的次要街道。根据道路断面形式、宽度、车辆和行人的情况，道路灯可采用在道路两侧对称布置、两侧交错布置、一侧布置和路中央悬挂布置等形式。

2. 庭院灯

庭院灯用于庭院、居住区、公园与广场等照明，既是照明器材，又是装饰景物，因此庭院灯在造型上美观新颖。庭院灯可显著改善居住环境，提高居民生活质量。白天庭院灯点缀城市风景，夜晚则提供必要的照明，方便居民生活，增加居民安全感，同时形成亮丽夜景。

庭院灯的造型有西欧风格的，有日式风格的，也有中国民族风格的。选择时必须注意灯具与周围树木、建筑物协调，灯具功率不需要太大，以形成庭院的幽静舒适感。一般园灯高度 3m 左右；人流量大的活动空间，园灯高度在 4 ～ 5m；用于装饰、配景的园灯，其高度随着具体的环境不同而改变。

庭院灯灯罩为亚克力罩、PE 或者是进口 PNNA 有机材料；底座一般为铝制或者是铁制；灯杆一般为优质低碳钢制作，紧固件螺钉、螺母为不锈钢；灯杆内外热镀锌防腐处理，镀锌处理后外表喷塑，颜色多样；光源为节能灯、LED 光源、金卤灯。长条形灯具的庭院灯光源一般为日光灯、LED 光源。

3. 草坪灯

草坪灯主要用于园林的饰景照明和创造夜间景色的气氛。草坪灯是通过草地上明暗亮度对比来表现光的美感，而不是完全为了照明而布置。它以其独特的设计、柔和的灯光为城市绿地景观增添美感。草坪灯安装方便、装饰性强，可用于绿地草坪中间与周边布置，也常用于步行街、停车场、广场等场所。还有一些草坪灯制成了别致的动物或植物等造型，置于草坪中，仿佛雕塑一般美丽。草坪灯一般都比较矮，高度 40 ～ 70cm 为多，最高不超过 1m。灯具外形尽可能艺术化，小巧优雅，讨人喜爱。

草坪灯灯罩为亚克力罩、PE 或者是进口 PNNA 有机材料；灯杆一般为优质低碳钢制作，紧固件螺钉、螺母为不锈钢；灯杆内外热镀锌防腐处理，镀锌处理后外表喷塑，颜色多样；光源为节能灯、LED 光源，也可使用 36W 或 70W 金卤灯、钠灯。

4. 门墙灯

门墙灯指庭院出入口大门上安装的或围墙柱顶与矮墙上安装的灯具，包括顶灯、壁灯等。

（1）顶灯：顶灯竖立在门框或门柱顶上，灯具本身并不高，但与门柱等混成一体就显得比较高大雄伟，使人们在踏进大门时，抬头望灯，会感到建筑物的气派非凡。

（2）壁灯：壁灯分为枝式壁灯与吸壁灯两种。枝式壁灯的造型类似室内壁灯，可称得上千姿百态，只是灯具总体尺寸比室内壁灯大，因为户外空间比室内大得多，灯具的体积也要相应增大，才能匹配。室外吸壁灯的造型也相似于室内吸壁灯，安装在门柱（或门框）上时往往采取半嵌入式。

5. 埋地灯

在现代的园林设计中经常使用埋藏于地面或其他结构物中的灯，用来做装饰照明和指示照明，一般具有隐蔽性。地灯属于加压水密型灯具，灯具采用密封式设计，既可以防水防尘亦能避免水分在内部凝结。具有良好的引导性及照明特性，可安装于车辆通道、步行道及广场地面照明、装饰用。

埋地灯灯体为不锈钢等材料，坚固耐用，防渗水，散热性能优良；面盖为精铸不锈钢和高强度钢化玻璃组成，透光度强，光线辐射面宽，承重能力强；结合处采用硅胶密封圈，防水性能优良，耐高温，抗老化；所有坚固螺丝均用不锈钢；可选配塑料预埋件，方便安装及维修。

埋地灯在外形上有方的也有圆的，广泛用于商场、停车场、绿化带、公园旅游景点、住宅小区、城市雕塑、步行街道、大楼台阶等场所，主要是埋于地面，用来做装饰或指示照明之用，还有的用来照亮墙面或树木，其应用有相当大的灵活性。

6. 泛光灯和聚光灯

泛光灯是一种宽光束的投光照明灯，制造出的是高度漫射的、无方向的光，光束边界不清晰，轮廓模糊，因而产生的阴影柔和而透明，有些照明减弱非常慢的泛光灯，看上去像是一个不产生阴影的光源。照明灯具外形多变，灯体采用光源电器一体化设计，结构紧凑，体积大多小巧，具有良好的密封性，不仅易于安装而且具有非常好的隐蔽性，且经久耐用。灯体材料为铝合金压铸成型，静电喷涂的表面处理，涂层耐高温、抗酸碱、防老化；光源可以使用单端或双端金卤灯或高压钠灯；反射器应用进口高纯度铝材，多种反射面设计，形成各种不同需求的配光，光效高，眩光小；面罩为5mm钢化玻璃，安全、耐高温、高强度、透光性好。泛光灯的照明要将灯具放置在与被照明物体一段距离处，直接照射在被照物的立面，将其外观造型、肌理颜色等塑造出来。

聚光灯投射出定向的、边界清楚的光束，照亮一个特定的区域。它能够瞄准任何方向，并具备不受气候条件影响的结构。投光灯的出射光束角度有宽有窄，变化范围在0° ~ 180°，其中光束特别窄的称为探照灯。以高效气体放电灯做光源，灯泡使用寿命长达10000小时以上。灯体外壳、反射器等材料与泛光灯相同。

7. 景观灯

景观灯主要的目的并非为了照明，而是自身作为一个景观元素装饰园林。它不仅自身具有较高的观赏性，还强调灯与景区历史文化、周围环境的协调统一。景观灯利用不同的造型、相异的光色与亮度来造景。例如红色灯笼造型景观灯为广场带来一片喜庆气氛，绿色椰树灯在水边带来一派热带风情。景观灯适用于广场、居住区、公共绿地等景观场所。使用中要注意不要过多过杂，以免喧宾夺主。

8. 水下照明灯

该灯具是以压力水密封型的设计，在水下可以浸入10m的距离，功能上和地灯类似，既要求防水又必须避免水分在内部凝结，产品的质量也必须可靠耐用。水下照明灯具一般采用最新光源，具有极高的亮度，但使用最多的为白炽灯泡。这是因为它特别适宜开关控制和调光。但当喷水高度很高而且常常预先开关时，便可以使用汞灯和金属卤化物灯等。

三、园林光源选择

（一）光源的类型

电光源依照发光原理的不同，主要有热辐射光源、电致发光光源和气体放电光源三种形式。各形式之下又分为多种类型（图7-1-1、图7-1-2）。

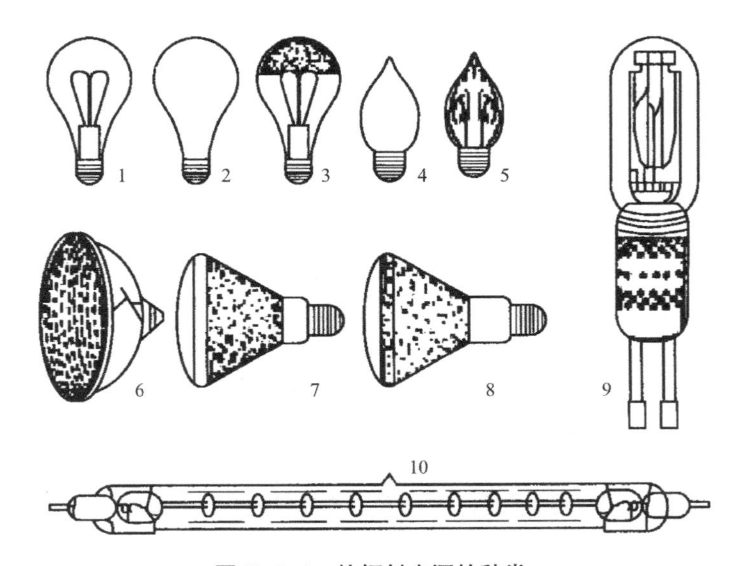

图7-1-1　热辐射光源的种类

1—普通白炽灯；2—乳白灯泡；3—镀银碗形灯泡；4、5—火焰灯；6，7—PAR灯；8—R灯；9—卤钨灯；10—管状卤钨灯

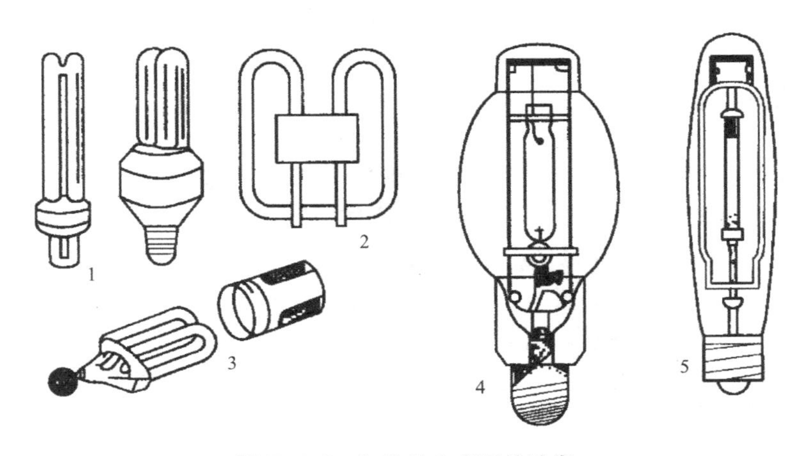

图7-1-2　气体放电光源的种类

1—H灯；2—双D灯；3—双曲灯；4—高压汞灯；5—钠灯

1. 白炽灯

白炽灯是利用钨丝通过电流时使灯丝处于白炽状态而发光的一种热辐射光源。普通白炽灯具有构造简单、使用方便、能瞬间点亮、无频闪现象、价格便宜等特点；可以用在超低电压的电源上；可即开即关，为动感照明效果提供了可能性；可以调光，所发出的光以长波辐射为主，呈红色，与天然光有些差别；其发光效率比较低，只有 2% ~ 3%的电能转化为光，灯泡的平均寿命为 1000h 左右。一般情况下，室内外照明不应采用普通照明白炽灯，在特殊情况下需采用时，其确定功率不应超过 100W。

常用灯丝结构有单螺旋和双螺旋两种，也有三螺旋形式。灯头可分为三大类：卡口灯头（B）、螺口灯头（E）和预聚焦灯头（P）。国家标准《家庭和类似场合普通照明用钨丝灯性能要求》GB/T 10681—2009 规定额定电压 220V 和 230V、功率 15 ~ 200W，使用 E27 灯头（螺旋口灯头）和 B22 灯头（卡口灯头）。统一规格的产品又给出了高光通量型和正常光通量型两类。高光通量型的产品比同功率的正常光通量型产品光通量要高出 7% ~ 20%。

白炽灯灯泡有以下一些形式：

（1）普通型

为透明玻璃壳灯泡，有功率为 10W、15W、20W、25W、40W ~ 1000W 等多种规格。40W 以下是真空灯泡，40W 以上则充以惰性气体，如氩、氮气体或氩氮的混合气体。

（2）反射型

在灯泡玻璃壳内的上部涂以反射膜，使光线向一定方向投射，光线的方向性较强；功率常见有 40 ~ 500W。

（3）漫射型

采用乳白玻璃壳或在玻璃壳内表面涂以扩散性良好的白色无机粉末，使灯光具有柔和的漫射特性，常见有 25 ~ 250W 等多种规格。

（4）装饰型

用彩色玻璃壳或在玻璃壳上涂以各种颜色，使灯光成为不同颜色的色光；其功率一般为 15 ~ 40W。

2. 微型白炽灯

光源虽属白炽灯系列，但由于它功率小、所用电压低，因而照明效果不好，在园林中主要是作为图案、文字等艺术装饰使用，如可塑霓虹灯、美耐灯、带灯、满天星灯等。微型灯泡的寿命一般在 5000 ~ 10000h 以上，其常见的规格有 6.5V/0.46W、13V/0.48W、28V/0.84W 等几种，体积最小的其直径只有 3mm，高度只有 7mm。

3. 卤钨灯

卤钨灯是在白炽灯的充填惰性气体中加入微量卤素或卤化物而制成的电光源，几乎无光衰。卤钨灯是白炽灯的改进产品，光色发白，平均寿命约 1500h，其规格有 500W、1000W、1500W、2000W 四种，在点亮时灯管温度达 600℃左右，故不能与易燃物接近。卤钨灯具有体积小、功率大、可调光、显色性好、能瞬间点燃、无频闪效应、发光效率高等特点，多用于较大空间和要求高照度的场所。有管形和泡形两种形状，管形卤钨灯需水平安装，倾角不得大于 4°。由于卤钨灯显色性好，色温相宜，特别适用于电视转播照明，并用于绘画、摄影和建筑物投光照明等。它的缺点是对电压波动比较敏感，耐振性较差。

冷光束卤钨灯是新颖的照明光源，由卤钨灯泡和介质膜冷光镜组合而成，具有体积小、造型美观、工艺精致、发光效率高、使用寿命长、光线柔和舒适等特点。广泛应用于商业橱窗、舞厅、宾馆、展览厅、博物馆等室内照明，是最佳装饰照明光源。

4. 荧光灯

俗称日光灯，其灯管内壁涂有能在紫外线刺激下发光的荧光物质，依靠高速电子，使灯管内蒸气状的汞原子电离而产生紫外线并进而发光。灯管表面温度很低，光色柔和，眩光少，光质接近天然光，有助于颜色的辨别，并且光色还可以控制。灯管的寿命长，一般在2000 ~ 3000h，国外也有达到10000h以上的。荧光灯的常见规格有8W、20W、30W、40W等。普通日光灯是直径为16mm和38mm、长度为302.4 ~ 1213.6mm的直灯管。彩色日光灯管尺寸与普通日光灯相似，有蓝、绿、白、黄、淡红等色，是很好的装饰兼照明用光源。

荧光灯按其阴极工作形式可分为热阴极和冷阴极两类。绝大多数普通照明荧光灯是热阴极型；冷阴极型荧光灯多为装饰照明用，如液晶显示、霓虹灯等。

荧光灯按其外形又可分为双端荧光灯和单端荧光灯。双端荧光灯一般都是普通日光灯，绝大多数是直管形，两端各有一个灯头。单端荧光灯外形众多，如H形、U形、双（三、四等）U形、环形、螺旋形等，灯头均在一端，其灯管较细，被称为高效节能日光灯，简称节能灯。节能灯中还有些将镇流器、启辉器与灯管组装成一体，可以直接代换白炽灯使用。

5. 荧光高压汞灯

发光原理与荧光灯相同，有外镇流荧光高压汞灯和自镇流荧光高压汞灯两种基本形式。自镇流荧光高压汞灯利用自身的钨丝代做镇流器，可以直接接入220V、50Hz的交流电路上，不用镇流器。灯泡的寿命可达5000h，具有耐震、耐热的特点。普通荧光高压汞灯的功率为50 ~ 1000W，自镇流荧光高压汞灯的功率则常见160W、250W和450W三种。高压汞灯的再启动时间长达5 ~ 10s，不能瞬间点亮，因此不能用于事故照明和要求迅速点亮的场所。这种光源的光色差，呈蓝紫色，在光下不能正确分辨被照物体的颜色，故一般只用作园林广场、停车场、通车主园路等不需要仔细辨别颜色的大面积照明场所。

6. 钠灯

钠灯是利用在高压或低压钠蒸气中，放电时发出可见光的特性制成。钠灯发光效率高，寿命长，一般在3000h左右，其规格70 ~ 400W的都有。低压钠灯是电光源中光效最高的品种，光效可达140 ~ 180lm/W，光色柔和、眩光小、透雾能力极强，适用于公路、隧道、港口、货场和矿区等场所的照明。但低压钠灯辐射近乎单色黄光，分辨颜色的能力差，不宜用于繁华的市区街道和室内照明。高压钠灯放电管采用抗钠腐蚀的半透明多晶氧化铝陶瓷制成。高压钠灯的光色有所改善，呈金白色，透雾性能良好，发光效率高，光效可达120lm/W，寿命长，故适合于一般的园路、出入口、广场、停车场等要求照度较大的广阔空间照明。

7. 金属卤化物灯

金属卤化物灯是在荧光高压汞灯基础上，为改善光色而发展起来的所谓第三代光源，其基本原理是将多种金属以卤化物的方式加入到高压汞灯的电弧管中，使这些金属原子像汞一样电离、发光。汞弧放电决定了它的电性能和热损耗，而充入灯管内的低气压金属卤化物决定了灯的发光性能，充入不同金属卤化物，可以制成不同特性的光源。灯管内充有碘、溴与锡、钠、钪、铟、铊等金属的卤化物，紫外线辐射较弱，显色性良好，可发出与天然光相近似的可见光。金属卤化物灯尺寸小、功率大、光效高、光色好，启动所需电流低，抗电压波动的稳定性比较高，而且可以根据不同需要设计制造出所需的光色，因而是一种比较理想的公共场所照明光源。但它也有寿命较短的不足，一般金属卤化物灯寿命1000h左右，3500W的金属卤化物灯则只有500h左右。其规格有250W、400W、1000W和3500W等。

金属卤化物灯按照填充的金属卤化物及发光特性不同形成四大类：

（1）充入钠、铊、铟等的金属卤化物灯，光效约为 70 ～ 80lm/W，色温 3800 ～ 4200K，显色指数 70 ～ 75，灯的寿命可达数千小时，常用于一般照明。

（2）充入钪、钠等的金属卤化物灯，光效高，约为 90 ～ 100lm/W，色温 3600 ～ 4200K，显色指数 60 ～ 70。但此类灯需配用 LC 顶峰超前式镇流器（CWA 型），常用作室内或道路、商场照明。

（3）充入镝、钛、铥等金属卤化物灯，光效约为 70 ～ 80lm/W，色温 3800 ～ 5600K，显色指数 80 ～ 95，但灯的寿命较短，可用于拍摄场地、体育场、礼堂等对光色要求很高的大面积照明场所。

（4）利用锡、铝分子发光的金属卤化物灯，这类灯显色性较好，显色指数在 90 以上，但光效较低，约为 50 ～ 60lm/W，光色一致性差，灯的启动也较困难。

8. 氙灯

氙灯具有耐高温、耐低温、耐震、工作稳定、功率可做到很大等特点，并且其发光光谱与太阳光极其近似，因此被称为“人造小太阳”，可广泛应用于城市广场、车站、公园出入口、公园游乐场等面积广大的照明场所。氙灯的显色性良好，平均显色指数达 90 ～ 94。其光照中紫外线强烈，因此安装高度不得小于 20m。氙灯的不足之处是寿命较短，一般为 500 ～ 1000h。

9. LED 灯

LED（light emitting diode），即发光二极管，是一种固态的半导体器件，LED 光源就是用发光二极管作为发光体的光源。发光原理属于场致发光，它可以直接把电转化为光。LED 为一块小型晶片封装在环氧树脂里，具有体积小、重量轻，同时具有使用低压电源、耗能少、适用性强、稳定性高、响应时间短、对环境无污染、多色发光等优点，典型用途是显示屏及指示灯。LED 光源被称为第四代照明光源或绿色光源，目前，LED 灯泡已成为照明的主流产品。这种灯泡具有效率高、寿命长、高节能、利环保、体积小、辐射颜色多元化等特点。LED 发光效率 60 ～ 80lm/W，其光源的能量转化效率非常高，相同照明效果比传统光源节能 80% 以上；可连续使用 10 万小时，比普通白炽灯泡长 100 倍；LED 按颜色分有红、橙、黄、绿、蓝、紫、白等多种颜色；按亮度分有普亮、高亮、超高亮等，同种芯片在不同的封装方式下亮度也不相同。

10. 新型照明光源

（1）模拟阳光的灯

一种与阳光一样的人工照明光源——分子弧光灯。它靠电弧通过氯化锡分子雾化而发光，可相当均匀地让所有颜色发出的连续光谱成为可见光。这种灯的寿命约 5000h，可用于井下作业，以改善矿工的工作条件。

（2）热感应灯

一种对热源有感应的灯。在漆黑的晚上，人踏入房间，这种灯感应到人体的温度，便会自动亮起来。这种热感应灯不仅使用方便，而且可以防盗。比如夜晚窃贼进入房中，感应灯会突然发亮。

（3）节电冷光灯

节电冷光灯的表面玻璃镀有一层银膜，银膜上又镀一层二氧化钛膜。这两层膜结合在一起，可把红外线反射回去加热灯丝，而让可见光透过，从而大大减少热损耗。一只 100W 的这种灯泡的耗电量，只相当于 40W 普通白炽灯。

（4）塑料荧光灯

在透明塑料中加入荧光化合物制成塑料管，在管的内侧涂上荧光涂料，同时在管的外侧使之发生等离子体聚合反应，形成一层特殊的薄膜，然后制成塑料荧光灯。与传统的玻璃管荧光灯相比，塑料荧光灯具有重量轻、不易碎、节电等优点。

（5）无极灯

一种不用灯丝或电极的新型灯。该灯与传统的白炽灯或荧光灯需要灯丝和电极截然不同，是在灯泡玻璃内表涂上荧光粉，用一个高频的感应系统来激发其内部的水银蒸汽放电，产生出大量紫外线后，再照射到荧光粉上，从而使灯泡发光。由于灯内没有易损部件，因而使用寿命长达 6 万小时，而且比普通白炽灯节电 3/4，适用于更换灯泡困难的地方，如高空、水下等。

（6）磁性灯

这种灯的构造简单，底座是一块金属盘。在与之配套的电源灯上有两个嵌在塑料包里的磁体，当磁体将灯座吸定后，电流便通过这两个磁体间灯的两极送电，从而使灯发光。使用这种灯方便、安全，只要用一只手就可以毫不费力地把它安装到电源上去，而且绝无触电的危险。

（7）微波灯

一种直径仅几厘米的小型灯泡。没有灯丝、电极，外面也没有电路相连，利用微波使灯泡的硫黄蒸汽加热而发出亮光，具有很高的照明度，约为普通白炽灯的 150 倍。

（8）光纤照明

光纤照明是近年来新发展起来的一门新照明技术，一是装饰性强，通过光纤输出的光，不仅明暗可调，而且颜色可变，是动态夜景照明相当理想的方法；二是安全，光纤本身只导光不导电，不怕水、不易破损，而且体积小、柔软可弯曲，是一种十分安全的变色发光塑料条，可以安全地用在高温、低温、高湿度、水下、露天等场所。在博物馆照明中，可以免除光线中的红外线和紫外线对展品的损伤，在具有火险、爆炸性气体和蒸汽场所，它是一个安全的照明方式。

（二）光源应用

1. 照明光源适用场所

在园林景观照明中，光源一般宜选用白炽灯、荧光灯以及其他气体放电光源，从节能的角度而言，气体放电光源和 LED 灯是当前推广应用的主要产品。但是在因光源的频闪效应而影响到视觉效果的场合，就不宜采用气体放电光源。一般情况下，在振动较大的场所宜采用荧光高压汞灯或高压钠灯。在有高挂条件又需要大面积照明的场所，宜采用金属卤化物灯、高压钠灯或长弧氙灯。园林中常用照明电光源基本特性及适用场所见表 7-1-1。

园林中常用照明电光源基本特性及适用场所 表 7-1-1

光源种类	光效（lm/W）	显色指数（Ra）	频闪效应	耐震性能	特征及适用场所
白炽灯	10 ~ 14	95 以上	不明显	较差	光源颜色偏黄，适用于各种场所一般照明。主要应用彩色灯泡进行装饰照明，水下灯泡用于水景装饰
卤钨灯	17 ~ 33	95 以上	不明显	差	适用于广场、体育场、建筑物等照明。管状卤钨灯用于泛光照明，单端卤钨灯可做聚光照明

续表

光源种类	光效（lm/W）	显色指数(Ra)	频闪效应	耐震性能	特征及适用场所
荧光灯	60 ~ 80	70 ~ 95	明显	较好	光谱接近日光，适于做庭园照明的光源，不适于范围广阔的照明
高压汞灯	55 ~ 60	30 ~ 40	明显	好	用于广场照明及对树木植物的投光照明。光源颜色淡蓝、绿色，尤其适合植物照明。由于寿命长，维修容易，有40W到2000W的，可以适合不同的光照要求
金属卤化物灯	60 ~ 90	60 ~ 95	明显	好	效率高，显色性好，主要可用于广场、道路、体育场照明，以及用于显色要求较高的聚光灯照明等方面。没有低瓦数的灯，使用范围有限
高压钠灯	85 ~ 120	16 ~ 30	很明显	较好	广泛用于道路、园林绿地、广场、车站等处大面积照明。但显色性差，偏黄、红色，不能反映绿色，适用于暖色建筑物的投光照明，不适合植物照明
低压钠灯	140 ~ 180	单色光	很明显	较好	用于特殊的光照场合，如黄色、橙色表面照明及轮廓照明
氙灯	100 ~ 120	90 ~ 94	明显	好	能瞬时点燃，耐低温也耐高温，耐震。特别适用于做大面积场所的照明，有小太阳之称。球形超高压氙灯可用于聚光照明
LED灯	60 ~ 80	85以上	明显	好	环保绿色光源，适于多种场合照明
光纤	150 ~ 250	较高	不明显	好	光带直接发光，用于水景照明及建筑物等的轮廓勾勒

光源应根据环境照明的要求选择合适的照度，因而要选配合适功率的光源，常见园灯合适的光源与功率见表7-1-2。

常见园灯合适光源与功率　　表7-1-2

园灯	柱顶灯	车行道灯	小区路灯	草坪灯	泛光灯	埋地灯
光源	节能灯	节能灯	节能灯	节能灯	金属卤化物灯	节能灯
功率	18 ~ 22W	（3 ~ 4）×45W	（3 ~ 4）×18W	13W	70 ~ 150W	7W

2. 光源的色调应用

（1）光源的色温与显色性

光色有两方面的含义：一是人眼直接观察光源时所看到的颜色，即光源的色表；二是指光源的光照射在物体上所产生的客观效果，即显色性。

光源的色表又称为色温，色温是以绝对温度来表示，是将一标准黑体如铁加热，温度升至某一程度时，颜色开始由深红→浅红→橙黄白→蓝白→蓝变化，当光源的光色与黑体相同时，我们将当时的温度称为该光源的色温。色温在3000K以下时，开始有偏红的现象，给人一种温暖的感觉；色温超过5000K时，颜色则偏向蓝光，给人一种冷清的感觉。南方较适合色温在4000K以上，而北方人通常比较喜欢4000K以下的色温。如果人工照明需要结合天然采光时，应使照明光源与天然光相协调，常选用色温在4000 ~ 4500K的荧光灯或其他气体放电光源。

显色性是与光源密切相关的一个技术指标。光源对物体颜色呈现的程度称为显色性，也就是颜色的逼真程度，显色性高的光源对颜色的再现较好，我们所看到的颜色也就较接近自然原色，显色性低的光源对颜色的再现较差，我们所看到的颜色偏差也较大。例如，钠灯发出的光主要是黄光，当黄光照在蓝布上时，蓝布将黄光吸收。虽然蓝布能反射蓝光，但钠灯发出的光中基本没有蓝光，因此在钠灯的照射下蓝布无光反射，就基本上变成了黑布。而钨丝灯的光谱能量分布是连续的，各种颜色都有，因此有较好的显色性。

显色又分为两种：忠实显色和效果显色。

忠实显色能正确表现物质本来的颜色，需使用显色指数（Ra）高的光源，其数值接近100，显色性最好。需要色彩精确对比的场所，Ra 应达 90 ~ 100；需要色彩正确判断的场所，Ra 应达 80 ~ 89；需要中等显色性的场所，Ra 应达 60 ~ 79；对显色性的要求较低、色差较小的场所，Ra 可以是 40 ~ 59；对显色性无具体要求的场所，Ra 在 20 ~ 39。

效果显色要鲜明地强调特定色彩，可以利用加色法来加强显色效果。采用低色温光源照射，能使红色更鲜艳；采用中色温光源照射，使蓝色具有清凉感；采用高色温光源照射，使物体有冷的感觉。但是，显色性并不总是选择灯具时最重要的因素。例如园路主要使用钠灯进行照明，这种灯的能效比高，使用寿命长，这两个优点比它不太美观的橘红色灯光显得更为重要。

光源的色温与显色性之间并没有必然的联系，相同色温的各光源之间的显色性差别可能很大，相同显色性的各光源之间的色温差别也可能很大。

（2）光色效果

人们所看到的光的颜色称为色表，用色温来表示，而通俗来说一般称之为色调。部分光源的色调见表 7-1-3。

部分光源的色调表　　表 7-1-3

照明光源	光源色调
白炽灯、卤钨灯	偏红色光
日光色荧光灯	与太阳光相似的白色光
高压钠灯	金黄色、红色成分偏多，蓝色成分不足
荧光高压汞灯	淡蓝–绿色光，缺乏红色成分
金属卤化物灯	接近日光的白色光
氙灯	非常接近日光的白色光

不同颜色的光照在同一物体上面，会产生不同的视觉心理效果。“暖色光”——红、橙、黄、棕色给人以温暖的感觉，而“冷色光”——蓝、青、绿、紫色则给人以寒冷的感觉。光源发出的光色直接影响人们的心情，一般红色、橙色有兴奋作用，而紫色则有抑制作用，这是光源的颜色特性。在园林景观中应尽力运用这种光的颜色特性来创造一个优美有情趣的主题环境。如白炽灯用在绿地、花坛、花径照明，能加重暖色，使之看上去更鲜艳。喷泉中，用各色白炽灯组成水下灯，和喷泉的水柱一起，在夜色下可构成各种光怪陆离、虚幻缥缈的效果。而高压钠灯等所发出的光线穿透能力强，在园林中常用于滨水沿岸、高山景区等水雾、云雾多的地段照明。

运用景物与背景之间适当的色调对比可以在视野内突出主体对象，提高识别能力。但这种色调对比不宜过分强烈，以免引起视觉疲劳。不同光源色调还可产生不同的照明效果：①暖色是前进色，利用暖色照明能使人感觉景物距离变近；而冷色是后退色，冷色照明则会拉远景物距离。②在同一色调中，暗色好似重些，明色好似轻些，明快的照明会使景观空间轻松活泼，让人心情愉悦。

四、灯具的选择

灯具的作用是固定光源，把光源发出的光通量分配到需要的方向，防止光源引起的眩光以及保护光源不受外力及外界潮湿气体的影响等。在园林中灯具的选择除了考虑便于安装维护外，还要考虑灯具的外形与周围环境的整体风格相协调统一，使灯具能为园林景观增色。

（一）灯具分类

1. 灯具按结构分类

灯具按结构形态可分为开启型、闭合型、密封型和防爆型等。

（1）开启型：光源与外界空间直接相通，没有包合物。

（2）闭合型：具有闭合的透光罩，但灯罩内外可以自然通气。

（3）密封型：透光罩接合处严密封闭，但灯罩内外空气严密隔绝，如防水防尘灯具。

（4）防爆型：透光罩及接合处加高强度支撑物，可承受要求的压力。

2. 按照光通量的分布分类

灯具按照光通量在空间上下半球的分布可分为直射型灯具、半直射型灯具、漫射型灯具、半反射型灯具、反射型灯具等。

（1）直射型：90%以上的光通量向下直接照射，效率高，但灯具上半部几乎没有光通量，方向性强导致阴影较浓。按配光曲线分为五种：广照型、均匀照型、配照型、深照型、特深照型。

（2）半直射型：这类灯具大部分光通量（60% ~ 90%）射向下半球空间，少部分射向上方，射向上方的分量将减少照明环境所产生阴影的硬度并改善其各表面的亮度比。

（3）漫射型（包括水平方向光线很少的直射–反射型）：灯具向上向下的光通量几乎相同（各占 40% ~ 60%）。最常见的是乳白玻璃球形灯罩，其他各种形状漫射透光的封闭灯罩也有类似的配光。这种灯具将光线均匀地投向四面八方，因此光通利用率较低。

（4）半反射型：灯具向下光通量占 10% ~ 40%，它的向下分量往往只用来产生与天棚相称的亮度，此分量过多或分配不适当也会产生直射或反射眩光等一些缺陷。上面敞口的半透明罩属于这一类。它们主要作为建筑装饰照明，由于大部分光线投向顶棚和上部墙面，增加了室内的间接光，光线更为柔和宜人。

（5）反射型：灯具的小部分光通量（10%以下）向下。设计得好时，全部天棚成为一个照明光源，达到柔和无阴影的照明效果，由于灯具向下光通量很少，只要布置合理，直射眩光与反射眩光都很小。此类灯具的光通量利用率比前面四种都低。

3. 灯具按使用目的分类

灯具按使用目的可分为功能性灯具和装饰性灯具。

（1）功能性灯具：以提高效率、降低眩光影响、保护光源不受损伤为主要目的，同时也起到一定的节能和装饰效果。

（2）装饰性灯具：一般采用装饰部件围绕光源组合而成，它的主要作用是美化环境、烘托气氛，故灯具造型、色泽放在首位考虑，适当的兼顾效率和限制眩光等要求。

无论是功能性灯具还是装饰性灯具，首先考虑其安全性，如光源的保护、灯体的机械强度、灯具及表层处理的防护等级、电器性能指标、工作温度要求及标志要求等。

（二）灯具选择

景观照明设计中，灯具样式的选择非常重要。园灯的形式、色彩多种多样，不同的地方、不同的照明目的选择的园灯都是不同的。灯具应根据使用环境条件、场地用途、光强分布、眩光控制等方面要求进行选择，应选用配光合理、高效率、维护检修方便的灯具。

1. 适应园灯布置环境

根据园灯布置环境，选择灯具时要求如下：（1）在正常环境中，宜选用开启式灯具，不宜采用带漫射透光罩的包合式灯具和装有格栅的灯具，它们使灯具的光输出下降，降低灯具光效率，从而使用电量增加；（2）在潮湿或特别潮湿的场所可选用密闭型防水灯或带防水密封式灯具；（3）可按光强分布特性选择灯具。光强分布特性常用配光曲线表示。如灯具安装高度在 6m 以下时，可采用广照型、均匀配光型、配照型灯具；安装高度在 6 ~ 15m 时，可采用深照型与特深照型灯具；当灯具上方有需要观察的对象时，可采用漫射型灯具；对于大面积的绿地，可采用投光灯、高光强灯具。

2. 提高灯光效率

灯具类型不同，其光效率也是不同的。通常在满足眩光限制要求的条件下，应优先选用开启式直射型照明灯具，灯光直接照射，光效最高。另外，灯具要求反射罩具有高的反射比，并要求具有高光通量维持率。灯具在使用过程中，由于灯具中光源的光通量随着光源点燃时间的增长，而其发出的光通量在下降，同时灯具的反射面由于受到尘土和污渍的污染，其反射比在下降，从而导致反射光通量的下降，这两方面都使灯具的效率降低，使其发出的光通量较初始光通量减少，造成能源的浪费。为了提高灯具的光通量维持率，一般采取如下的措施：在灯具的反射罩和保护罩上用石英玻璃涂膜，或者在灯具上专设小通气孔，孔中安装活性炭过滤器，吸收外部的赃物，减少灯具的尘土污染，提高灯具的光通量维持率。

合理的灯具配光可使光的利用率提高，达到最大节能的效果。要求场地上的照度均匀，光线的射向适当，一般应无眩光、无阴影。

五、园林照明特色

（一）园林照明布置原则

公园、绿地的室外照明环境复杂、用途各异，因而难以硬性规定，仅提出以下一般原则供参考：

（1）照明不要泛泛设置，应根据景观效果选择重点照明树木和花卉、水体及建筑小品。照明不仅要满足光线需要，而且还应结合园林景观的特点，以能最充分体现其在灯光下的景观效果为原则来布置照明措施。

（2）灯光的方向和颜色选择，应以能增加树木、灌木和花卉的美观为前提，根据各种树木及花卉的个体特点进行合理布置。从灯光的方向而言，上射照明的光线从下而上照亮植物，具有很强烈的景观照明效果；下射照明的光自上而下对植物进行照明，可以增强树叶的自然表现力，光从树叶之间透出来，在草地或者道路上洒下斑驳的光影，营造在月光下赏景的效果；投射照明将灯具设置在与树木有一定距离的草坪或者花带中对树冠投光，利于显现树木轮廓。从灯光的颜色来看，白炽灯、卤钨灯能增加红、黄色花卉的色彩，使它们显得更加鲜艳；高压汞灯为蓝绿色光，可使树木和草坪的绿色更为鲜艳。

（3）对于水面、水景照明景观的处理上，如以直射光照在水面上，对水面上本身作用不大，但却能反映其附近被灯光所照亮的小桥、树木或园林建筑，呈现出波光粼粼的样子，有一种梦幻似的意境。瀑布和喷水池可用照明处理得很美观，不过灯光需透过流水以造成水柱的晶莹剔透、闪闪发光。所以，无论是在喷水的四周，还是在小瀑布流入水池的地方，均宜将灯光置于水面之下。进行水景的色彩照明时，常使用红、蓝、黄三原色，其次使用绿色。

（4）对于公园和绿地的主要园路，宜采用低功率的路灯装在 3 ~ 5m 高的灯柱上，柱距 20 ~ 40m，效果较好，也可每柱两灯，需要提高照度时，两灯齐明，也可隔柱设置开关控制灯以调整照明。

（5）在设计公园、绿地园路照明灯时，要注意路旁树木对道路照明的影响，可以适当减少灯间距，加大光源的功率，也可以根据树形或树木高度不同，安装照明灯具时，采用较长的灯具悬臂，以使灯具突出树缘外，或通过改变灯具的悬挂方式等以弥补光损失。

（6）无论白天或夜间，照明设备均需隐藏在视线之外，线路最好全部敷设于埋入地下的电缆线路。

（7）彩色装饰灯可创造节日气氛，特别反映在水中更为美丽，但是这种装饰灯光不易获得一种宁静、安详的气氛，也难以表现出大自然的壮观景象，只能有限度地使用。

对树木照明应考虑以下因素：

（1）根据树木的形状布灯，照明与树的整体及景观主题相适应。

（2）用灯光照亮周边树木的顶部可增加景观的深远感，同时根据树和灌木丛的高度分层次照明，增加深度感和层次感。

（3）根据树叶的颜色选择使用光源，同时要注意颜色和外观的季相变化。

（4）设计树丛照明时，要注意整体的颜色和形状，一般不考虑个别树的形状，除非近距离观赏的对象。

（5）考虑观赏对象的位置，避免眩光。

（二）园林灯景观特色

1. 路灯的景观特色

在园林景观中路灯一般是随着道路的延伸和游览区域的伸展分布的，要求园灯在空间的布局上必须有特定的形式，所以路灯同时具备引导功能。比如灯的外形和位置以及距离会形成很强的秩序性和方向感。

低位灯柱一般使用在亲切而温馨的环境中，造型一般以小巧为主，其间距较小；位于道路一侧的步行道路灯，为了便于游人观赏景物，高度宜适中，造型也应有特色；停车场空间开阔，照明所选择的灯柱较高，同时使用较强的光源提供足够的照明；园林中的主干道路一般较为宽广大气，与其匹配的路灯灯柱也较高，灯具造型简洁大方。

2. 庭院灯的景观特色

庭院灯在不同环境的景观运用中所需要选择的园灯照度也不同。如庭院中的灯光应随着所处环境的不同而改变，在安静的小路和走廊要求灯光轻松、柔和。而在夜间活动频繁的地方则需选择较为明亮的灯光，景观中的灯光照明要做到整体统一布局，才能使园林整体的灯光既有起伏又均匀，具有色彩上明暗交替的艺术效果。

3. 草坪灯的景观特色

不同类型的草坪灯对景观效果有不同的影响。欧式草坪灯的表现形式比较抽象，以欧式艺术元素为理念进行设计，比较适用于具有欧式风格的园林；而现代草坪灯，大多采用简约、现代的风格进行设计，相比较而言，价格适中、易安装，适用范围广；景观草坪灯造型丰富多样，本身作为一种工艺品元素，以庭院的装饰为主要目的，照明功能倒是次要的，适合园林观赏区，价格较贵。

4. 泛光灯的景观特色

泛光照明是为了使室外的展示物或者是场地比周围环境显得更明亮的照明，一般是在夜晚的时候凸显展示物的照明方式。泛光照明的效果既可以显现出场景的全貌，还能够展现出主体景物的造型以及其饰面颜色和材料质感等等，甚至可以有效地表现出装饰的细节处理，但是会吸引益虫和益鸟直接扑向灯光而丧命。

根据灯具安放位置的不同，泛光照明主要有两种照明方式：①上射照明。上射照明的灯光是从下向上照射，与白天日光的照射方向完全相反，容易吸引人的注意力。上射照明的灯具要设置在隐蔽的地方或者加装隐蔽设施，以免产生的眩光分散人的注意力，影响照明对象的观赏效果。②下射照明。在建筑或树木等上部放置灯具，灯光由上向下进行照明，既可突出其下的表面或某一特征，又能提供一般安全照明和外观照明，还能与采用上射照明的其他特征形成对比。

泛光灯另一种照明方式为月光照明，月光照明是室外空间照明中最自然的一种方式，一般选用颜色较为自然的灯具进行照明。将灯具安装在树上合适的位置，同时向上下两方面照射，模仿自然月光透过枝叶投射到地面的光影形式，这样可以产生一种月影斑斓的效果，创造出非常浪漫的氛围，同时月光照明吸引昆虫量较少，达到生机勃勃的效果。

5. 地埋灯的景观特色

最适宜广场铺装或池底、硬质路面、木板、草坪等工作环境。若埋地灯周围无落叶覆盖、无蔓爬类植物、无低矮灌木，它将工作良好。

第二节　供电导线

随着国民经济的发展和科学技术水平的提高，电线电缆产品（供电导线）的材料也在不断地发生改变，由最初的黏性油浸纸绝缘电缆，逐渐转变成交联聚乙烯绝缘电缆，伴随着有机材料和高分子材料的发展和应用，橡胶电缆和塑料电缆已经成为当今的首选。并且由于环境、用途、场合的不同，选择和使用电线电缆产品的类型也应该遵循相应的原则。这就要求我们准确熟知每一种电缆的适用范围、功能特点和操作使用注意要点。下文将详细介绍几种电线电缆产品的特点和应用。

一、电线与电缆

电缆和电线是经常一起出现的名词，并没有严格的定义来区分它们。一般认为：电线由一根或几根柔软的导体组成，外面包以轻软简单的保护层；电缆由一根或几根具备绝缘的芯线组成，外面再包以橡皮混合物或其他材料的外保护层。简单地说，电线只有绝缘层，结构简单，使用时可以与不同的电线进行组合；电缆除了绝缘层之外，还有护套层，芯数由成品电缆决定。

（一）电线电缆的分类

按股数分：单股、多股。

按导体材料分：铜线、铝线。铜材的导电率高，载流量相同时，铝线芯截面约为铜的 1.5

倍。铜材的机械性能优于铝材，延展性好，便于加工和安装。抗疲劳强度约为铝材的 1.7 倍。固定敷设用的布电线一般采用铜线芯。

按绝缘材料分：橡皮绝缘线、聚氯乙烯塑料绝缘线和交联聚乙烯绝缘电线。

（二）常见电线电缆产品特性

1. 普通电线电缆

指一般常用的电线电缆，即指无阻燃、无耐火性能要求的电线电缆，用于普通设备线路穿管暗敷。普通电线电缆有：

（1）聚氯乙烯（PVC）绝缘电线电缆

《定额电压 450/750V 及以下聚氯乙烯绝缘电缆》GB/T 5023.1—2008 标准中规定聚氯乙烯绝缘电线电缆的线芯长期允许工作温度为 90 型 90℃，其他型号 70℃。

由于聚氯乙烯材料具有绝缘性能好、柔软易加工、价格低廉、制造工艺简便、没有敷设高差限制、重量轻、弯曲性能好、接头制作简便、耐油、耐酸碱腐蚀、不延燃、价格便宜的优点，温度使用范围为 −15 ~ 60℃，但其对气候适应性差、低温时变硬、发脆的特点，不适宜在 −15℃以下的环境温度下使用，当敷设时的温度低于 0℃时，宜先对电线电缆加热。

普通型聚氯乙烯绝缘电缆虽然有一定的阻燃性能，但在燃烧时会散发出大量的有毒烟气。故对于在一旦燃烧时需满足低烟、低毒要求的场合，如地下商业区、高层建筑和特殊重要公共设施等人员较密集的场所，或者重要性较高的厂房，不宜采用聚氯乙烯绝缘或者聚氯乙烯护套电缆，而应采用低烟、低卤或无卤的阻燃电缆。

（2）交联聚乙烯（XLPE）绝缘电线电缆

《挤包绝缘电力电缆及附件》GB/T12706.1—2008 标准中规定交联聚乙烯绝缘电线电缆的线芯长期允许工作温度为 90℃。

交联聚乙烯绝缘聚氯乙烯护套电力电缆，由于具有性能优良、结构简单、制造方便、外径小、重量轻、载流量大、敷设方便、不受高差限制、做终端和中间接头较简便的特点，同时由于交联聚乙烯材料轻，故电缆价格与聚氯乙烯绝缘电缆相差有限，因此低压交联聚乙烯绝缘电缆有较好的市场前景。普通型交联聚乙烯绝缘材料不含卤素，因此它不具备阻燃性能，但是燃烧时也不会产生卤素有毒气体。交联聚乙烯材料对紫外线照射较敏感，因此通常采用聚氯乙烯做外护套材料。在露天环境下长期强烈阳光照射下的电缆应采用覆盖遮阴的措施。交联聚乙烯绝缘聚氯乙烯护套电缆还可以敷设于水下，但应具有高密度聚乙烯防水层的构造。

（3）橡皮绝缘电线电缆

《额定电压 450/750V 及以下橡皮绝缘电缆》GB/T5013.1—2008 标准中规定橡皮绝缘电线电缆的线芯长期允许工作温度为 65℃。

橡皮绝缘电缆的弯曲性能较好，能够在严寒气候下敷设，特别适用于水平高差大和垂直敷设的场合。它不仅适用于固定敷设的线路，也可用于定期移动的固定敷设线路。移动式电气设备的供电回路应采用橡皮绝缘橡皮护套软电缆（简称橡套软电缆）；有屏蔽要求的回路，供电电缆应具有分相屏蔽。

2. 防火电缆

目前，电缆行业习惯将阻燃电缆、低卤低烟或无卤低烟阻燃电缆、耐火电缆等具有一定防火性能的电缆统称为防火电缆。这些电缆由于制造技术、性能特性的不同，应用的范围也不同。

（三）常见电线电缆产品型号、名称和应用

了解每一种电缆材料的特性是正确选择和使用电缆的前提，将合适的电缆材料用在适合的场合，是电线电缆产品工作者的首要任务。常用电线和电缆的特性如下：

（1）BV 聚氯乙烯绝缘线。允许长期工作温度为 65℃，电线绝缘性能良好，对气候适应性较差，低温时变硬发脆，高温或日光照射下增塑剂容易挥发使绝缘老化加快。

（2）VV 聚氯乙烯绝缘和护套电力电缆。电缆导体允许长期工作温度为 70℃，短路时（最长持续时间不超过 5s）电缆导体的最高温度不超过 160℃，敷设电缆时的环境温度不低于 0℃，最小弯曲半径应不小于电缆外径的 10 倍。

（3）YJV 交联聚乙烯绝缘电力电缆。除具有聚氯乙烯绝缘和护套电力电缆特性外，还具有外径小、重量轻、载流量大、敷设方便等特点，除不受高差限制外，其终端和接头也较方便。

（4）NH-VV 聚氯乙烯绝缘和护套耐火电力电缆。除具有聚氯乙烯绝缘和护套电力电缆特性外，在额定电压 0.6/1kV 及以下和 800℃以下的火焰燃烧中可维持 90min 的正常运行。

（5）DYDL-BV、DYWL-ZR-VV、DYDL-ZR-VV 低烟无（低）卤阻燃、耐火电线和电缆。除具有聚氯乙烯绝缘和护套电力电缆特性外，在火焰燃烧情况下产生少量烟雾，释放的气体不含卤（低卤）元素，无毒（低毒），当火灾发生时能大大减少对仪器、设备和人体的危害。

（6）ZR-BV、ZR-VV 阻燃电线和电缆。除具有聚氯乙烯绝缘和护套电力电缆特性外，阻燃电线和电缆主要用氧指数和发烟性两项指标来评定。由于空气中氧气占 21%，因此对于氧指数超过 21% 的材料在空气中会自熄，材料的氧指数越高则阻燃性越好。

（7）RV 铜芯软线。供交流 250V 及以下或直流 500V 及以下各种电器、仪表、电信设备自动化装置接线用。RVB、RVS、RVV 型可用于交流 250V 及以下的照明家用电器的电源接线。阻燃型软线用于上述有阻燃要求的场合。耐热软线用于高温 105℃使用场合。

常用绝缘电线电缆的型号、名称及主要用途见表 7-2-1 。

常用绝缘电线电缆的型号、名称及主要用途　　表 7-2-1

型号		名称	主要用途
铜芯	铝芯		
BVR		聚氯乙烯绝缘软电线	用于交流 500V 及以下或直流 1000V 及以下的电器设备及电气线路，可明敷、暗敷，不宜用于户外，护套线可以直接埋地。软电线可在安装要求柔软时使用
BV	BLV	聚氯乙烯绝缘电线	
BVV（圆形）	BLVV（圆形）	聚氯乙烯绝缘和护套电线	
BVVB（平形）	BLVVB（平形）		
VV	VLV	聚氯乙烯绝缘和护套电力电缆	敷设在室内、隧道内及管道内，不能承受机械外力作用
YJV	YJLV	交联聚乙烯绝缘聚氯乙烯护套电力电缆	敷设在室内、沟道中及管子内，也可埋设在土壤中，不能承受机械外力作用，但可承受一定的敷设牵引力
ZR-YJV	ZR-YJLV	交联聚乙烯绝缘聚氯乙烯护套阻燃电力电缆	高层建筑、地铁、地下隧道、核电站、火电站等场所
NH-VV		聚氯乙烯绝缘和护套耐火电力电缆	照明、电梯、消防、报警系统应急供电回路以及地铁、核电站等与防火安全和消防救火有关的场所

续表

型号		名称	主要用途
铜芯	铝芯		
DYDL-ZR-VV	DYDL-ZR-VLV	聚氯乙烯绝缘和护套低烟低卤阻燃电力电缆	高层建筑、地铁、船舶等人员密集、空间密闭的场所
BX	BLX	500V 橡皮绝缘电线	室内架空或穿管敷设，交流 500V 及直流 1000V 以下
BXF	BLXF	氯丁橡皮绝缘电线	固定敷设用，可明敷、暗敷，尤其适用于户外
BXR		橡皮绝缘软线	室内安装，要求较柔软时用
RXS		橡皮绝缘双绞软电线	室内干燥场所日用电器用
RX		橡皮绝缘圆形软电线	
RV		聚氯乙烯绝缘软电线	日用电器、无线电设备和照明灯头接线

注：表中字母B表示布电线。线芯材料代号：铜芯电线（一般不标注）T、铝芯电线 L；绝缘种类代号：聚氯乙烯绝缘V、橡胶绝缘X、氯丁橡胶绝缘XF、聚乙烯绝缘Y；护套代号：聚氯乙烯套V、聚乙烯套Y；其他特征绝缘电线：平型B、双绞线S、软线R。如BVV表示聚氯乙烯绝缘、聚氯乙烯护套、铜芯（硬）布电线。

二、电线电缆产品选择

（一）选择电缆遵循的原则

（1）安全性原则。充分考虑环境、用途，保证材料使用的安全性。在安全性要求较高的场所，多采用耐火、阻燃、无毒的电缆。

（2）可操作原则。选择电缆时，应该考虑操作的难易程度，如质量较大的电缆不适宜高空架设，柔软性不好的电缆不能用于弯角太大的铺设等。

（3）经济性原则。选择电缆时，在保证安全性、可操作性的前提下，选择性价比较高的电缆，有利于节约型社会的建立。优先采用铝芯电线，尽量采用塑料绝缘电线，在要求较高的场合，则采用铜芯线。

（4）科学性原则。对于电缆的截面选择，要经过精确的计算并且要加以多次验证，明确其发热量和电压损失量，进而选择合适的截面。

（二）选择电缆需要考虑的要素

（1）选择电缆供应商时，应当首选企业管理规范、质量控制体系完整的大型厂商，只有这样才能从原材料、工艺、设备、技术、环境、运输等各个方面保证电缆的质量，同时大型厂商能够强力保证货源，完善售前、售中、售后各种服务。这是高质量完成工作的前提。

（2）选择电缆时要充分考虑系统负荷和截面载流量。一方面要精确计算正常情况下负荷载流量，另一方面要考虑短路、温差、老化、日照等因素的影响，然后定期加以矫正。

（3）使用环境的考虑。这里的环境包括地理环境、气候条件、化学环境、物理环境和其他环境。地理环境是指各种丛林沼泽；气候条件是指温差、日照、紫外线等；化学环境是指酸、碱、矿物油、植物油、化学药品等；物理环境是指耐热性能、高温落差等；其他环境是指白蚁、鼠灾等。

（4）选择和使用电缆时要考虑其可操作性和使用要求。可操作性就是要考虑到电缆铺设时的弯曲度、张力、拉力和侧压力等。在震动剧烈的地区要使用铜芯电缆，低电压条件下使用 PVC 绝缘电缆，高电压条件下多使用 EPR 绝缘电缆。要将铺设的条件、使用的性能充分结合起来。

（5）选择和使用电缆时要充分考虑热性参数和使用年限。例如：PVC 使用上限为 70℃、XLPE 使用上限为 90℃、EPR 使用上限是 90℃等，并且使用温度越高，寿命越短。

第三节　控制设备

一、园林照明控制方式

良好的控制系统，不仅能增强供电工程的艺术表现力，还可以提高管理水平、降低管理人员劳动强度、有效节约能源。控制方式应灵活，并具有手动、自动控制方式，大型照明工程还应具有智能控制方式，满足平日、节日、重大节日灯光组合变化的要求。

供电工程中常用的控制方式主要有如下三种：

1. 手动控制方式

靠配电回路的开关元件来实现，主要应用在小型非重要的供电工程。其特点是投资少、线路简单、开关灯均需人工操作、灯光变化单调、不利节电。

2. 自动控制方式

主要应用在大中型供电工程及要求有灯光变化的供电工程。其特点是开关灯无须人工操作，一次可完成自动控制程序所设定的灯光场景，可实现灯光定时开启控制、灯光变化控制、节能控制，通常采用照度控制、时间控制、简单程序控制等方式。

3. 智能控制方式

应用计算机技术和通信网络技术，一次投资较大，主要应用在大中型和重要的照明工程。目前，产品和控制方式的组合较多，传输方式有无线、有线和有线无线混合三种基本形式，设计时应根据工程的实际情况选择。

二、自动控制设备

智能控制系统在照明节能中发挥着很大的作用。在园林景观照明中，传统的自动照明控制方式是通过使用时间控制器来实现配电回路接触器的自动控制，目前应用最广泛的是经纬度控制与 GPRS 无线远程监控两种智能照明控制模式，它们各有各的优点。在设计中，要根据具体工程的大小和工程造价的高低来选择适合的照明控制系统，以便达到节能的最佳效果。下面介绍这三种自动控制设备。

1. 时间控制器

传统的园林景观照明控制都是通过使用时间控制器来实现配电回路接触器的自动控制，其缺点是时间控制器自身不能支持不同季节、地域、节假日和工作日的灵活设置，仍需依赖人工手动调节，此外还存在对设备启停时间的控制误差较大、检修时要通过转换开关等问题。出于对这些问题以及节能因素的考虑，时间控制器在现在的电气设计中已经逐渐被淘汰。

2. 经纬度控制仪

经纬度控制仪是近年来新出现的一种智能时间控制器，与传统的时间控制器相比，有着独特的优势。它以微电脑（单片机）构成智能控制单元，由时钟芯片提供控制基准；根据所在地经纬度自动计算出当地每一天的天黑、天亮时间，并能够随季节变化逐日自动调整；可用于庭院灯、广告灯、户外装饰灯等户外照明电器的全自动开关控制；计时误差小于5min/年。除了由软件精确计算出当日的开灯时间和第二天的关灯时间外，经纬度控制系统也支持用户不按照经纬度计算的结果，自行设定开关灯时间。系统可支持自动开灯、自动关灯，自动开灯、手动关灯，手动开灯、自动关灯，以及手动开灯、手动关灯四种控制模式。与GPRS无线景观灯远程监控系统相比，经纬度控制仪体积小、价格便宜，但不具备网络控制功能，不利于实现对各种灯具和设备的集中控制，适用于面积小、工程造价低的公园。

经纬度控制系统的主要优点是：

（1）开关灯时间可根据每日不同的天黑、天亮时间，随季节逐日自动调整。

（2）技术含量较高、可靠性高、功能强大，一般有多种模式供用户选择，可实现优化控制，大量节约电能。

3.GPRS无线景观灯远程监控系统

GPRS无线景观灯远程监控系统是由先进的GPRS无线通信网络、计算机信息管理系统及智能照明控制设备等组成的分布式无线“三遥”（遥测、遥控、遥信）系统。该系统可以对大范围内的景观照明设备遥控开、关，遥信设备状态，遥测电流、电压、用电功率，还可以根据对所测数据的分析来判断照明配电设备运行有无故障，对线路缺相、回路接地、白天亮灯、夜晚熄灯等异常情况进行报警处理，并能通过短信及时通知相关管理人员。适合于面积大、工程造价高的公园，有利于管理人员对公园内的景观和功能性照明、远距离水泵（启停）和公园内建筑物立面照明的集中控制和日常维护。

GPRS无线景观灯远程监控系统的主要优点是：

（1）采用时控法控制方式进行照明控制时，可实现预约控制和分时控制；可设置多套时间方案以实现对每一个回路灵活控制；可预设多种时间控制模式，包括平日模式、节假日模式和重大节假日模式。

（2）具有设备分组功能，可按区域对设备进行分组，从而实现分组控制。

（3）具有健全的报警处理机制，报警内容包括白天亮灯、晚上熄灯、配电箱异常开门、线路缺相、电路断路、线路停电和电压越限、电流越限等；当报警发生时，系统可及时向指定手机用户发送报警信息。

（4）控制途径方便。支持手机用户通过短信对照明设备进行开关操作；支持智能手机用户通过无线互联网接入系统进行开关灯操作和设备状态查询；支持多种组网及通信方案选择，可支持GPRS无线通信方式、以太网通信方式。

参考文献

[1] 代铮 . 装饰混凝土概述及其在景观工程中的应用 [J]. 混凝土，2009，1：122-124.

[2] 烧结普通砖 . 中华人民共和国国家标准（GB）GB 5101—2003. 中华人民共和国国家质量监督检验检疫总局，2003，04.

[3] 烧结多孔砖和多孔砌块 . 中华人民共和国国家标准（GB）GB 13544—2011. 中华人民共和国国家质量监督检验检疫总局，中国国家标准化管理委员会 2011，06.

[4] 烧结空心砖和空心砌块 . 中华人民共和国国家标准（GB）GB/T 13545—2014. 中华人民共和国国家质量监督检验检疫总局，中国国家标准化管理委员会，2014，06.

[5] 蒸压灰砂砖 . 中华人民共和国国家标准（GB）GB 11945—1999. 中华人民共和国国家质量监督检验检疫总局，1999，07.

[6] 蒸压粉煤灰砖 . 中华人民共和国建材行业标准（JC）JC/T 239—2014. 国家建筑材料工业局，2001，02.

[7] 李灵军 . 石材在园林景观中的应用 [D]. 重庆：西南大学，2007.

[8] 朱新方 . 我国天然装饰板石种类与命名己见 [J].2002，6：28-29.

[9] 侯建华 . 紫砂岩——“红桃木”被推向市场 [J]. 石材，2003，11：7.

[10] 苏婧 . 园林木材在景观营造中的艺术运用 [J]. 南京林业大学学报（人文社会科学版），2014，1：102-106.

[11] 王清文，王伟宏 . 木塑复合材料与制品 [M]. 北京：化学工业出版社，2007.

[12] 吴恬静 . 木塑复合材料在园林中的应用研究 [D]. 杭州：浙江农林大学，2010.

[13] 张雅涵 . 木构件在园林中的应用 [D]. 北京：北京林业大学，2005.

[14] 郝铭 . 天津大学建筑系馆陶瓷砖外墙饰面更新研究 [D]. 天津：天津大学，2013.

[15] 喻斐 . 现代瓷砖艺术设计及新发展 [D]. 景德镇：景德镇陶瓷学院，2008.

[16] 董国军 . 金属材料在杭州园林景观中的运用研究 [D]. 杭州：浙江农林大学，2011.

[17] 杜怡安 . 玻璃在现代园林景观中的应用 [D]. 长沙：湖南农业大学，2010.

[18] 尹殿才 . 建筑常用砌筑材料解析 [J]. 科学技术，2014，3：25.

[19] 杨静，姚新宇 . 砌筑工程常用材料及其发展 [J]. 建筑技术，2014，45（S）：14-16.

[20] 杨帆 . 石砌景观的研究 [D]. 西安：西安建筑科技大学，2012.

[21] 高蔚 . 中国传统建造的现代应用——砖石篇 [D]. 杭州：浙江大学，2008.

[22] 石灿 . 砖筑艺术在现代建筑表皮中的应用研究 [D]. 长沙：湖南大学，2012.

[23] 姚奕曦 . 砖石材料在当代建筑与景观中一体化的应用表现 [D]. 泉州：华侨大学，2015 .

[24] 陈志东 . 透空砖砌建筑表皮的表现力及其室内光影表现力研究 [D]. 广州：华南理工大学，2012.

[25] 杨晓梅 . 烧结砖在建筑中的表现力与建构技术研究 [D]. 西安：西安建筑科技大学，2005 .

[26] 黄冠南 . 砖砌建筑表皮的地域性表达方法研究 [D]. 广州：华南理工大学，2011.

[27] 蔡永东 . 土工布的应用与发展 [J]. 棉纺织技术，1999，7：399-402.

[28] 张宝森，荆学礼，何丽 . 三维植被网技术的护坡机理及应用 [J]. 中国水土保持，2001，3：32-33.

[29] 卢小明 . 土工格室在某公路炭质泥岩边坡防护中的应用 [J]. 山西建筑，2008，34（34）：295-297.

[30] 汪小建，王怡明 . 浅谈塑料盲沟的工程应用 [J]. 安徽建筑，2001，8（5）：80.

[31] 钦志强，祝卓，胡献明 . 柔性生态袋在河道生态建设中的应用 [J]. 浙江水利科技，2010，4：111-112.

[32] 冯婷，贾亚军．生态护坡技术在城市河道整治中的应用 [J]. 中国给水排水，2008，24（20）：58-60.
[33] 顾秋平，徐乃文，徐国强．生态护坡技术在生态河道建设中的应用研究 [J]. 上海水务，2008，24（9）：24-27.
[34] 汪荣勋．生态挡墙的设计和施工技术 [J]. 新型建筑材料，2005，12：12-14.
[35] 刘高鹏等．济南奥体中心山体边坡断崖面生态修复模式及效果 [J]. 中国水土保持，2010，7：26-28.
[36] 王顺强，张红娟．生态混凝土 [J]. 混凝土，2006，1：12-14.
[37] 赵维霞等．一种山区公路高边坡防治方法 [J]. 山西建筑，2007，33（16）：300-301.
[38] 吴清仁，吴善淦．生态建材与环保 [M]. 北京：化学工业出版社，2003.
[39] 张立群，崔宏环．建筑材料与施工 [M]. 北京：中国建材工业出版社，2008.
[40] （明）文震亨著．陈植校注．长物志校注 [M]. 南京：江苏科学技术出版社，1984.
[41] （明）李渔．闲情偶寄 [M]. 南京：江苏广陵古籍刻印社，1991.
[42] （宋）杜绾．云林石谱 [M]. 北京：中华书局，2012.
[43] （明）计成著．陈植注释．园冶注释 [M]. 北京：中国建工出版社，1984.
[44] 蒙士斋．现代园林塑石假山设计理论探究 [D]. 保定：河北农业大学，2011.
[45] 蔡婷婷．园林中的山石造景研究 [D]. 重庆：重庆大学，2012.
[46] 郭春华等．园林工程 [M]. 北京：化学工业出版社，2011.
[47] 孟兆祯等．园林工程 [M]. 北京：中国林业出版社，2002.
[48] 丁文铎．城市绿地喷灌 [M]. 北京：中国林业出版社，2001.
[49] 许其昌．给水排水管道工程施工及验收规范实施手册 [M]. 北京：中国建筑工业出版社，1998.
[50] 闫宝兴，程炜．水景工程 [M]. 北京：中国建筑工业出版社，2005.
[51] 王晶晶．新型给排水管道技术经济比较研究 [D]. 武汉：武汉科技大学，2005.
[52] 孙晓晶．给排水工程常用塑料管道应用及施工质量研究 [D]. 济南：山东建筑大学，2016.
[53] 程宗玉等．城市园林灯光环境设计 [M]. 北京：中国建筑工业出版社，2007.
[54] 何卓超．园林灯具应用现状的调查与研究 [D]. 长沙：中南林业科技大学，2010.
[55] 沈马丽．园灯在园林景观中的应用研究 [D]. 福州：福建农林大学，2013.
[56] 穆希廉．浅谈园林景观照明中的智能控制系统 [J]. 智能建筑与城市信息，2012，1：93-95.
[57] 王英超．电线电缆的应用与发展方向 [J]. 天津建材，2014，6：33-35.
[58] 王传行，赵逸平．工业与民用建筑电气设计中电线和电缆类型的选用 [J]. 浙江建筑，2009，26（10）：80-83，90.
[59] 常伟．电线电缆产品选择和使用探讨 [J]. 江西建材，2014，20：193.

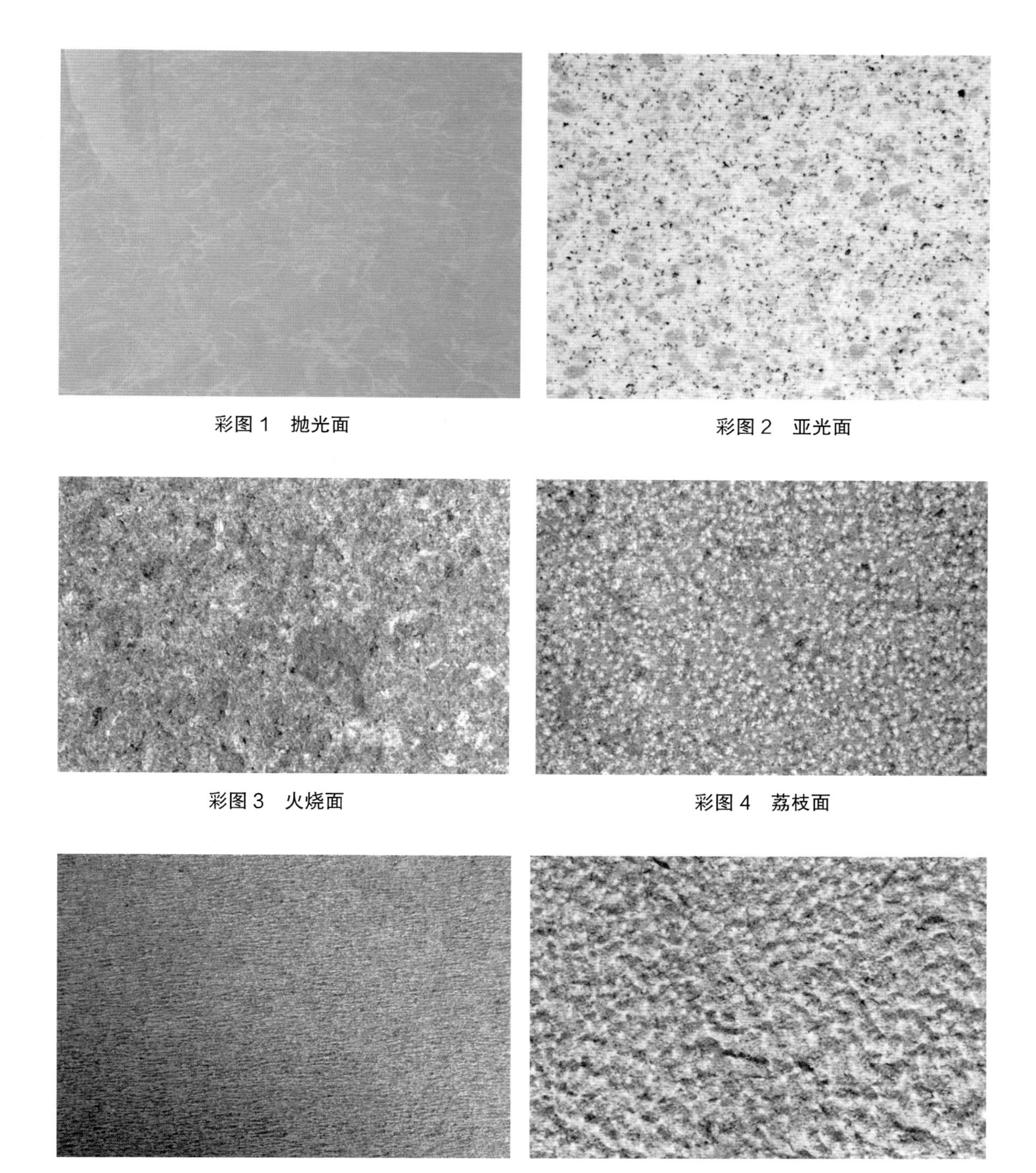

彩图 1　抛光面

彩图 2　亚光面

彩图 3　火烧面

彩图 4　荔枝面

彩图 5　龙眼面

彩图 6　菠萝面

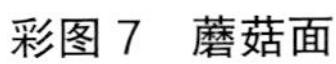

彩图 7　蘑菇面

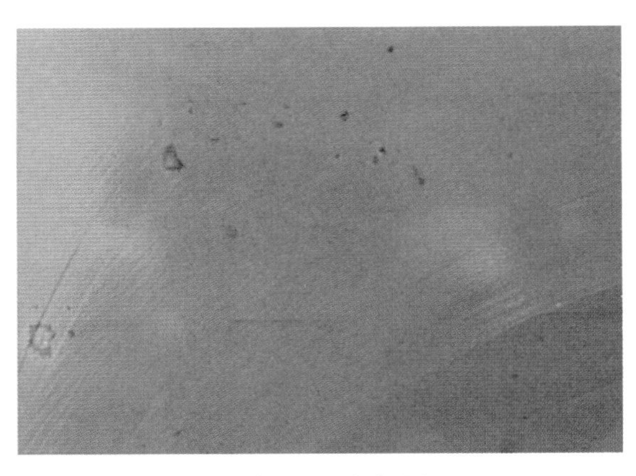

彩图 8　机切面

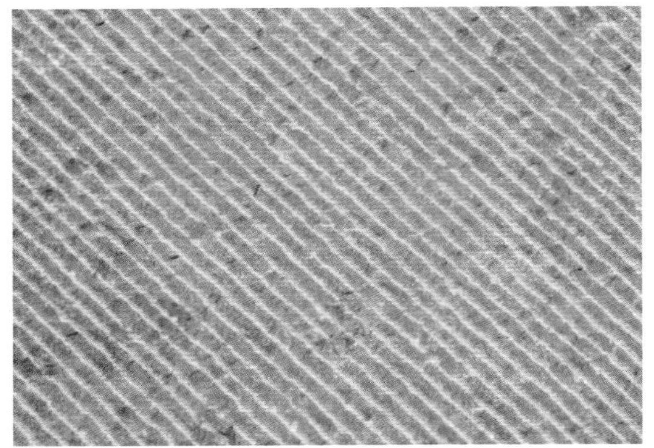

彩图 9　两种不同宽度和深度的拉沟面

彩图 10　自然面

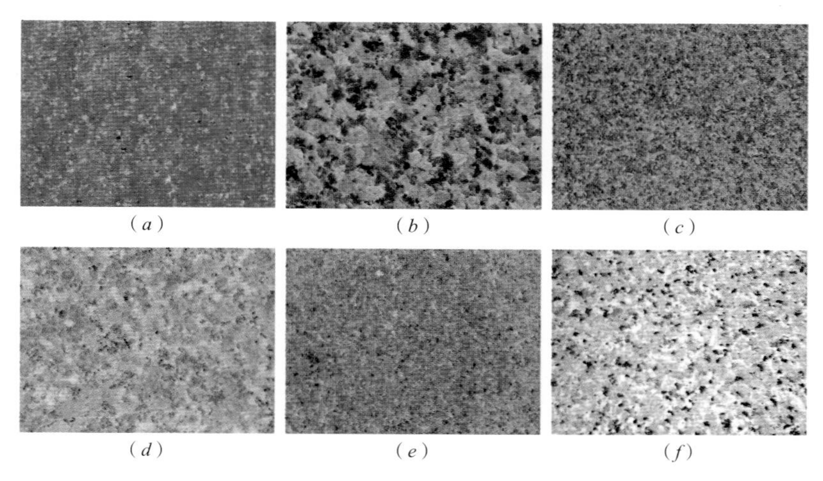

彩图 11 红色系列花岗石

(*a*) 四川红;(*b*) 广西桂林红;(*c*) 山西贵妃红;(*d*) 山东乳山红;(*e*) 新疆红;(*f*) 广东阳江红

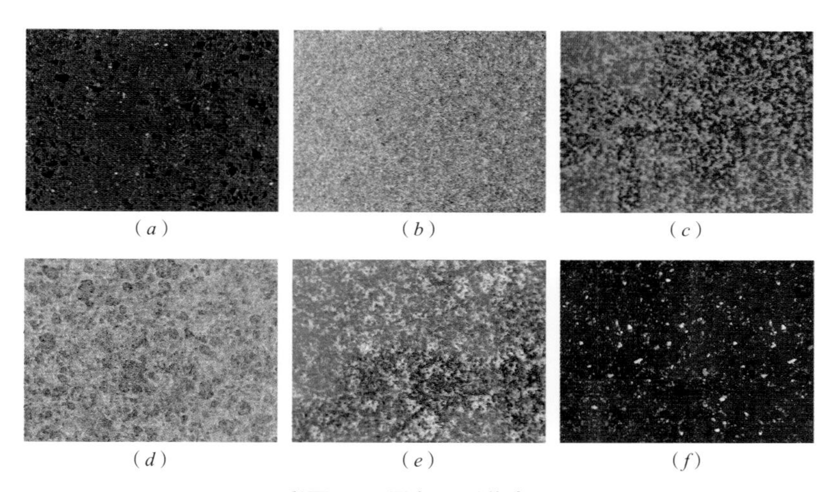

彩图 12 黑色系列花岗石

(*a*) 内蒙古黑金刚;(*b*) 山东济南青;(*c*) 河北万年青;(*d*) 福建福鼎黑;(*e*) 山西太白青;(*f*) 黑金砂

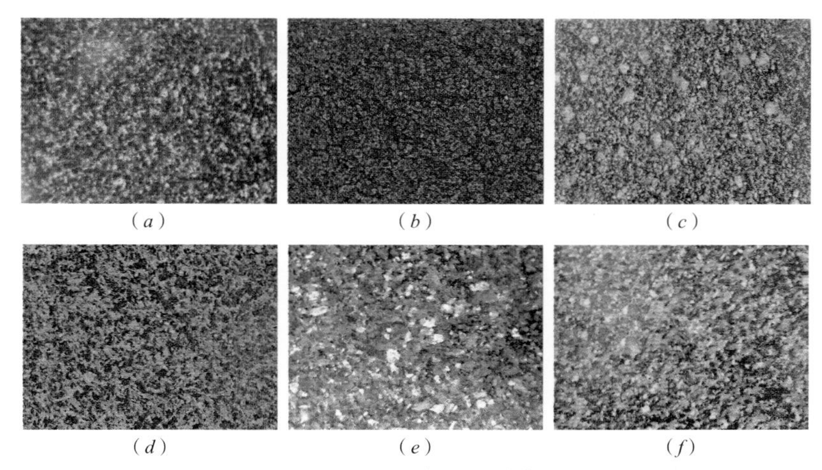

彩图 13 蓝绿色系列花岗石

(*a*) 山东高明绿;(*b*) 江西菊花绿;(*c*) 浙江孔雀绿;(*d*) 河南森林绿;(*e*) 四川蓝珍珠;(*f*) 河北宝石蓝

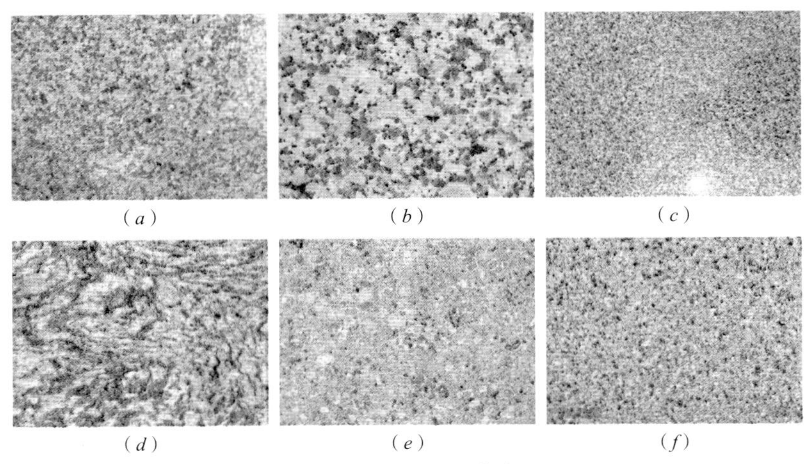

(*a*) (*b*) (*c*) (*d*) (*e*) (*f*)

彩图 14　黄色系列花岗石

(*a*) 新疆天山黄；(*b*) 江西菊花黄；(*c*) 湖北随州黄金麻；(*d*) 福建虎皮黄；(*e*) 福建丁香黄；(*f*) 福建黄锈石

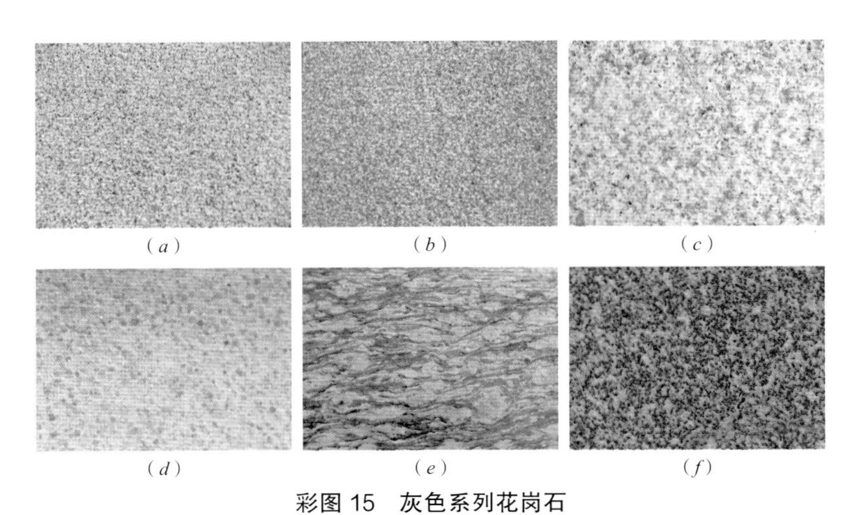

(*a*) (*b*) (*c*) (*d*) (*e*) (*f*)

彩图 15　灰色系列花岗石

(*a*) 福建芝麻灰；(*b*) 山东章丘灰；(*c*) 福建芝麻白；(*d*) 江西珍珠白；(*e*) 广西海浪花；(*f*) 河南偃师雪花青

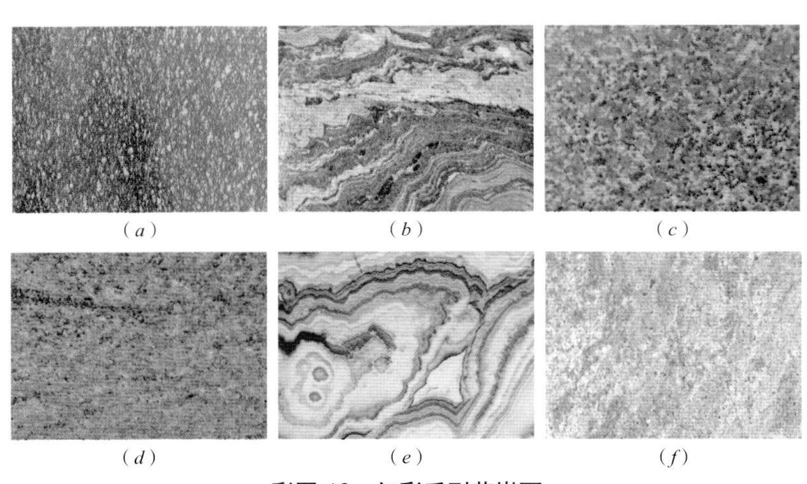

(*a*) (*b*) (*c*) (*d*) (*e*) (*f*)

彩图 16　幻彩系列花岗石

(*a*) 夜里雪；(*b*) 五彩石；(*c*) 五莲花；(*d*) 幻彩红；(*e*) 幻彩玉；(*f*) 幻彩摩卡

彩图 17　光面黄锈石墙面

彩图 18　光面黄锈石池壁

彩图 19　风水球和地面花岗石浮雕

彩图 20　街头绿地中的纪念雕塑

彩图 21　光面花岗石切割形成防滑纹理

彩图 22　通向竹屋的山路

彩图 23　水池黑色花岗石饰面

彩图 24　红色花岗石欧式喷泉

彩图 25 浅色、暖调黄锈石具有亲切感

彩图 26 纽约 911 纪念园黑色花岗石水池瀑布

彩图 27 多种材料的组合效果

（*a*）对比色彩组合成鲜明的图案；（*b*）黑、灰、红三色花岗石组合；（*c*）黑色花岗石与青砖组合；（*d*）芝麻黑与红砖、黑色卵石组合；（*e*）石材与碎瓷片对比色组合；（*f*）黑色花岗石与红砖组合

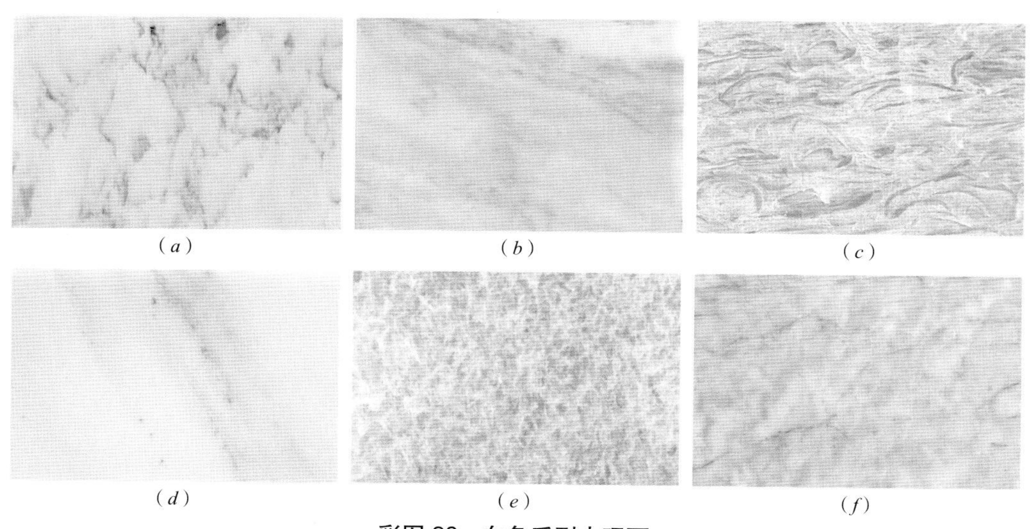

彩图 28 白色系列大理石

（*a*）山东掖县雪花白；（*b*）四川宝兴东方白；（*c*）云南陆良白海棠；（*d*）北京汉白玉；（*e*）水晶白；（*f*）红奶油

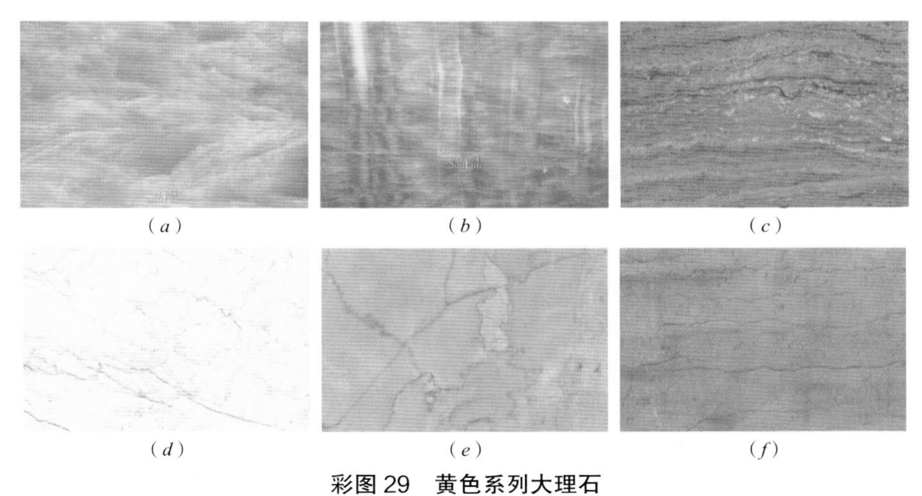

彩图 29　黄色系列大理石

(*a*) 松香黄;(*b*) 松香玉;(*c*) 木纹黄;(*d*) 米黄;(*e*) 广黄;(*f*) 铜黄

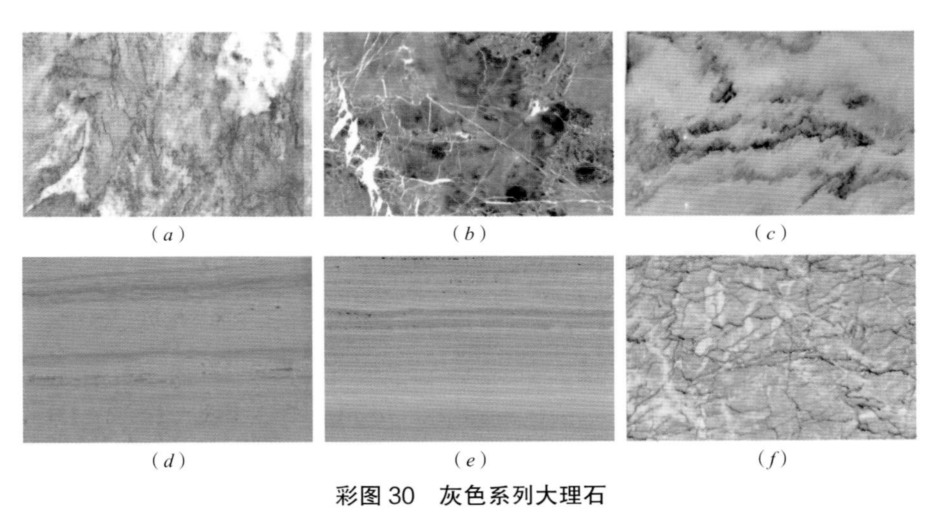

彩图 30　灰色系列大理石

(*a*) 艾叶青;(*b*) 杭灰;(*c*) 云灰;(*d*) 灰木纹;(*e*) 白木纹;(*f*) 玛瑙红

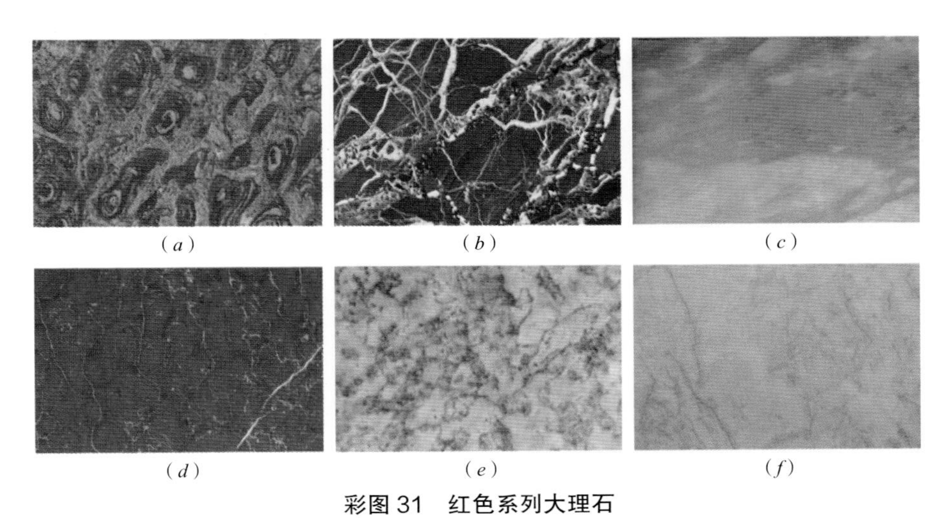

彩图 31　红色系列大理石

(*a*) 红皖螺;(*b*) 紫罗红;(*c*) 晚霞红;(*d*) 通山红;(*e*) 桃红;(*f*) 广红

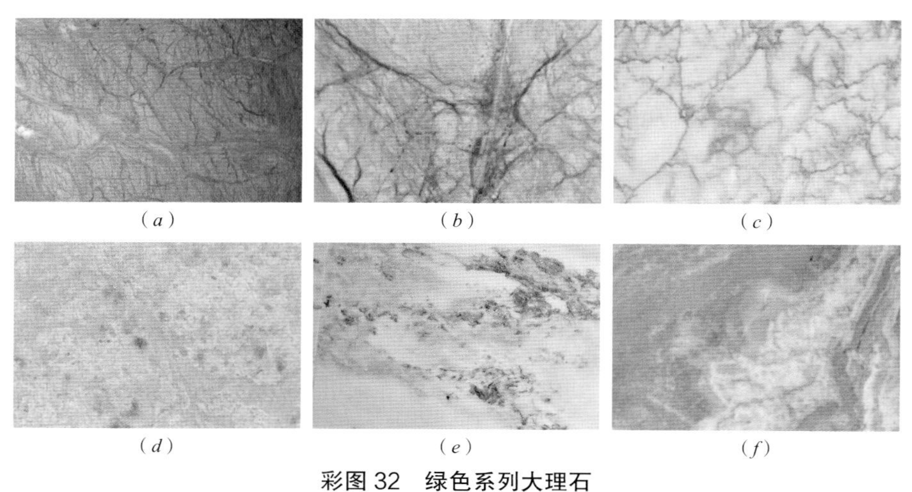

彩图 32　绿色系列大理石

（*a*）大花绿；（*b*）丹东绿；（*c*）荷花绿；（*d*）莱阳绿；（*e*）海浪玉；（*f*）鲁山绿

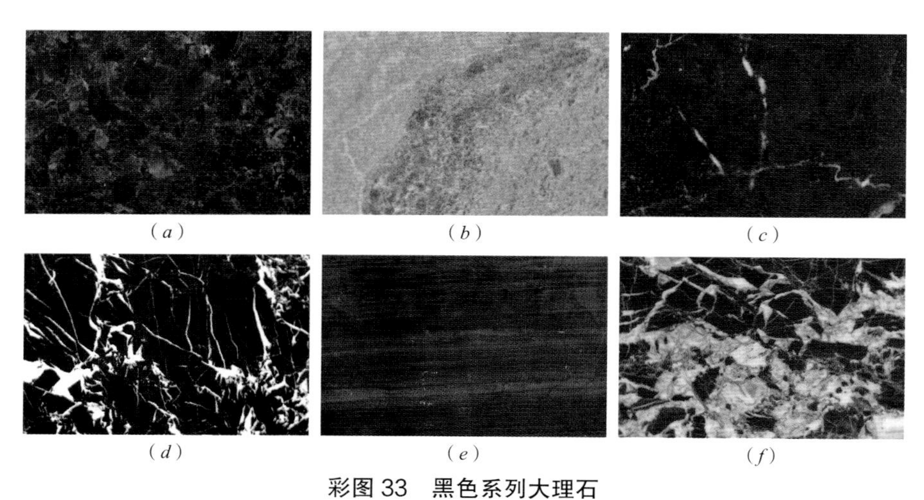

彩图 33　黑色系列大理石

（*a*）墨玉；（*b*）莱阳黑；（*c*）苏州黑；（*d*）黑白根；（*e*）黑檀木纹；（*f*）湖北黑白花

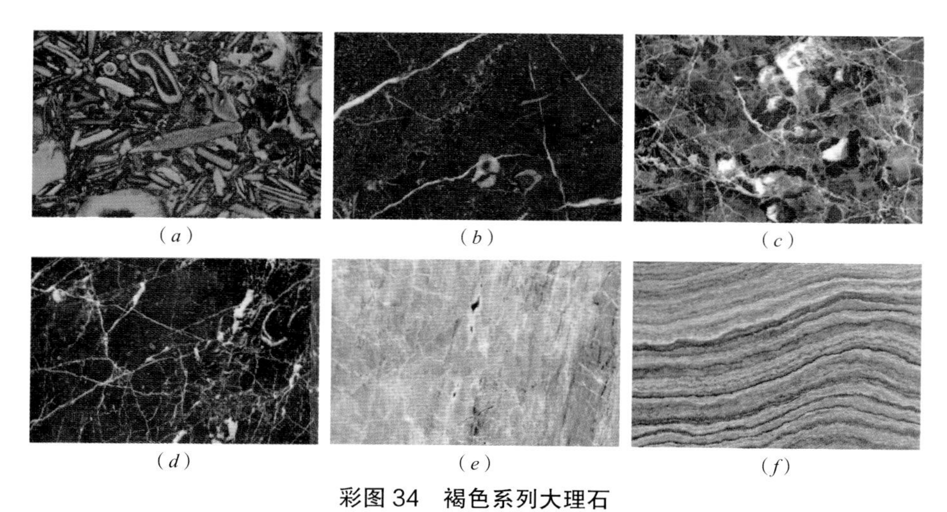

彩图 34　褐色系列大理石

（*a*）紫豆瓣；（*b*）虎纹（咖啡）；（*c*）深啡网；（*d*）金镶玉；（*e*）黄田玉；（*f*）咖啡木纹

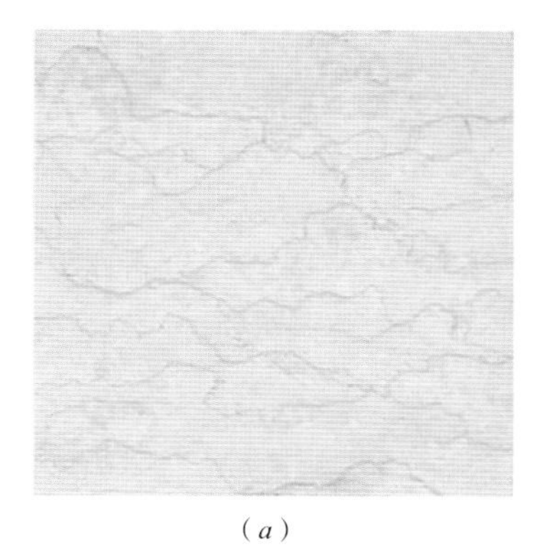

（a）

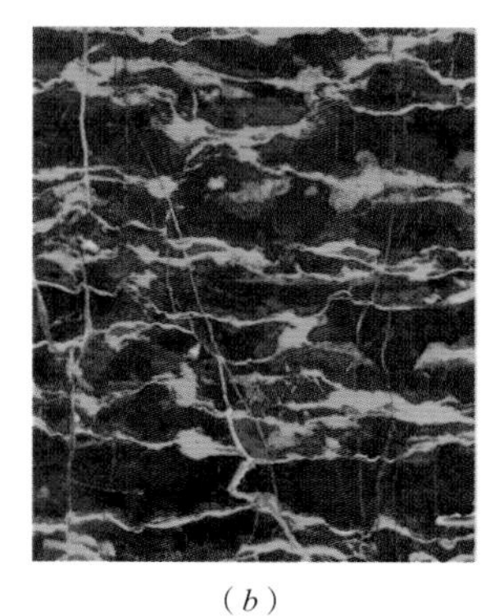

（b）

（c）

彩图 35　各种纹理大理石

（a）金丝米黄；（b）啡金花；（c）山水画大理石

彩图 36　灰色大理石饰面

彩图 37　米黄色大理石饰面

彩图 38　酒店大堂大理石装饰

彩图 39　图书馆墙面

彩图 40　大理石装饰

彩图 41　大理石拼花

彩图 42　大理石拼贴图案

彩图 43　不同颜色的板石

彩图 44　棕红色板石墙面

彩图 45　米黄板石装饰柱面

彩图 46　板石拼花

彩图 47　多色板石组合铺装

彩图 48　美国卡梅尔小镇锈板石瓦屋顶

彩图 49　美国丹麦小镇青板石瓦屋顶

彩图 50　陕西紫阳青板石瓦屋顶

彩图 51　贵州安顺板石瓦屋顶

彩图 52　瓦板石的铺贴方法

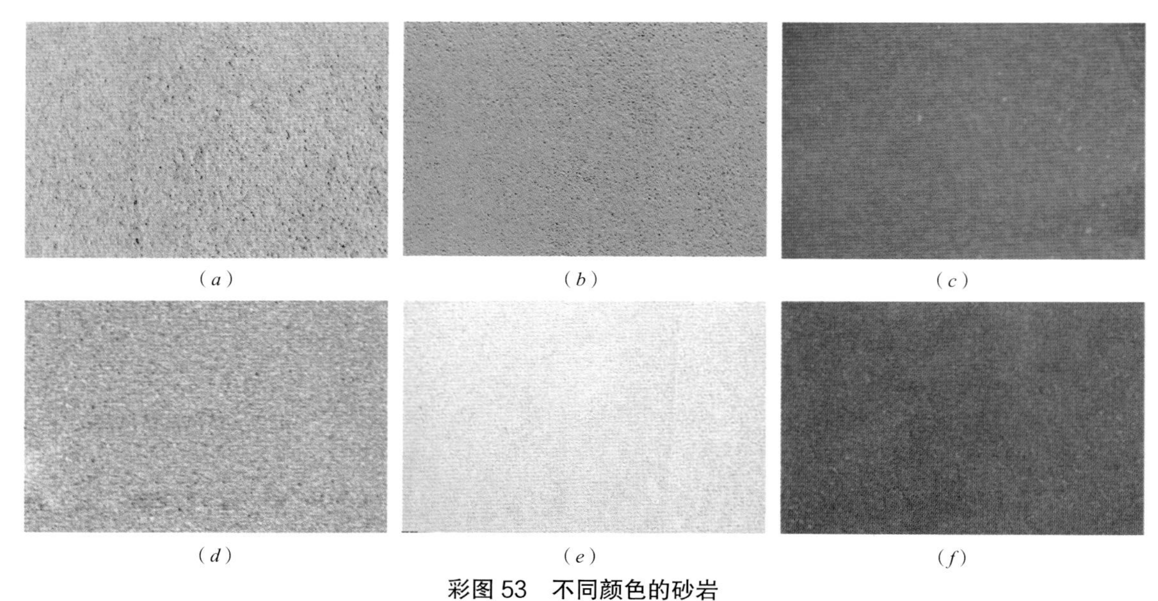

(*a*)　　(*b*)　　(*c*)

(*d*)　　(*e*)　　(*f*)

彩图 53　不同颜色的砂岩

(*a*) 黄砂岩;(*b*) 红砂岩;(*c*) 紫砂岩;(*d*) 绿砂岩;(*e*) 白砂岩;(*f*) 黑砂岩

(*a*)　　(*b*)

(*c*)　　(*d*)

彩图 54　具有特殊纹理的砂岩

(*a*) 木纹黄砂岩;(*b*) 年轮纹黄砂岩;(*c*) 波浪纹紫砂岩;(*d*) 山水纹紫砂岩

彩图 55 美国国会大厦内墙面砂岩装饰

彩图 56 现代小区大门砂岩饰面

彩图 57 酒店外墙砂岩装饰

(*a*)

(*b*)

(*c*)

(*d*)

彩图 58 砂岩的应用形式

(*a*)砂岩浮雕;(*b*)砂岩花板;(*c*)砂岩花盆;(*d*)砂岩圆雕

彩图 59　陶瓷砖装饰的铺地

彩图 60　彩色瓷砖铺地

彩图 61　花坛陶瓷饰面

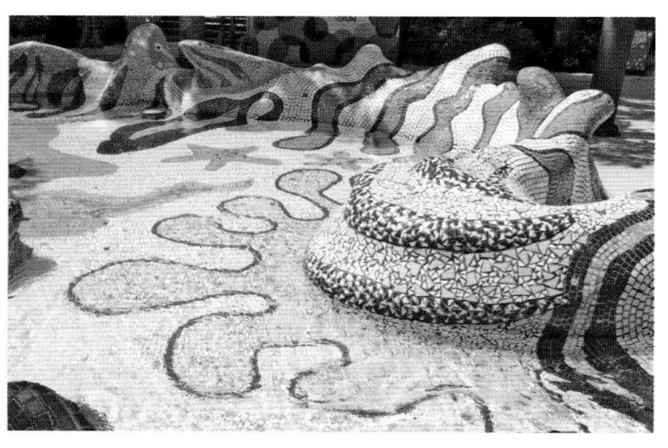

彩图 62　海岛彩色碎瓷片装饰

彩图 63　彩色玻璃马赛克池底拼花饰面

彩图 64　水池与地面黑白马赛克拼花饰面

彩图 65　瓷砖装饰台阶

彩图 66　瓷砖背景墙

彩图 67　圣淘沙岛章鱼小品

彩图 68　迪斯尼音乐厅庭院雕塑

彩图 69　古埃尔公园陶瓷饰面

彩图 70　瓷片拼接的壁画

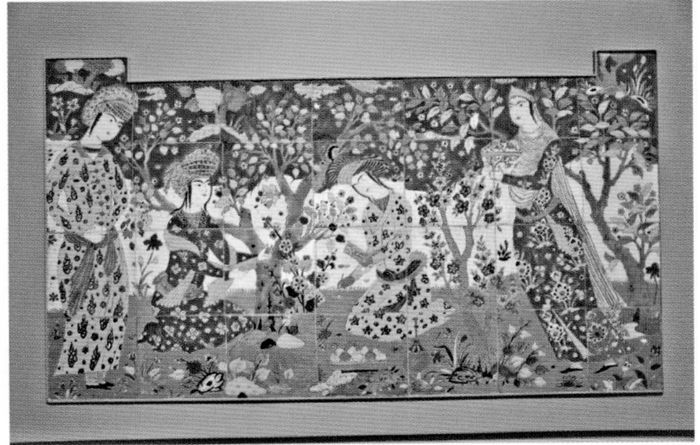

彩图 71　陶瓷彩绘主题性陶艺壁画

彩图 72　城市公园中的主题性陶艺壁画

彩图 73　传统浮雕陶艺九龙壁

彩图 74　黑色砖块强化门洞

彩图 75　红色线条使墙面更为生动

(*a*)

(*b*)

彩图 76　凹凸砌筑效果

(*a*) 光影变化；(*b*) 肌理美感

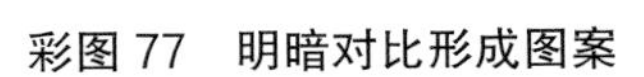

彩图 77　明暗对比形成图案

彩图 78　墙面转角线条

彩图 79　窗台转角线条

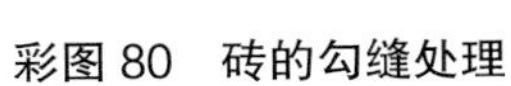

彩图 80　砖的勾缝处理

（*a*）

（*b*）

彩图 81　大峡谷入口石砌景观

（*a*）标牌；（*b*）门廊

（*a*）

（*b*）

彩图 82　大峡谷观景塔

（*a*）全景；（*b*）下部观景台近景

彩图 83　厚重的墙面

彩图 84　中央花园溪流

彩图 85　中央花园水池挡墙和瀑布

彩图 86　透空石栏杆

彩图 87　日本松本市街头花坛

彩图 88　自然石砌挡土墙

彩图 89　格宾网填石挡土墙

彩图 90　山坡上的石砌台阶

彩图 91　小区入口石砌台阶

(*a*)　(*b*)　(*c*)　(*d*)　(*e*)

彩图 92　各类湖石材料

(*a*) 太湖石;(*b*) 房山石;(*c*) 英石;(*d*) 灵璧石;(*e*) 宣石

(a)

(b)

彩图 93　黄石和青石材料

（a）黄石；（b）青石

(a)　(b)　(c)　(d)

彩图 94　石笋材料

（a）白果笋；（b）乌炭笋；（c）慧剑；（d）钟乳石笋

(a)　(b)　(c)　(d)

彩图 95 其他石品材料

（a）黄蜡石；（b）木化石；（c）松皮石；（d）石蛋